Die Naturkraft

oder

die Bewegung der Masse, beherrscht durch äusseren Druck

und

Die Freiheit

als Bethätigungsform geistiger Kraft, begrenzt und geleitet durch eigenen Willen.

Philosophische Skizze

von

Max Möller
Professor der Herzoglich technischen Hochschule zu Braunschweig,
Regierungs-Baumeister.

HAMBURG.
L. FRIEDERICHSEN & Co.
1891.

Vorwort.

Angeregt durch einige bei dem Eintritt in die Lehrthätigkeit auf dem Gebiet des engeren Berufes unternommene Arbeiten, wurden diesseits genauere Vorstellungen über das Wesen der ruhenden Kraft und der lebendigen Kraft wie der Arbeit gewonnen, welche auch für das geistige Leben Bedeutung besitzen. Es handelt sich hierbei um Ableitung der Bewegungs- oder Verkehrs-Gesetze, die sich bei gegebener Beschaffenheit der Masse aus der Art der Begegnung des materiellen oder geistigen Willens logisch ergeben.

Die Schöpfung zeigt eine reiche, aber im Einzelnen gesetzmässige Vertheilung von Ruhe und Bewegung. Die Bewegung ist das Sein und das Leben; die Aenderung derselben das Schaffen und Werden. Den Vorgang der Bewegungs-Aenderung nennen wir die Arbeit; die Veranlassung derselben ist die Begegnung der Massen, d. h. ein Kampf der Interessen oder Willens-Aeusserungen. Wo der Wille der Massen, d. h. die Richtung und Geschwindigkeit derselben, im Moment des Zusammenstosses fast gleich sind, entseht bei der Arbeit der geringste Verlust. Die Art der Begegnung ist abhängig einmal von dem Zufall und zweitens von den Fügungen denkender Wesen. Bisweilen veranlasst zwar der Zufall durch gesetzmässige Wiederholung des Vorganges eine geometrische Form, welche Schönheit besitzt, weil uns das Gesetz, aus derselben hervorleuchtend, anspricht; im Uebrigen aber bringt der Zufall häufiger Unglück als Glück, während die Fügung nach Vermehrung des Glückes und der Glücksgüter trachtet. Ausser der beabsichtigten Wirkung hat eine jede Handlung aber auch Nachtheile im Gefolge, entstehen doch z. B. durch Stoss und Reibung stets Energie-Verlüste oder durch Abnutzung und Umformung der benutzten Mittel krankhafte Zersetzungen und Wucherungen. Diese Schäden lassen sich in der materiellen oder körperlichen Welt nicht ganz beseitigen, wohl aber bei Anwendung praktischer Vernunft wohlwollend durch technisches Handeln vermindern. Die Unvollkommenheit der körperlichen Welt ist zwar Selbstfolge, wurde aber als solche früher nicht erkannt und daher der Herrschaft eines bösen Willens zugeschrieben. So entstand die Religions-Anschauung des Deismus und die Lehre vom Teufel der Selbstsucht, dessen Verrath uns zu List und Eigennutz treibt.

Einen Gegensatz zur Schöpfung bildet das Chaos, d. h. die Vielheit des ungebundenen, ungeordneten Willens. Im Chaos bekämpfen und fliehen einander die Einzelwesen oder Atome, sie streben in die Ferne; nur äusserer Druck hält dieselben beisammen. Die Materie zeigt sich z. B. in diesem Zustande als chemisch einfaches Gas. Die Eigenbewegung des Atoms im Chaos, d. h. die innere Erregung der Masse nennen wir Wärme.

Aus dem Chaos bildet sich die Schöpfung unter der Einwirkung des äusseren Drucks und der auf und durch ihn übertragenen lebendigen Kräfte, deren Klang durch die Gesetzmässigkeit der Bewegung entsteht, und deren Harmonie durch Gedanken erzeugt ist. Die Träger der lebendigen Kraft sind die Wellen; in ihnen schreitet nicht die Materie, sondern nur das Gesetz der Bewegung fort und darum sind diesen die meisten Gebrechen der körperlichen Welt erspart; sie durchdringen einander ohne Störung und Kampf. Wir unterscheiden zumal die Wellen des materiellen Druckes und diejenigen der ätherischen Pressung. Beide setzen sich aus zahllosen Eindrücken gleicher Ordnung zusammen. Die Art der Ordnung des Drucks ist von dem Erreger des Druckes abhängig, die Ordnung selbst von der Art der inneren Bewegung der Masse, seiner Wärme oder einer jeweils anderen Form vorhandener Grundschwingung. Schwankungen im materiellen Druck empfinden wir als Erzitterungen oder als Schall, und diese reichen hinauf bis an die obere Grenze der Atmosphäre, wo materielle Ruhe oder absolute Kälte herrscht. Von jener Ordnung erheblich verschieden erweist sich der Aetherdruck, welcher den Himmelsraum erfüllt und das Material des Atoms durchsetzt. Die zarten Bewegungen ätherischer Kraft vollziehen sich fast millionenfach schneller als diejenigen der Wärme. Die Schwankungen ätherischer Kraft führen zu elektrischen Spannungen, deren eilende Wellen je nach Art ihrer Beschaffenheit als elektrischer Strom, als Licht- oder Wärmestrahlen bekannt sind. Ausser jenen beiden Ordnungen, welche einander durchdringen, wird es noch andere Druckarten geben, deren Einfluss wir als Träger höherer Willensäusserungen nur ahnend empfinden.

Aeusserer Druck dient der Schöpfung in zweifacher Weise, schon durch sein Bestehen schafft derselbe die Beziehungen der Verwandtschaft, der Zuneigung, des Magnetismus, der Massenanziehung und Festigkeit. Die Masse leidet unter äusserem Druck, dabei bricht sich der Druck an den Massen, zwischen welchen ein Kraftschatten sich bildet. Zweitens dient noch der strahlend fernwirkenden Kraft im Wechsel des Drucks die pulsirende Welle; sie übermittelt das Wort.

Es formt sich die Welt unter dem gleichzeitigen Eindruck der ruhenden Energie des Druckes und der strömenden Energie der belebenden Welle. Nur die Wucht der letzteren empfinden wir im einseitigen Anprall manchmal als äussere Kraft; die Wirkung der ruhenden Energie hingegen erscheint uns meistens als innere Kraft. Dies aber ist eine Täuschung, denn die Trägheit der Masse ist nur eine Veranlassung für die Zersplitterung des äusseren Drucks. Das zurückstrahlende Echo arbeitet an der Nachbar-Materie anders als der äussere Druck und dadurch entstehen die Beziehungen der Verwandtschaft, Liebe oder Anziehung. Die Masse ist nur das Hülfsmittel für die Arbeit des äusseren Druckes, welche geleistet wird, wenn die Massen sich nähern und sich im scheinbar selbstständigen Handeln unterstützen. Durch die Anziehungskräfte begiebt sich das Atom bei seiner Bewegung nach aussen eines Theiles der Eigenbewegung, die Fliehkraft ist gebrochen und das Atom durch das gegenseitige Interesse an den Nachbar gebunden.

Die materielle Anziehung der Atome oder Massen erklärt sich im Besonderen aus den Gesetzen der Radial- oder Centralschwingung. Es reflektiren alle materiellen Druckarten an der trägen Masse der Körper und verlassen in Kreisen als Echo das Atom. Die elastische Grundschwingung ist nun unsymmetrisch gebaut. Zwar durchdringen die Wellenkugeln zweier Systeme unbehindert einander; aber ihre Schwingungsbahnen sind an den Punkten der Kreuzung auf den Schwerpunkt der beiden Systeme gerichtet. Der elastische Stoff kann unmöglich beiden Herren zugleich vollständig dienen und darum ordnet er seine Bewegung nach dem resultirenden Willen. Die Rückschwingung trägt die feinere Wucht des Rückpralls als ein Spiegelbild des resultirenden Willens der beiden Systeme dem Brenn- oder Schwerpunkt derselben zu und treibt dorthin die Massen. Diesen Vorgang nennen wir die Arbeit der Massenanziehung.

Der theoretischen Physik ist der Begriff einer Centralschwingung zur Zeit noch durchaus fremd und doch wird dereinst die Kenntniss der Gesetze jener Centralschwingung das Fundament der physikalischen Chemie bilden. Die Antwort oder das Echo der nach aussen gerichteten, radialen Schwingungssysteme bedingt für die leidenden Einzelwesen jene Triebe der Verwandtschaft oder Anziehung, welche die Atome zu Molekülen eint, Tropfen und Körper aus Gasen bildet, Reiche aus Einzelstämmen formt, Nationen zu Bündnissen eint und den Weltfrieden erstrebt. Es ist die Einigung zu gemeinsamer nützlicher Arbeit.

Die Verwandtschaft bindet nach aussen im Molekül einen Theil des Einzelwillens der bewegten Atome, so dass vom fremden Molekül nur ein Theil der inneren Wärme als Temperatur empfunden wird. Im Inneren des Bannkreises nachbarlicher Anziehung besitzt der von aussen gebunden, d. h. latent erscheinende Wille doch grössere Freiheit der Bewegung, als der Fremdling glaubt, welcher nur die Temperatur von aussen misst.

Das zweite Mittel der Schöpfung, welches den Wandel der Ereignisse und Formen schafft, also die Welt belebt und dem geistigen Willen als Träger dient, ist im Gegensatz zum Echo, der unmittelbare äussere Eindruck geschäftiger Wellen, welche Energieströmen gleichen und in weiter Ferne Arbeit verrichten, wo es an Wärme, ätherischer Spannung oder geistiger Energie noch fehlt. Jedoch gelingt dies Wirken der Welle nur dort, wo der Rhythmus ihrer Bewegung Anklang findet; anderenfalls reflektirt die Welle als Echo und treibt den Starrsinn zurück oder sie zersplittert und stirbt. Die Ursache des Anklangs ist das Verständniss, welches, einem Samenkorne vergleichbar, zur Entfaltung gelangt, wo durch das Hinzutreten belebender äusserer Energie dem inneren Bedürfniss entsprochen wird.

Die Bewegung der Materie, die Trägerin der Welle, wird im allgemeinen Sprachgebrauch Wärme genannt, doch pflegt man in der Physik nur eine besondere Kraft-Art, jene materielle Wärme, unter diesem Ausdruck zu verstehen, welche von aussen als Temperatur empfunden wird und dem Schall als Stafette dient. Allgemein verstanden, ist die Wärme jene innere Beweglichkeit der Masse, welche stets bereit ist, einen äusseren Eindruck als Welle in die Ferne zu leiten, ohne selbst den Leben spendenden Schatz der Bewegung, der Energie und des Verständnisses für sich zurück zu behalten. Als Folge der Wärme besitzt die Masse einen Ausdehnungs-Trieb, dessen elastische Spannkraft jedem äusseren Eindruck aufmerksam folgt. Es erweitert sich der Gesichtskreis und das geistige Wirken gewinnt an Ausdehnung, während die Masse sich nicht merklich erhitzt, darum keine materielle Volumen-Vermehrung erstrebt und also anderen Gebilden nicht schadet. Die Wärme ist der Träger der Welle, der materiellen Kraft, des Naturgesetzes wie des Gedankens, welcher mit Verständniss für harmonisches Wirken die Welle formt.

Es handelt zwar auch der ungebundene Wille im geistigen Chaos; derselbe überträgt aber Gutes und Böses, Liebe und Leidenschaft wild durch einander. Sein Handeln kennt keine Richtung. Alles Neue erscheint ihm von gleicher Bedeutung. Und bei diesem willenlosen Wechselspiel von Eindruck und Ausdruck geht das sittliche Gefühl für die Ordnung verloren. Aber der edel denkende Mensch sichtet die Kräfte, bekämpft das Böse und überträgt nur das Gute auf weitere Kreise. Diese Arbeit verlangt Aufopferung und setzt selbstlose Liebe voraus, deren Handlungen das Recht der Freiheit bilden. Nicht jede nachformende Kunst ist bildende Kunst, nur die Richtung zum Idealen ist hierfür entscheidend.

In einen Gegensatz zur Wärme treten die Trägheit, die Ruhe, die Einseitigkeit, die Härte, der Starrsinn, der Eigensinn, der Wahnsinn, kurz jeglicher Mangel an Empfindung, Gefühl, Verständniss und Glauben.

Der Glaube ist die Richtung der Gedanken. Wie das körperliche Auge hinter sich die Quelle des Lichtes niemals sehen kann, wenn der Blick ausschliesslich und ewig die Gegenstände am beleuchteten Erdboden betrachtet, diese zählt, misst und beschreibt, so vermag auch der Verstand, unser inneres Auge, den schaffenden Geist nicht zu ahnen, wenn sein denkender Wille einzig die Schöpfung sinnlich beschaut und die Gesetze und Schätze derselben, empirisch ableitend, also vorschnell geniesst. Dies erzeugt die mühsame und zeitraubende Arbeit des Alltags, welcher periodisch eine geistige Sammlung zu folgen hat, damit auf's Neue die Richtung im Denken gewonnen werden kann. Mit geschlossenem Auge durchmustern wir die Schätze des Wissens und ordnen dieselben nach Gruppen und Farben, an der Harmonie des Eindrucks die Wahrheit erkennend; dann sehen wir im Schnittpunkt der Ursachen oder Strahlen den Ort der Quelle des Lichtes, und damit ist dann die Richtung im Denken gewonnen. Diese Arbeiten leistet die praktische Philosophie. Wer die für jenes Wechselspiel der äusseren und inneren Wahrnehmung, d. h. der Erkenntniss und der Anwendung derselben, erforderliche geistige Elastizität nicht besitzt, lernt nicht das Wesen der Welt und lehrt nicht die Richtung der Kraft. Sein Ausdruck ist nur das Echo des Eindrucks, es hallt aus der anderen Richtung und täuscht den Hörer. Wer nur der Experimentalforschung lebt, sieht nicht den Strahl, als Ursache des Glanzes und als Träger des erleuchtenden Willens. Wer nur in Gedanken sich wiegt, lernt nicht die Leiden der Welt. Die berufliche Trennung der Experimentalforschung und Philosophie führt hüben und drüben zu unklaren Vorstellungen, Irrthümer sind die Folge, das Uebel der Arbeitstheilung im Lehrfach.

Irren ist menschlich und dieses zumal in schwierigen und neuen Dingen, deren Wesen im Anfang nur unklar geahnt wird; daher ist die erste Idee des Erfinders noch unpraktisch und falsch, d. h. mit Irrthümern behaftet. Wo gar in wichtigen Dingen die persönliche Ansicht einzig gelehrt wird, ist der empfundene Widerspruch, der Zweifel, der Feind des Glaubens erweckt. Statt den Glauben, die Richtung der Gedanken, nachträglich ein wenig zu ändern, indem ein entschlossener Wille Ziel und Zukunft scharf in das Auge fasst, lehrt die Feigheit des Zweiflers aus Unlust zur Arbeit und der daraus entstehenden Verzweiflung die Umkehr der Gedanken und Rückschritt d. h. Unglück ist die Folge. Wieder wendet sich der Blick nur der empirischen Forschung zu, alles Neue am Wege bewundernd, aber der Zweck dieser Wanderung, die Erzielung des Glücks, geht gänzlich verloren. Dieser Fehltritt aus Irrthum macht uns des Rathes schuldig, und auch den freundlichsten Rathschlag empfinden wir doch schon als Strafe. Und die Umkehr ist schwer, denn sie legt uns in stiller Stunde, da wir mit unseren eigenen Kenntnissen, unserem Wissen und Wollen zu Rathe gehen, die Busse auf, uns selbst des Irrthums zu zeihen, aber dann ist der Irrthum verziehen. Wer aber trotz erhaltener leiser Warnung den Irrthum nicht einsieht, muss zwar härter und lauter wieder und wieder berathen, oder wie er sagt, bestraft werden, bis das Verständniss sich einstellt. Bei dieser erziehenden Handlung ist aber viel Nachsicht und Geduld geboten, sonst fallen die Schicksalsschläge zu hart aus. Es vergeht darum auch Zeit bis die unendliche Zahl der begangenen Irrthümer sich mindert, das Glück sich mehrt und das Unglück zurücksinkt.

Die Strafe oder das Unglück ist die Folge unseres Irrthums, sie ist nicht zum Zweck der Bestrafung verhängt, sondern sie ist die Prüfung. Nur die Sünde, welche bewusst den Fehltritt begeht, bedarf der Vertilgung; denn die unbestrafte, sich des Fehltritts rühmende Sünde würde sich weiter auf die Unschuld vererben. Dies letztere ist wieder ein Verhängniss oder eine Selbstfolge. So lange wir ohne Sorge unsere Pflicht thun und freudig in unserem Beruf schaffen, begehen wir nicht bewusst einen Irrthum und bleiben harmlos. Wir sind dann auch noch schuld an manchem Misserfolg, aber trotzdem unschuldig, da wir unser Bestes leisteten und das Irren eben menschlich ist. Aber an den Folgen des Irrthums erkennt der Mann die Richtung zum Guten. In dem sich verästelnden Baum der Erkenntniss besitzt ein Zweiglein die Richtung nach oben und dieses wird dereinst zum Stamm, welcher die Krone trägt. Wenn die Spitze des Baumes sich aber nach Berufsrichtungen theilt, dann geht der schlanke Wuchs verloren und es kostet einen Wettkampf im Wachsen bis eines der Zweiglein wieder die Richtung gewinnt. Die übrigen Zweige bekommen nun andere Bedeutung, sie werden zu Aesten, verlieren die Empfindung aufwärts streben zu müssen und treiben den Baum in die Breite. Das Zweiglein, welches nach oben strebt, ist dasjenige, welches keinem der Berufsäste angehört, sondern den grössten Ueberblick besitzt, wiewohl ihm die Fähigkeit fehlt, sich breit zu machen. Mancher Ast meint die Spitze des Baumes zu sein und ist doch nur ein Arm, welcher dem Haupte die nöthige Kraft zuführt.

Da unser ganzes Denken nur eine Anwendung von Gleichnissen ist, indem der Schluss des geistigen Kampfes einander widersprechender Vorstellungen selbst nur zum Vergleiche führt und keinen dauernden Friedensschluss ermöglicht, so ist auch der Rückschluss aus der Geschichte unter Umständen ein recht gefährlicher Rückschritt der Gedanken. Wo der Geschichtsunterricht in der Schule nicht philosophisch in der Richtung zum Idealen betrieben wird, sondern wie ein Berufsast sich breit macht, da sichtet er nicht den Lehrstoff. Der erfahrene Mann wird das Wirrsal vergangener Zeiten als Thorheit der Menschen erkennen und als solches behandeln, aber der zu eifrige Vertreter des Faches, welcher die Geschichte nur des Wissens halber lehrt, sichtet nicht den Stoff. Das Gefühl für das Rechte und Richtige geht dann dem Hörer verloren und der Nutzen ist kaum zu erkennen.

Jemanden von den Irrthümern älterer Zeiten zu überzeugen ist sehr schwer, weil die Traditionen aus dem Munde der Autoritäten ihrer Zeit stammen und weil es dem Hörer meistens an allgemeiner Bildung gebricht. Derselbe ist entweder nicht gelehrt genug, um dem Gedankengang überhaupt zu folgen, selbst wenn die Denkkraft vorhanden ist, oder aber der Hörer ist zwar ein Fachgelehrter, welcher es aber für unmöglich hält, dass eine schlichte Rede, welche sich nicht der vielfachen Hülfsmittel des Berufszweiges bedient, grossen Werth besitzen werde. Mit den Hülfsmitteln der Wissenschaft eignet man sich nun aber auch die Irrthümer der Wissenschaft an und wird blind gegen dieselben, denn die feinere Unterscheidung zwischen Finsterniss und Licht kann durch die Einwirkung von zu viel Glanz beeinträchtigt werden. Wir sehen die Sterne nur in der Nacht. Wie ist es aber schwer auch nur für eine kurze Zeit den störenden Glanz des eigenen Wissens abzublenden, um in der Finsterniss der Unkenntniss das verborgene, unscheinbare und entfernte Weltgeheimniss zu erspähen. Dies vermag nur der religiöse Philosoph, welcher aus Liebe zur Wahrheit die praktische Vernunft durch die Arbeit der Gedanken sich gesund erhielt; derselbe kennt aus eigener Erfahrung auch die Mängel und Gebrechen der menschlichen Logik und rechnet mit den Fehlern derselben.

Einen Kranken von verkehrtem Glauben zu erlösen, ist sehr schwer; derselbe gebraucht nicht mehr den praktischen Verstand, sondern beruft sich nur auf ältere Vorstellungen, welche gelehrt sein können, oder durch körperliche Krankheit sich gebildet haben. Wo aber die Benutzung des praktischen Verstandes verloren gegangen ist, da wird mancher Wahnidee Thür und Thor geöffnet. Der praktische Verstand ist die hohe Gabe der Schöpfung, welche jedem Menschen verliehen ist und demselben erhalten bleibt, so lange die Kraft noch ausreicht, den Rathschlägen desselben behutsam zu folgen. Dies ist zugleich jener innere Trieb, welcher das Zweiglein in die Höhe streckt, und dereinst den Stamm daraus bildet, darauf sich die Krone des Baumes empor hebt; dies erscheint uns als Wunder.

Unter dem Einfluss der drei hauptsächlichsten Kräfte, des äusseren Eindrucks, welcher die Wirklichkeit glaubend empfinden lässt, wie des Wellenstrahls, welcher, dem Gedanken gleich, den Ort der Ursache mit demjenigen der Folge treffend verbindet und des Eigenwillens der vorausgesetzten Materie, welche im Rahmen des Gesetzes harmonisch sich bewegt und nur Leiden schafft bei sinnloser That, formt sich das vielgestaltige Bild der Welt, dessen Farbenreichthum und Lebensfülle abnimmt, wenn die Einzelwesen sämmtlich keine oder infolge gleicher Bildung die nämlichen Bedürfnisse besitzen. Im ersteren Fall entsteht formlose, todte Masse, im letzteren Fall durch den endlosen Streit einander bekämpfender Kräfte das Chaos.

Es giebt nun ein Verhängniss der Lehrthätigkeit, welches der Entartung gleicht, indem der Schüler des Philosophen oft nur ein Gelehrter, nicht selbst ein Philosoph wird. Die Kunst im Denken lässt sich, wie jede andere Fertigkeit nur durch eigene Arbeit erwerben. Die Anleitung ist nützlich, aber die Hülfe schädlich. Ein Vertreter der Berufswissenschaften, welcher stets nur Fachstudien trieb, also gleichsam ein Blatt seitlich am Gezweig im Baum der Erkenntniss bildet, entbehrt der Rundsicht; derselbe stand nie auf eigenen Füssen und lernte daher nicht die Bildung des praktisch-harmonischen Glaubens, ohne dessen Führung das Wachsthum unserer Gedanken in nutzlose oder gar gefährliche Wucherungen ausartet. Als Fachgelehrte dürfen wir uns kein Urtheil über das Wesen der Schöpfung bilden, es trügt der einseitige Schein. Die Verwandtschaft von Glanz und Abglanz, Glauben und Aberglauben wird zwar empfunden aber trotzdem der Augenschein oft für die Wahrheit genommen. Dies ist natürlich, denn die erhabene Wirklichkeit, in welcher die Reiche der Materie und des Aethers, wie der belebenden Welle, der Trägerin der Naturkraft, einander durchdringen und zugleich durch Gedanken beseelt sind, dies Weltgetriebe erscheint uns so wunderbar, dass unsere Vorstellung sich zunächst nur mit dem Scheine begnügt. Wer aber Schein für Wahrheit lehrt, das Gleichniss für die Sache selbst, den Buchstaben für den Sinn des Wortes, erzieht zur Unvernunft, säet das Unkraut und erstickt schon im Keim die Entwickelung der praktischen Vernunft. Dann wird der Glaube, d. h. die Empfindung für Wahrheit und Recht der Jugend getrübt.

Es ist die Aufgabe der Philosophie, die Beziehungen zwischen dem Sein, Werden und Wollen in der Natur aufzudecken und die Glaubens-Richtung zu zeigen. Dann wird Gott die Welt, bei ihrer vernünftigen Arbeit des Alltags, durch die Harmonie der Leistungen zu einem Segen spendenden gemeinsamen Wollen führen. Dies Ziel zu erreichen, kostet aber sehr viel Mühen und Ueberlegungen; denn die Auswahl der Mittel ist schwer, weil jedes Mittel Nachtheile im Gefolge hat, ja giftig wirkt und Leiden schafft, wenn es von uns voreilig erhascht und dann falsch verwendet wird. Die Vermittelung bildet einen sehr wichtigen Faktor der Schöpfung. Selbst der höchste geistige Wille bedient sich der natürlichen Mittel und darum kann der Nutzen wachsender Naturerkenntniss nur im Einklang mit der Religion erreicht werden. Es gestattet z. B. der Organismus unseres Körpers, kraft unseres Willens, eine Uebertragung der Gedanken aus der geistigen Welt in das Reich der sichtbaren Materie.

Bei der schöpferisch-erbauenden Thätigkeit ist die Leistungsfähigkeit einer Gesammtheit gleich berechtigter, einander beigeordneter helfender Kräfte minder abhängig von der Fülle des Wissens unserer einzelnen Person, als von dem bereitwilligen und vernünftigen Zusammenwirken aller; vorausgesetzt, dass ein jeder in seiner Sonderrichtung etwas Fertiges zu schaffen vermag. Die Harmonie oder die verständige Einigung des Willens und das geschickte Zusammenfügen der Kräfte kann aber nur bei vorhandener allgemeiner Bildung der Gleichberechtigten gewonnen werden; sie ist es, welche die Bildsamkeit der Gesellschaft begründet und uns lehrt, die Leistungen und Meinungen anderer zu achten, zu verstehen und zu berücksichtigen. Ausserdem muss natürlich der Führer einer jeden Gruppe einen klaren Ueberblick über das Ganze besitzen; diesen sich zu verschaffen, ist das Recht des Führers und zugleich aber auch seine Pflicht.

Durch ein Fachstudium allein wird noch nicht die allgemeine Bildung und namentlich nicht die Richtung zum Guten, ja nicht einmal zum harmlosen gewonnen. Die Liebe zur Wissenschaft und nützlichen Arbeit muss hinzutreten, sie ist es, welche mit Wärme alle gelegentlich gewonnenen guten Eindrücke in sich aufnimmt und trotz der Sonderrichtung des engeren Berufs doch eine Fühlung mit dem Ganzen erstrebt. Aus diesem Grunde wird auch hier der Versuch gemacht, die bei dem Anschauen der Wasserwelle und während der Berufsthätigkeit gewonnenen Vorstellungen über die scheinbare Willensäusserung der Materie oder die Naturkraft zu skizziren und diese Resultate mit der Leitung geistiger Arbeit in Einklang zu bringen.

Inhalt.

I. Einleitung.

Die seitens der Naturwissenschaft festgestellte Thatsache, dass in dem Weltenraume zwischen den Gestirnen kein materieller Stoff vorhanden sei, wurde vielfach zu einer Stütze der materialistischen Weltanschauung, welche auch geistige Entschliessungen und Schöpfungen, als einzig aus den Gesetzen der Materie hervorgegangen, betrachtet. Die zu eifrigen Vertreter entgegengesetzter Auffassung verfallen in einen anderen Fehler; dieselben stellen sich die Beeinflussung der Materie, der sichtbaren oder in anderer Weise sinnlich wahrnehmbaren Welt, durch eine geistige Kraft nach Art des Unerfahrenen vor, halten Unmöglichkeiten für möglich und verstossen sowohl in ihren Lehren wie in ihren Handlungen gegen die praktische Vernunft.

Die praktische Vernunft empfiehlt uns, die Beziehung zwischen Ursache und Wirkung zu beachten und unser Urtheil nach dem Rahmen praktischer Erfahrung zu beschränken; sie lehrt uns, gestützt auf eine breite Basis schon vorhandener oder durch Versuche zu erstrebender Erfahrungen und begrenzt nach dem Umfange dieser praktischen Erfahrung ein Urtheil zu bilden. In Dingen, welche ausserhalb des Bereiches unserer Erfahrung oder gar unseres Vorstellungs-Vermögens liegen, klammert sich die praktische Vernunft aber nicht an die sinnlich wahrnehmbare Materie, sondern trennt die Ursachen der Erscheinungsformen in solche, welche den Gesetzen der Materie entspringen und andere, die ihr Dasein in erster Linie geistigen Entschliessungen verdanken, welche das Verständniss der Naturgesetze zur Voraussetzung haben. Die praktische Vernunft verwechselt nicht den Schlag des Hammers und dessen materielle Energie mit dem Gedanken, welcher den Schlag lenkt und also das Eisen formt. Die praktische Vernunft verneint nicht, wo das Fundament des Urtheils, die praktische Erfahrung, fehlt; sie weiss, dass auch Nichtempfundenes besteht; doch hütet sich dieselbe, das Unbekannte durch Vorurtheile in eine falsche, sagen wir heidnische Form zu kleiden, weil die unlautere Vorstellung zu irrenden Schlussfolgerungen führt. Die Vorstellung soll nicht gesucht sein, sondern wird in schlichter Weise, wie von selbst, mit wachsender praktischer Erfahrung aus dieser langsam erblühen.

In unerforschlichen oder unerforschten Dingen ist das verneinende Urtheil der praktischen Vernunft zuwiderlaufend und doch ist dieses Urtheil leider immer zunächst mit der Darbietung seiner schädlichen Folgerungen bereit. Der Gedanke z. B., dass aus dem Weltenraum keine Beeinflussung erfolgen könne, wenn derselbe leer gedacht wird, ist nicht zurückzudrängen, aber, wie die Voraussetzung, im Resultate doch unrichtig, ein gefährliches Vorurtheil. Unser ganzes Denken bildet nur ein Rechnen mit Beziehungen. Ueber das genaue innere Wesen der Dinge werden wir uns, wie auch Kant hervorhebt, kein abschliessendes Urtheil bilden dürfen. Wir müssen uns bescheiden, begrenzte Schlussfolgerungen zu ziehen und diese an solche Vorstellungen zu knüpfen bereit sein, welche sich bei Anwendung praktischer Vernunft als ein harmonischer Eindruck ergeben.

Der Anwendung praktischer Vernunft steht jene blindlinks so schnell verneinende Art des Denkens gegenüber, welche, aus wenigen einzelnen Beziehungen und vorhandenen Vorurtheilen abgeleitet, unreife Schlüsse zieht und diese, eigensinnig verfahrend, an die Stelle der Erkenntniss harmonisch durchdachter Beurtheilung setzt. Solche einseitige Urtheile, welche weit über das Fundament praktischer Erfahrung hinaus theoretische Schlussfolgerungen darbieten, sind nachtheilig, sie überwuchern das nach den praktischen Erfahrungen begrenzte und darum in seinem Aeusseren einfachere, aber richtigere, harmonische Urtheil.

Eine Gefahr der Willkür im Urtheil tritt überall hervor und ihre nachtheilige Folge, die vorhandene Kluft einander feindlich gegenüberstehender Anschauungen, kann nur durch die entgegen kommende Anwendung praktischer Vernunft überbrückt werden.

Besondere Umstände machen uns bisweilen die Gefahr der Willkür im Urtheil in deutlicher Weise klar. So erging es dem Verfasser dieses in dem verflossenen Jahre. Von der früher empfangenen Vorstellung, der Weltenraum sei fast leer, sich losringend, war die Ueberzeugung gewonnen, dass vielmehr im Weltenraum eine unermessliche Fülle der Kraft wohne, so dass eine Schwankung des Weltendruckes hinreichen würde, die Erde und die Gestirne zu zerstören.

Der Versuch, den Gegenstand nur mathematisch zu behandeln, gewährte keine Befriedigung. In der Meinung, hier ein Mittel zu besitzen, um als Beispiel die Schwächen und die Gefahr der Willkür des einseitigen Urtheils „materialistischer Weltanschauung" zu zeigen und dadurch mehr Nutzen zu stiften, als durch die alleinige Wiedergabe abstrakter Zahlenwerthe, entstand die nachfolgende Arbeit: „Ueber die Gefahren der Willkür des einseitigen Urtheils und die Nothwendigkeit einer Erziehung zu praktischer Vernunft".

Wie schwer mag es dem Einzelnen meistens werden, in verwickelten Fällen das Nützliche vom Unnützlichen, das Harmlose vom Schädlichen, das Erlaubte vom Unerlaubten, richtigen Glauben vom Aberglauben zu unterscheiden, wenn das Vorurtheil der ganzen Welt, wie die Geschichte solches lehrt, wiederholt den grössten Irrungen unterlag. Glaubte doch die Menschheit Jahrtausende hindurch, die Erde sei der Mittelpunkt des Himmels und dieser nur eine sich drehende Schale, bis die Astronomen uns die räumliche Ewigkeit der Schöpfung erschlossen und zeigten, dass der Himmelsraum eine Unendlichkeit berge, dagegen unsere Erde an Grösse verschwindet.

Und ähnlich jener Umkehrung der Anschauungen in mittelalterlicher Zeit, dürfte jetzt bezüglich der physikalischen Auffassung des Weltenstoffes im Himmelsraum ein Meinungs-Wechsel bevorstehen. Die Auffassung, der Himmelsraum zwischen den Gestirnen sei so gut wie leer, wird fallen und sich erweisen lassen, dass in demselben eine Kraftfülle wohne, deren unendliche Grösse sich jeder Vorstellung entzieht.

Der Aetherdruck geringster Ordnung übertrifft den Luftdruck vielleicht nm das 500 Millionenfache.

II. Ueber die Begrenzung des Urtheils durch praktische Vernunft.

Die Arbeitstheilung ermöglicht dem Einzelnen in seinem Berufe Ausserordentliches zu wirken, während andererseits die Vereinigung vieler Kräfte zu gemeinsamen Unternehmungen die Leistungen der Gesammtheit hebt. Die grossartigen Erfolge dieses Jahrhunderts konnten nur unter staatlichem Schutz gedeihen, indem durch Gesetze der Störenfried der Weltordnung „die Willkür" thunlichst zurückgedrängt wurde. Gleichzeitig ist der Entfaltung des freien Willens der Einzelnen oder ganzer Gruppen der Gesellschaft manches Hinderniss aus dem Wege geräumt, insbesondere dem freien Wort ein weiter Spielraum gewährt.

Die veränderten Verhältnisse haben aber einen Nachtheil im Gefolge gehabt. Die öffentliche Meinung wird nicht mehr von der allgemeinen Bildung geleitet; vielmehr bleibt es jedem Einzelnen überlassen, aus dem Gewirr einander widersprechender, öffentlich zum Ausdruck gebrachter Ansichten, sich Vorstellungen über die wichtigsten Güter der menschlichen Gesellschaft zu formen.

Um einer Willkür der Anschauungen nach aussen zu steuern, ist die Erzielung innigerer Meinungs-Einigkeit in den höheren Berufsklassen wünschenswerth. Es ist darauf hin zu wirken und zu erklären, wie nothwendig eine Begrenzung des Willens und des Urtheils nach den Gesetzen der praktischen Vernunft und des Handelns nach den Gesetzen der Moral zu erfolgen hat.

Die physischen und geistigen Fähigkeiten des Menschen und seine besonderen Talente sind, wie die Naturkraft, nur eine Gewalt. Die Menschenwürde zeigt sich erst durch die Art, wie die Kraft verwendet wird, wie dieselbe nutzbringend arbeitet und zum Wohl der Nächsten und weiterer und weitester Kreise sich zu bethätigen bemüht.

In der Folge ist der Versuch gemacht, den Begriff der Freiheit im Willen aus der Macht der Selbstbeherrschung abzuleiten. Zunächst ist darauf zu verweisen, dass auch die Materie einen Willen besitzt, aber darum keine Freiheit der Entschliessung geniesst, weil dieselbe sofort nach dem inneren Bestreben handelt, wenn der äussere Zwang nachlässt. Die Handlungen der Materie sind Bewegungs-Erscheinungen, äusserer oder innerer Art, welche sich, soweit die Vorgänge genauer erforscht sind, durch Rechnung verfolgen lassen. Freier Wille ist in der Materie nicht vorhanden, nur Eigensinn oder Trägheit und Zwang. Im Abschnitt V sind die Bewegungen der Materie, deren Ausdruck wir Naturkraft nennen, in ihrer Abhängigkeit von äusserem Druck skizzirt.

Die ersten Grade des freien Willens finden wir bei den Pflanzen und Maschinen in einer diesen Organismen unbewussten Weise vertreten.

Bewusst freier Wille zeigt sich nur bei empfindenden Geschöpfen, zunächst bei den Thieren, deren Wille durch sinnliche und seelische Neigungen, wie durch Leidenschaften erregt wird.

Die richtige Steuerung des menschlichen Willens, welche durch Ordnung die Freiheit erhält und vermehrt, kann in zweifacher Weise bewirkt werden.

Es kann der Mensch die Grenzen zwischen der erlaubten und

unerlaubten That zu erforschen und durch Selbstbeherrschung zu beachten lernen; wo diese Tugend aber fehlt, hat das Gesetz die Grenze strenge zu ziehen.

Die Steuerung der Willensbethätigung menschlicher Gesellschaft durch die Selbstbeherrschung erhebt den Lebensgenuss ausserordentlich, schafft Beziehungen der Dankbarkeit unter den einzelnen Menschen und ganzen Klassen derselben, vermindert die Staatsausgaben und trägt die Möglichkeit in sich, eine Erweiterung des freien Willens zum Wohle der einzelnen Gruppen zuzulassen, ohne dadurch eine Gefahr für das Gemeinwesen erblicken zu müssen. Sehr bedeutend sind die Vortheile einer Steuerung des eigenen Willens durch Selbstbeherrschung gegenüber dem Eingriff kalter Gesetze; da das Gesetz sich nicht nach den Verhältnissen des Sonderfalles richten kann und daher, ausser einer Verhinderung gefährlicher Handlungen der Willkür, auch unschädliche Entschliessungen trifft und die Lebensfreude mindert.

Den Gegensatz zur Selbstbeherrschung des Willens bildet die Willkür. Es ist die Bethätigung einer vorhandenen Kraft nach Art des Eigensinnes der Materie, ohne Rücksichtsnahme auf die bestehenden Gebilde, Formen und Gesetze, ohne das Bestreben der Leistung von Arbeit oder der Ertragung von Opfern zum Wohlergehen der Nächsten und weiterer Kreise. Willkür erniedrigt den Menschen moralisch, wo sie bewusst geübt wird, und culturell, wo sie als Folge mangelnder Einsicht, fehlender Sitte und Erziehung, sich zeigt.

Die Willkür im Wort kann, woselbst sie sich breit macht, die Früchte guter Erziehung rauben, letztere ganz untergraben. Die Willkür im Wort ist also durchaus strafbar; doch ist die Frage zu stellen, wie einer Willkür im Wort begegnet werden kann, ohne das hohe Gut der Freiheit des Wortes zu rauben.

Zwei Mittel leiten zum Ziel; einmal die härtere Bestrafung offenbarer, öffentlich vorgebrachter Lügen, sei es, dass diese zur Irreführung von Gruppen der Gesellschaft oder zur Umgehung des Rechtes, zwecks sachlicher Schädigung einer Person, bezw. bei Vertheidigung einer Sache, vorgebracht in der Form einer willkürlichen Annahme, dienen sollten. Das andere Mittel ist die Auflehnung der verständigen Welt gegen die Willkür des Urtheils im Allgemeinen und die Belehrung der Mitwelt über die Grenzen menschlicher Urtheilskraft nach den Regeln der praktischen Vernunft und die Begrenzung unserer Handlungen nach den Gesetzen der Selbstbeherrschung.

Ein an sich in seinen Ableitungen vernünftig gebildetes Urtheil kann doch in eine Thorheit ausklingen, wofern der Ableitung nur einige, nicht alle erforderlichen Voraussetzungen richtig unterstellt sind.

Dieser an sich so einfache Satz ist in seiner Tragweite durchaus noch nicht genügend gewürdigt; pflegen doch die Menschen so leicht sich in Sonderanschauungen zu vergraben, dass sie die Wahrheit nicht mehr begreifen können, weil sie einen Gedankengang wandern, dessen betretener Pfad sie der Wahrheit immer weiter entführt.

Die sorgsame Erforschung des Thatbestandes, die Ermittelung von Lücken im eigenen Wissen, oder demjenigen der Rathgeber und die Erfragung der Ansichten oder Bedürfnisse der Materie oder der Menschen, darauf sich unser Urtheilen und Handeln richtet, geht vielen Personen ab. Es wird der Versuch gemacht, bei persönlicher Tüchtigkeit ohne Sachkenntniss zu urtheilen, oder es tritt gar die Schablone, jene unbegründete, unbedingt zum Stillstand in der Entwickelung führende Form, an die Stelle der nach Regeln praktischer Vernunft aufgebauten Entschliessung; Verfall oder mindestens doch Schädigung des Gemeinwohls ist die Folge. Der gefährliche Rückgang beginnt, wenn die Entschliessung derart aufwärts verschoben und durch die Schablone eingeengt wird, dass das Recht der Entschliessung und die Machtbefugniss einer Aenderung der bestehenden Form nicht mehr diejenige Person zum Träger hat, welche der Sache das praktische Verständniss entgegen zu bringen vermag. Da nun die Anforderungen, welche an die Vertreter eines Berufszweiges gestellt werden, sich im Laufe der Jahre ändern, ist es durchaus die Pflicht bezüglicher Berufsgenossen, auf eine den Verhältnissen entsprechende, stetig sich vollziehende Reform der Erziehung ihres Nachwuchses zu dringen, sonst kann es vorkommen, dass ausserhalb des bezüglichen Berufes stehende Personen und Gruppen unter den unpraktischen Entschliessungen der Vertreter des anderen Berufszweiges zu leiden haben und dass auf diese Weise durch dauernde Missstände wachsende Unzufriedenheit erzeugt wird.

Da nun die Freiheit und damit das ganze Glück der menschlichen Gesellschaft in ihren verschiedenen Gruppen so ausnehmend durch die Erziehung zur praktischen Vernunft gefördert wird, ist es rathsam, durch sachlichen Meinungsaustausch überall, wo irgend erreichbar, sowohl der Willkür im Urtheilen wie im Verurtheilen, im Handeln wie im Unterlassen entgegen zu treten. Es muss die Nothwendigkeit hervorgehoben werden, dass durch gute Erziehung ein friedfertiger, aber doch gegen den Feind, die Willkür, entschlossen und muthig kämpfender Wille in jede Gesellschafts-Klasse hineinzutragen sei. Ein solcher Geist

ist für das Glück aller Gesellschafts-Klassen und Völker für sich und in ihrem Wechselverkehr von höchster Bedeutung. Nicht die unbegrenzte Steigerung des Wissens und Könnens ist unser Lebenszweck, sondern die Verwendung und Verwerthung desselben nach den Regeln der praktischen Vernunft; sie ist es, welche aus sich selbst heraus ideale Ziele verfolgt, die Entwickelung fordert und die steigende Betheiligung aller an den Segnungen der Civilisation und Ordnung wünscht. Und die Erfüllung dieser Aufgabe ist jetzt erreichbar, denn noch niemals hat die Weltgeschichte einen so starken Völkerbund gesehen, welcher seine Macht, zum Schutz gegen Eingriffe äusserer Willkür, nur als Schild benutzt, um in der Arbeit des Friedens die Wohlfahrt der Völker zu pflegen. Diese hohen Bemühungen werden von dauerndem Erfolge gekrönt sein, wenn der Erbfeind der Menschheit die Willkür im Urtheil, der Geist der Verneinung des Guten, kräftig unterdrückt wird. Geben wir den Nachbarvölkern in dieser Hinsicht ein gutes Vorbild, dann wird die verständige Welt der übrigen Staaten uns folgen und ein Zeitalter des Friedens und des gesegneten gemeinsamen Wirkens angebrochen sein.

Um uns diesem Ziele zu nähern, muss nicht nur das Urtheil der Einzelnen aus praktischer Vernunft entspringen, sondern auch vor Allem das Urtheil ganzer Gesellschafts-Klassen ein im Sinne des Gemeinwohles praktisches werden. Wo das Urtheil sich zu sehr an die hergebrachte Form lehnt, sich zu sehr mit der Vergangenheit beschäftigt, die Kritik erlahmt, die Gegenwart, ihre Gefahren, Kräfte, Leistungen und Wünsche nicht gekannt sind und mithin nicht gewürdigt werden, da ist auch das abgeleitete Urtheil nicht den Tiefen der praktischen Philosophie entsprungen; sondern nur ein Gischt auf der Brandung des Meeres, durch die noch rollenden Wogen herangespült, welche der Sturm und die Leidenschaft vergangener Zeiten emporgepeitscht haben.

Auf diesen Wogen tanzt das Schifflein allgemeiner Bildung, welches ein Führer der Geschicke der Völker sein soll und den gefahrlosesten Kurs der Nachwelt zu ermitteln verpflichtet ist. Soll aber die Fahrt gelingen, dann ist Einheit im Rath zu erstreben. Nicht jedes Urtheil darf sich frei erheben und nach dem Steuerruder greifen. Die praktische Vernunft allein muss das Kommando-Wort behalten, damit die Fahrt in die Zukunft mit Voraussicht und Vorsehung sich glücklich vollzieht.

Aber es ist nicht gut, wenn unser Schifflein, die allgemeine Bildung, nur von dem Kaltsinn eines praktischen Verstandes geleitet wird. Die praktische Vernunft überträgt ihre Fürsorge auf weite Kreise. Es muss in jeder Brust Raum an Bord sein für ein pochendes Herz; erst dann kann das Wissen, allgemeiner Bildung, zu einem Weltgewissen sich erheben.

III. Ein Ausblick auf Beziehungen zwischen Materie, Schöpfung und Erziehung.

Als vor zwei Jahren diesseits die Freude der Freiheit empfunden wurde, in selbst gewählter Richtung mit einiger Musse eine weite Gedankenreise antreten zu können, war das Trachten nicht darauf gerichtet, über andere Beziehungen als diejenigen, welche der engeren Naturwissenschaft angehören, nachzusinnen, aber eine Wanderung, welche uns durch Thäler und über Hügel führt, gestattet uns bisweilen einen Fernblick in das Weite und in die Zeit. Diese Gelegenheit, Umschau zu halten, müssen wir nicht ungenutzt vorübergehen lassen; die Umschau ist nothwendig, sonst werden wir einseitig und begreifen nicht mehr die Schöpfung als Ganzes. Wer nur das Einzelne erforscht, nur das Farbe-Material eines Bildes, die Materie desselben untersucht, erschaut nicht den künstlerischen Werth des Gemäldes; ja das beständige Betrachten von Punkten des Wissens unmittelbarer Nähe kann, wie das Auge, so auch den Geist kurzsichtig machen.

Durch Studien der Bewegung des Wassers war mir eine hier nachstehend benannte, für die Gestaltung der Naturkräfte geltende, wichtige Bedingung der Bewegungslehre zum Bewusstsein gelangt. „**Die Ueberführung einer Naturkraft in eine andere Form wird bei gleichzeitiger Beachtung des Gesetzes einer Erhaltung der Bewegungs-Grösse oder Wucht mv und einer Erhaltung der Energie oder Arbeit $\frac{mv^2}{2}$ erfolgen**“.

Der Wunsch, diese Erkenntniss, zumal die eingehendere Beachtung des Gesetzes einer Erhaltung der Bewegungs-Grösse, in einer zu weiterer Verwerthung anregenden Form den Fachkreisen übermitteln zu können, veranlasste mich, jenen Gedanken einer einmaligen Verwerthung zu unterziehen.

Am lauschigen Plätzchen meines kleinen Gärtchens ermalte ich mir in freier Stunde die Atome, die Punkte der körperlichen Welt, und liess in der Vorstellung nun diese Schwerpunkte der Bestandtheile einfacher Gase, mit und gegen einander schwingend, einen Lebensreigen nach dem harmonischen Takt obiger beiden Bewegungs-Gesetze eröffnen.

Der Gegenstand selbst ist in dem folgenden Abschnitt V skizzirt; hier sei nur angedeutet, dass Verhältnisszahlen der Erfahrungs-Wissenschaft, der Experimentalphysik und Chemie das nothwendige praktische Fundament bildeten und dass die Vorstellung sich nur an Bekanntes anlehnte, also von einem praktischen Glauben geleitet wurde. Die Handlung selbst war die Anwendung rechnend rathender Kunst.

Schon früher waren Vorstellungen über Wärme, Temperatur und Kraft gebildet, welche einer Durcharbeitung benöthigten. Eine Abhandlung über die Bewegung des Wassers in Flüssen *), wie eine andere Arbeit: „Ueber die Begriffe Bewegungsgrösse, Reibung und Centralschwingung" **), vermehrten die Anregung.

Mit Hülfe der angewendeten Mathematik wurde der Begriff Kraft und Wärme zergliedert, ein Ausblick auf den Begriff latente Wärme, chemische Kraft und Elektrizität gewonnen und nun rechnend empfunden, dass der Weltenraum erfüllt sein müsse von einer unermesslichen Kraft, welche die Materie der Himmelskörper beherrscht.

Vom naturwissenschaftlichen Standpunkte aus, spricht nach diesem für mich nichts dagegen, dass, wie sich freier Wille in der Materie durch organische Wesen verkörpert, auch im Weltenraume freier Wille wohne. Ja wir sind wohl gezwungen, ausser dem Aether, dem Träger des Lichtes und der anderen ätherischen Kräfte, dem Weltenstoff erster Ordnung, noch feinere Stoffarten und ätherische Kräfte höherer Ordnung anzunehmen, welche sich zum Aether erster Ordnung verhalten, wie der Aether zur Materie. Bewegungsformen einer Ordnung, z. B. die Kräfte der Materie, erleiden im Aether sehr geradlinige Fortpflanzung, daher können von der Materie ausgehende Bewegungen in weitester Ferne von unserem Auge wahrgenommen werden, d. h. alle Aetherarten sind von Gestirn zu Gestirn durchsichtig. Bewegungsformen eines Aethers höherer Ordnung brauchen aber für Aether niederer, gröberer Ordnung nicht durchscheinend zu sein, sondern können von diesem zurückgeworfen werden.

Es widerspricht der praktischen Vernunft, diese Bewegungsformen weiter zu verfolgen, da sowohl jene wie auch die Religion uns lehren, nicht über die Grenze des praktischen Wissens hinaus sinnliche Vorstellungen zu erstreben und Bilder zu ermalen. Für den Naturforscher gehört

---

*) Zeitschrift des Architekten- und Ingenieur-Vereins zu Hannover, Heft 5, Jahrgang 1890.

**) Verhandlungen des Vereins zur Beförderung des Gewerbfleisses in Berlin, Heft 5, Jahrgang 1890.

zwar eine aus praktischen Erfahrungen und Verhältnisszahlen errechnete Thatsache auch zum Fundament praktischer Erfahrung, indem sie den Gesichtskreis erweitert und einen Ausblick auf unerforschte, oder fast unerforschliche Fernen erschliesst. Dies gewährt uns einen Schutz gegen die Willkür eines verneinenden Urtheils, indem wir ausserhalb der Materie noch eine unendlich erscheinende Wirkung erkennen. Hier ist die Grenzscheide zwischen dem Erkennen und dem Glauben gefunden und zugleich überbrückt.

Sowohl die Religion wie die praktische Vernunft weisen darauf hin, dass die Fülle der Kraftwirkungen nicht in der Materie zu suchen sei, sondern im Himmelsraum, und dass die Materie unter dem äusseren Aetherdruck und der inneren Spannkraft sich formt. Durch die Wahl der Vorbedingungen ist die Materie nach den Naturgesetzen, welche ein Ergebniss der Vorbedingungen sind, gezwungen, die Schöpfung zu bilden. Eine wesentliche Aenderung der Vorbedingungen würde die Naturgesetze aufheben, einen Weltuntergang bedeuten. Bei plötzlichem Verschwinden des äusseren Aetherdruckes würde z. B. die Materie, die Erde und die Gestirne, wie explodirend, auseinander fliegen, nur der äussere Druck hält dieselben nach jener Auffassung zusammen. Bei langsamer Abnahme des Aetherdruckes würden die Gestirne erkalten.

Früher erschauten die Menschen die geistige Kraft, welche die Naturkraft zum Zweck schöpferisch bildender Thätigkeit benutzt, in physischen Gestalten, z. B. im Thiere verkörpert, zu welchen das Heidenthum, in Erniedrigung der Menschheit, betete. Höher steht schon der Glaube derjenigen Völker, welche die Gestirne als Spenderinnen von Licht und Wärme verehren.

Heute nun möchten wohl Einzelne, welche die Schöpfung nicht als Ganzes betrachten, sondern nur Farben, Stücke und Punkte derselben in sich aufgenommen und im Zusammenhang kaum verstanden haben, den leitenden Willen in die gänzlich verstandes- und gefühlslose Materie verlegen! Das wäre ein Rückschritt menschlicher Handlung, von geistig schaffender Kunst zu einer Zergliederung von todtem Stoff.

Wo wir rohe Naturkraft sinnlos walten sehen, mögen wir die Schwierigkeiten erkennen, welche der bildenden Schöpfung entgegen arbeiten, und uns bemühen, mit unserem Geiste die Entwickelung zu unterstützen. Wir sollen die Wucherungen der Willkür, die Krankheit, den Unverstand und die Unbildsamkeit bekämpfen, diese aber nicht als das Wesentliche, nicht als Freiheit der Schöpfung ermalen. Wo immer Felder geistiger Kraft als nutzlose Wüste brach liegen, sind dieselben opferwillig mit dem ihnen fehlenden belebenden Element zu bewässern, d. h. zu gemeinsamem Wohlergehen durch praktische Vernunft zu befruchten.

Eine Schöpfung entsteht durch Beeinflussung bildsamer Materie nach den Gesetzen, welchen die Materie unterstellt ist, so dass ein Organismus sich bildet, welchem die Naturgesetze dienstbar gemacht sind. Der Blick des Forschers erkennt am Organismus die verwendeten Gesetze, ihm erscheint das Geschaffene wie selbstverständlich, so reiht sich Wirkung an Ursache in ununterbrochener Folge.

Wo menschliches Wirken Werke von schöpferischem Werthe schaffen will, ist genau mit den gegebenen Verhältnissen zu rechnen und die Bethätigung des eigenen Willens zum Wohle des Ganzen nach den Naturgesetzen und der nur beschränkten eigenen Kenntniss derselben zu begrenzen.

Wir haben zu unterscheiden zwischen der Forschung und der Kunst einer Anwendung des Wissens. Die Forschung verfolgt eine der bildenden Kunst entgegengesetzte, zergliedernde, aus einander strahlende Richtung. Um sich nicht in das Einzelne zu verlieren, lässt der praktische Philosoph in dem Bestreben, einer Erforschung der Vielheit des Neuen zeitweise eine Pause eintreten, erstrebt Ueberblick und bemüht sich, die Richtung zu erkennen, dahin die einzelnen Strahlen des Wissens zusammenlaufen. Nach erfolgter Anwendung dieser Kunst, welche wir, im Gegensatz zu dem Wissen schaffenden Werke des Alltags, die forschende „Kunst" nennen können, findet der suchende Blick leichter das erstrebte Ziel, und besser gelingt es dann auch, das praktische Wissen anderen zu lehren.

Vor allen Dingen kommt es in der lehrenden Thätigkeit darauf an, den Ueberblick zu gewähren und die Dinge in ihrem richtigen Zusammenhange zu schildern, nicht die Vielheit im Einzelnen ist von besonderem Werthe. Woselbst die Lehrthätigkeit ausser der allgemeinen Bildung auch praktische Fertigkeit zu erzielen hat, ist ebenfalls wieder Beschränkung des Stoffes geboten. Lückenlose Fertigkeit ist zu erstreben, aber einzig in den Elementen und Anfangsgründen zu verlangen, und zumal nur in dem Umfange, wie das Leben dieselben in dem Sonderberufe fordert. Im Uebrigen aber ist zu erforschen, wie auf bequeme und zu höheren Zielen führende Weise die für das Selbststudium des Sonderfalles zur Verfügung stehenden Quellen und Hülfsmittel beschaffen sein müssen, diese sind mit den für eine gewandte Benutzung jener Mittel erforderlichen Vorkenntnissen zu bieten.

Die Aneignung von zu vielen Einzelheiten, von welchen doch nur ein verschwindend kleiner Theil benutzt werden kann, ist zwecklos und geisttödtend. Die Beschränkung im Einzelnen und die Eröffnung glatter Bahnen für das selbstständige Studium im Sonderfall bleibt Hauptsache.

Das Lehrfach hat die Erfordernisse und die Mittel der Gegenwart sorgfältig zu beachten und nicht unter dem Vorwande, einen idealen Standpunkt einnehmen zu wollen, sich an alt hergebrachte Vorurtheile zu klammern. Niemals darf die Wissenschaft höher gestellt werden, als das Glück und die Wohlfahrt der Menschen, denen die Wissenschaft, dienstbar zu sein, verpflichtet ist. Das Lehren der Wissenschaft ist eine Aussaat, welche sich nach dem Boden, welchem die Saat anvertraut wird, und nach der zu erwünschenden Ernte zu richten hat.

In diesem Sinne ist auch die Theologie von dem Studium der Lehrerfolge und der Harmonie ihrer Lehren mit denen der Naturwissenschaft abhängig, ja unzertrennbar; anderenfalls ist es nicht möglich, die Grenze dessen zu finden, was gelehrt oder wie es gelehrt werden darf. Die Ueberschreitung der Grenze von Glauben und Erkennen im Lehren zerstört die Harmonie der Erziehung; zersetzende Keime der Willkür im Urtheil werden dann künstlich erschaffen, welche den Erfolg der ganzen erziehenden Thätigkeit zum Wanken bringen und Mit- und Nachwelt in Verwirrung und Streit versetzen.

Leider ist in manchen Jahrhunderten die Religion der Theologie gänzlich geopfert und über diese jene in Vergessenheit gerathen. Die Herrschaft des Buchstabens wirkt nicht erziehend, sie führt zu Hass und Streit und steht in krassem Gegensatze zu der Religion der Nächstenliebe.

Wo immer nützlich wirkende, belebende und erziehende Kunst geübt werden soll, ist der Willkür Thür und Thor zu verschliessen und der praktischen Philosophie, welche der Wahrheit die Ehre lässt, aber in unerforschlichen Dingen Bescheidenheit kennt, zu ihrem Rechte zu verhelfen.

Ueber die Erziehung.

Die Erziehung richtig zu leiten, ist eine hohe Kunst, welche praktischen Sinn erfordert.

Die Erfolge der Erziehung gliedern sich dreifach nach den wirkenden Kräften, welche den Willen nützlich beschränken, die philosophische und körperliche Kraft fördern und die Erfahrung des Wissens verleihen.

In erster Linie ist die Beschränkung des freien Willens eine vornehme Pflicht. Zum Wohl von Körper und Geist, macht uns die sorgende Liebe, die Vorsehung, zunächst durch den Mund der Mutter, des Vaters und später durch Lehrer und Freunde auf alle Gefahren aufmerksam, welche durch eigene oder anderer Willkür im Leben uns drohen.

Zweitens sind die Fähigkeiten des Lernenden durch Fleiss zu entwickeln. Hier heisst es: „Selbst ist der Mann".

Drittens ist verständiger Entschluss und nützender Wille zu wecken. Dazu bedarf es eines hinreichenden Fundamentes praktischen Wissens, und die Erzielung der Gewandtheit durch Uebung im körperlichen und geistigen Können. Der praktische Sinn ist durch ausführende Thätigkeit zu fördern, so dass praktische Philosophen herangebildet werden.

Der Versuch eines dieser die Erziehung bewirkenden Mittel zu beseitigen, und dafür die verbleibenden Erziehungsmittel zu erweitern, giebt zu krankhaften Erfolgen, zu geistigen Wucherungen Veranlassung. Ueberhebung, Willkür und Blindheit gegen die Vorzüge der praktisch handelnden Vernunft sind unabweisbar die Folge.

Besondere Gefahr herrscht vor Allem dort, wo die vorbereitende Erziehung fehlt, die Aussaat mithin auf einen schlecht bestellten Acker fällt, welcher zwar tragfähigen Boden besitzt, aber aus Trägheit nicht gepflügt wird. Hier wuchert das Unkraut zwischen dem Korn und die Frucht beider wird hernach, mit gewandter List gepaart, der Mitwelt zum Ankauf empfohlen.

Die Erziehung bildet einen Theil derjenigen Schöpfung, welche sich in der Gegenwart vollzieht und das Menschengeschlecht zu höherer Entwickelung führt. Die Lehrweise ist nach den verfügbaren Mitteln entwickelungsfähig zu belassen. Das Streben nach harmonischer Bildung steht mit dem Trachten nach Vielwisserei in scharfem Gegensatz. Mit den Fortschritten theoretischer Erkenntniss in den wesentlichen, die Summe der Erscheinungen verknüpfenden Beziehungen, wird fortschreitend die Möglichkeit gesteigert, durch einen kurzen Ueberblick tieferes Verständniss bis zu dem Grade zu erwecken, wie dieses für die Zwecke harmonischer Erziehung nothwendig ist. Dann verbleibt reichlich Zeit, dort, wo Fleiss und Fähigkeit sich finden, auch in Sonderrichtungen tüchtiges Können zur Reife zu bringen.

Wir bewundern an der Schöpfung das vielgestaltene bunte Bild und die zahllosen, einander ergänzenden und von einander abhängigen

Wesen, durch deren Verschiedenartigkeit an Bedürfniss und Leistung der Umstand ermöglicht wird, dass soviel Leben auf begrenztem Raume neben einander wohnt.

Die Erziehung hat, dem Vorbilde der Schöpfung folgend, auch der menschlichen Gesellschaft ein buntfarbiges Bild zu gönnen und die mannigfachen Talente zur Entwickelung gelangen zu lassen. Vor allen Dingen ist die Methode der Erziehung entwickelungsfähig zu gestalten, sie darf nicht zur Schablone erstarren. Niemals ist die Frage, welche Methode der Erziehung die beste sei, durch theoretische Gründe zur Entscheidung zu bringen. Wo Zweifel herrschen, ist einzig der praktische Versuch entscheidend, dies lehrt uns die praktische Vernunft. Ein Nebeneinander, sich unterstützender, zu wahrer Entwickelung gelangender Kräfte ist weitaus besser, als die Vielheit schablonisirter Personen, welche als Ganzes dann doch noch Einseitigkeit im Urtheil zeigt. Dort ist jeder Ausweg aus dem beengten Ideenkreise der einzelnen Person, bezw. der gleichartig erzogenen Gruppe abgeschnitten. Das Vorurtheil tritt an die Stelle der Erkenntniss und manch' nachtheilige Frucht ist die Folge.

IV. Ueber den Willen der Materie und den freien Willen im Organismus.

Um den Begriff der Freiheit verstehen zu lernen, ist es erforderlich, zu berücksichtigen, dass auch die Materie einen Willen, wiewohl zwar nur in unbewusster Weise, besitzt. Die Materie hat das Bestreben, ihre vorhandene Bewegungsrichtung geradlinig zu verfolgen; dies ist ihr Wille, welcher im Anprall an einen Widerstand gebrochen, bezw. abgelenkt wird. Die Physik sagt dazu, die Masse besitzt Beharrungs-Vermögen oder Trägheit; äussere Kräfte sind erforderlich, um Richtung oder Geschwindigkeit einer Aenderung zu unterwerfen. Diese Willensäusserungen der Materie werden, da es sich um kein fühlendes Wesen handelt, derselben nicht bewusst; sie werden auch durch die Materie nicht geleitet und gesteuert, da dieselbe kein denkendes Wesen ist. Solange ein Widerstand besteht, ist der Wille der Materie nicht frei. Die Aufhebung des Widerstandes aber bietet der Materie nicht allein Gelegenheit zur Bethätigung des Willens, sondern enthält auch zugleich den nothwendigen Zwang einer schrankenlosen Bethätigung des Willens.

Die Materie würde in Richtung ihrer Bewegung auseinander stieben und alle vorhin vorhandenen Gebilde zerstören.

Als Beispiel sei die Verdampfung erwähnt. Die Flüssigkeiten haben vermöge ihrer inneren Bewegung das Bestreben, sich in Gas zu verwandeln. Nur äusserer Druck hält dieselben von dieser Handlung zurück. Die Beseitigung der Erdatmosphäre und aller nachher entstehender Dämpfe würde zur Folge haben, dass die Wässer der Flüsse und Oceane sich, in durchsichtigen Dampf verwandelnd, nach oben entleerten.

Eine solche Bethätigung innerer Kräfte, welche zu keinen Vortheilen führt, überhaupt nur dem Wechsel des Widerstandes gehorcht, kann man doch unmöglich als das Ergebniss eines freien Willens bezeichnen. Die Bethätigung einer inneren Kraft ist nur dann freiem Willen entsprungen, wenn die That durch innere veränderliche Ursachen entsteht. So lüftet z. B. der Dampf am Kessel der Maschine ein Ventil, wenn es ihm drinnen zu drückend warm wird. Dies ist eine freiwillige Handlung niederer Ordnung. Die Freiheit, so handeln zu können, ist ein Geschenk des technischen Schöpfers der Maschine. Die That jener Schöpfung setzt Verständniss der inneren Vorgänge, der Bedürfnisse und Gefahren, wie Neigung zu nützender Arbeit voraus. Freier Wille ist stets an einen Organismus gebunden, welcher von einem Schöpfer, der geistig äusserst viel höher steht als der Träger des Organismus, erdacht und ins Leben gerufen wurde. Die Bethätigung freien Willens setzt unbedingt in einem anderen Wesen, dem Schöpfer des Organismus, Geist und hohes Verständniss voraus.

Die Beschenkung abhängiger Volksklassen mit der Gabe freien Willens, bedingt in höheren Klassen eingehendes Verständniss für die Bedürfnisse, Fähigkeiten wie Schwächen der anderen Klasse und die Neigung opferwillig zu helfen. Die schrankenlose Willensäusserung irgend einer Gesellschaftsklasse würde nicht Bethätigung eines freien Willens der Einzelnen bedeuten, Zerstörung der eigenen Glücksgüter und derjenigen der anderen Klassen würde die hervortretendste Folge sein. Nur die Beschaffung der Organe, welche die Steuerung des Willens nach den Gesetzen der Vernunft, vielleicht unbewusst bei dem Träger des freien Willens, aber bewusst bei dem Schöpfer desselben, einsichtsvoll gestaltet, gewährt jenes hohe Geschenk des freien Willens, die Zufriedenheit.

Der freie Wille ist nicht der Zwang nach inneren Antrieben handeln zu müssen, sondern die Fähigkeit, eine Handlung nach Umständen unternehmen oder unterlassen zu dürfen. Der Träger des freien Willens hat den freien Willen stets als ein Geschenk aufzufassen, welches genommen werden kann, wenn der Träger desselben sich den Grenzen nützlicher Bethätigung nicht fügt, sondern Willkür an die Stelle setzt. Andererseits ist die Herrschaft natürlich nur in solchem Umfange ein Recht, als der Herrschende die Bedürfnisse der Beherrschten mit Fleiss studirt und durch passende Organisation, den wachsenden Macht- und Erwerbsmitteln entsprechend, stetig das Wohl der Beherrschten fördert, niemals in diesem guten Handeln eine obere Grenze kennt, sondern dauernden Fortschritt in praktischer Weise erstrebt.

In früheren Jahrhunderten bildete die menschliche Gesellschaft noch keine nach den Regeln der praktischen Vernunft handelnde Person; auch heute hat die Welt, als Ganzes, dies hohe Ziel noch nicht erreicht; sonst würden Kriege ausgeschlossen sein. Es ist aber ein ausserordentlicher Fortschritt, dass einzelne Nationen für sich jetzt praktischer Vernunft folgen und hohe Ziele der Entwickelung erstreben.

Zur Zeit stehen der Erfüllung mancher guten Wünsche noch grosse Schwierigkeiten entgegen. Die gebildete Welt vertieft sich zu viel in das Vergangene, kritisirt das Alte nicht scharf genug und dünkt sich gelehrt, wenn sie die Fehler vergangener Zeiten nachmacht.

Die Staaten von heute sind ungleich höher entwickelte Wesen, als diejenigen voraufgegangener Jahrhunderte, so dass auch an die Zukunft hohe Erwartungen geknüpft werden können. Die Staatsgewalt bethätigte sich früher fast einzig in der Abwehr äusserer oder innerer Feinde. Wir verdanken den Vorfahren unendlich viel, aber wir müssen nicht vergessen, dass die Abwehr äusserer Willkür nur eine Vorbedingung für geordnete innere Verhältnisse sein kann und dass der Dank für die gebrachten grossen Opfer in der gesunden Organisation der Friedensarbeit am besten durch den Staatsbürger zum Ausdruck gebracht wird. Diese Organisation bedarf dauernder Pflege, da immer neue Richtungen staatlicher Fürsorge sich eröffnen und diese Häufung der Geschäfte eine Vereinfachung des Geschäftsganges in jedem Verwaltungszweige erforderlich machen wird. Diesen Anforderungen kann aber nur ein praktischer Sinn gerecht werden, welcher die nebensächliche Form, soweit sie nur Ballast bildet, auszuscheiden versteht, um Raum und Zeit für produktive Thätigkeit zu schaffen.

Die Beglückung der Völker durch die Regierungen kann nur erfolgen, wenn die Erziehung der Jugend zu praktischen Männern erreicht wird, welche die inneren Gesetze organischer Wesen auf die Staatsverwaltung zu übertragen vermögen.

Mit alten Mitteln allein schafft man keine neuen Nerven, welche den Sitz der Regierung mit den Gliedern, den Gruppen im Volk, verbinden können und sollen; mit der wachsenden Zahl praktischer Aufgaben bedarf der Staat eines Beamtenthums, welches in seinen einzelnen Vertretern Tüchtiges bis zur Vollendung leistet, und in der einzelnen Person an allgemeiner Bildung die Prinzipien des Wissens, nicht das viele Einzelne, welches ja doch keinen bildenden Werth besitzt, beherrscht.

Die moderne Staatskunst ist nicht nur auf Abwehr äusserer Willkür, oder einzig auf Erhaltung übernommener Formen bedacht, sondern sie ist eine bildende Kunst, welche technisches, praktisches Denken erfordert. Es muss der gute Wille das Auge unmittelbar auf das erstrebte Ziel lenken und durch Erfahrungs-Vergleiche die Mittel erforschen, welche, unter Berücksichtigung bestehender Rechte, durch eine Vermehrung der Glücksgüter zur Zufriedenheit führen.

Versuchen wir nun zunächst die Naturkräfte als Bewegungsformen der Masse zu erkennen, um so recht deutlich die Vorstellung zu gewinnen, dass die Materie nur einzig dem Eigensinn und dem Zwange folgt und auch nicht die geringsten Grade der Freiheit besitzt. Wir begreifen dann, wie schöpferische Beeinflussung der Materie nur durch die Erschaffung der Voraussetzungen und durch Veränderung derselben erfolgt. Die Naturgesetze und ihre Erscheinungsformen aber bleiben unwandelbar dieselben, solange die Voraussetzungen sich nicht verändert haben, da die Naturerscheinungen in strengstem ursächlichen Zusammenhange mit ersteren stehen. Von der Materie haben wir nur rücksichtslose Bethätigung ihrer Kraft zu erwarten, alles Unglück, welches daraus hervorgeht, ist nicht gewollt, sondern Selbstfolge. Zum Zerstören bedarf es nur roher sinnloser Gewalten, den Handlungen der Willkür. Und doch können wir die Herrschaft über die Natur im Rahmen gegebener Verhältnisse erringen; indem wir die Naturgesetze erforschen und die Voraussetzungen für nützliches Werden schaffen; also durch richtige Organisation unserer Kräfte an Freiheit, Glück und Wohlstand gewinnend.

Wie in materiellen Dingen sich die Mittel nach dem Material zu richten haben, welches geformt werden soll, so bedarf auch eine geistig schöpferische Thätigkeit ihrer natürlichen Mittel, unter welchen der Mensch durch seine praktische Vernunft und seine Neigung zu nützender, erfreuender und beglückender That eine hohe Stelle einnehmen kann. Der Organismus seines Wesens eint Geist und Körper, so dass die Menschheit als Ganzes, wo sie in ihren geistigen und ausführenden Gliedern sich zu nützender That entschliesst, eine Fülle Segen bringender Gedanken in die Wirklichkeit zu übertragen im Stande ist.

V. Ueber die Naturkräfte, die Materie und den Weltenäther.

1. Die Bewegung.

Das belebende Element der Materie ist ihre Bewegung. Unser Auge empfindet das Licht durch die Wellen des Aethers, unser Gefühl die Wärme. Durch die Schwingungen der Luft hören wir den Schall, durch die chemische Bewegung der Atome im Molekül empfinden wir den Geschmack. Unser ganzes Wissen von der materiellen Welt wird uns zugetragen durch die Erscheinungsformen der Bewegung und unser Auffassungs-Vermögen ist es, welches die Gesetze der Bewegung durch praktische Vernunft aus den Resultaten der beobachtenden und messenden Wissenschaft theilweise zu erkennen, wie zu beachten und zu benutzen ermöglicht.

Da die Materie nur dem Wechsel von eigener Kraft und äusserem Zwange gehorcht und niemals einen veränderlichen freien Willen besitzt, lassen sich die Willensäusserungen der Materie berechnen, soweit man die äusseren Umstände und Vorgänge kennt, unter welchen die Materie ihre Bewegung vollzieht.

Wo die Bewegungs-Vorgänge deutlich und gross sichtbar sind, oder durch das Mikroskop erschaut werden können, haben wir es zunächst mit einer beschreibenden Wissenschaft zu thun, welche, wenn sie aus den Ergebnissen der Erfahrungswissenschaft werthvolle Schlüsse zieht, zur philosophischen Wissenschaft sich erhebt.

Manche Bewegungs-Vorgänge verbergen sich vollständig dem Auge, dieselben können einzig auf philosophischem Wege als Bewegungs-Erscheinungen erkannt werden. Hierzu gehören zumal die Naturkräfte Wärme, Licht, Elektrizität, Magnetismus und Schwerkraft.

An einem sich bewegenden Körper unterscheiden wir Gewicht und Geschwindigkeit. Infolge der Trägheit oder des Beharrungsvermögens der Materie bedarf es der Arbeit einer Kraft, um die Geschwindigkeit des Körpers zu ändern. Die Kraft, welche dazu erforderlich ist, einem Körper in der Zeiteinheit einen Theil seiner Bewegung zu rauben, ist dem Gewicht desselben und der hervorgebrachten Verzögerung proportional; da aber das Gewicht des Körpers, G genannt, im freien Fall in einer Sekunde $g = 9{,}81$ Meter Geschwindigkeits-Zunahme veranlasst, darf nicht G als das Maass der Stofffülle aufgefasst werden, sondern das Maass derjenigen Kraft, welche der gleichen Masse in einer Sekunde gerade ein Meter Geschwindigkeitsänderung verleihen kann.

Nicht das Gewicht, sondern die Stofffülle eines Körpers nennen wir seine Masse und bezeichnen dieselbe mit dem Buchstaben m, während v die Geschwindigkeit angiebt, mit welcher die Materie begabt ist.

Unter Wucht oder Bewegungsgrösse verstehen wir das Produkt aus der Masse m und der Geschwindigkeit v, setzen also dafür mv.

Zur Erzeugung von Bewegungsgrösse bedarf es der Kraftleistung L, welche während einer gegebenen Zeitdauer wirkt. Die Kraft K überführt in der Zeit z an Bewegungsgrösse das Produkt $K . z$ auf eine in Richtung der Kraft sich bewegende Masse m. Der Zugang an Bewegungsgrösse beträgt dabei $m . (\Delta v)$; darin Δv die hervorgerufene Geschwindigkeits-Zunahme bedeutet. Es ist $L = K . z = m . (\Delta v)$.

Als Einheit der Zeit wählt man 1 Sekunde, als Einheit der Geschwindigkeit 1 Meter, als Einheit der Masse ergiebt sich dann die Einheit der Kraft dividirt durch die Einheit der Geschwindigkeit.

Die Masse m wird bei freiem Fall durch die Schwerkraft in einer Sekunde in ihrer Geschwindigkeit um $g = 9{,}81$ Meter gesteigert, nimmt also sekundlich an Bewegungsgrösse um den Betrag $m g$ zu. Die aufgewendete Kraftleistung ist $L = G$. 1 Sekunde, mithin

$$G . 1 = mg,$$

$$\frac{G}{g} = m.$$

Die Masse m eines Körpers ist also gleich seinem Gewicht, dividirt durch die Beschleunigung der Schwere $g = 9{,}81$ Meter.

Die Bewegungsgrösse $m v$ schreibt sich mithin auch $\frac{G}{g} . v$.

Unter Arbeit A versteht man nicht nur eine Kraftleistung auf bestimmte Zeit, sondern das Produkt aus der Kraft mal dem Eifer, womit die Leistung geschieht, multiplizirt mit der Zeitdauer jener angestrengten Kraftwirkung. Hier ist der Eifer als die Geschwindigkeit v aufzufassen, mit welcher die Kraftleistung erfolgt. Es ist mithin:

$$\boldsymbol{A = K . z . v.}$$

Eine Zugkraft K eine Stunde hindurch zu äussern, ist wohl eine Leistung, deren Werth nach der Formel $L = K \,.\, z = K \,.\, 3600$ Kilogramm-Sekunden berechnet werden kann; aber es ist dann noch keine Arbeitsleistung erfolgt, wenn z. B. ein gezogener Wagen dabei sich nicht vom Fleck bewegt. Die Kraftleistung ist unnütz vollbracht, da sie nicht mit Eifer, nicht mit Geschwindigkeit geschah. Erst durch das Hinzutreten der Geschwindigkeit v wird in der Zeit z ein Weg s gleich $z \,.\, v$ zurückgelegt und Arbeit geleistet.

Obige Formel lässt sich nun schreiben:

$$A = K \,.\, (v \,.\, z) \text{ oder } K \,.\, s$$

Arbeit ist gleich Kraft mal Weg.

Für begrenzte Arbeitsleistungen pflegt man die aufgewendete Kraft nach Kilogramm „kg" und den Weg nach Metern „m" zu messen, die Arbeit selbst als Produkt von Kilogramm und Meter als eine Anzahl Meterkilogramm „mkg" zu schreiben.

Dauernd wirksame, der Zeit nach unbegrenzte Arbeitsleistungen gegebener Grösse werden im Maschinenwesen in Pferdestärken ausgedrückt. Eine Pferdestärke leistet in 1 Sekunde 75 mkg Arbeit, d. h. hebt in 1 Sekunde 75 Kilogramm 1 Meter oder 1 Kilogramm 75 Meter hoch.

Unter Energie verstehen wir eine in Bewegung begriffene Wucht, welche, wo sie auf Widerstand stösst, den Widerstand mit Kraft vor sich herdrängt und eine Wegesstrecke weit zurückschiebt. Der Eifer, welcher in Ueberwindung des Widerstandes geäussert wird, gelangt durch die Geschwindigkeit der Masse zum Ausdruck, ist zuerst gleich der Anfangsgeschwindigkeit v der Masse und nimmt mit Verzögerung derselben nach Aufzehrung der Wucht bis zu Null ab. Die mittlere Geschwindigkeit beträgt mithin während der Dauer der Stosswirkung $\frac{v}{2}$. Der Widerstand ist in der Zeit z längs des Weges $s = z \,.\, \frac{v}{2}$ zurückgedrängt worden. Der Angriff gegen den Widerstand erfolge mit der Kraft K, es misst mithin:

$$E = K \,.\, z \,.\, \frac{v}{2} \text{ oder } E = K \,.\, s.$$

Hier ist für $z \,.\, \frac{v}{2}$ der Weg s geschrieben. D. h. es entspricht die Energie E dem Produkt aus Kraft mal Weg; oder da $K \,.\, z$ die aufgewendete, entzogene Bewegungs-Grösse oder Wucht ist, deren ganzer Werth $m v$ im Anfang betrug:

$$E = mv \cdot \frac{v}{2} = \frac{mv^2}{2}.$$

Die Energie ist gleich der Masse m, multiplizirt mit dem halben Quadrat der Geschwindigkeit. Die Werthe sind in Meterkilogramm, mkg, auszudrücken, da die Kraft in Kilogramm und der Weg in Metern angegeben wird.

Eine in Bewegung begriffene Masse besitzt nach Obigem die Bewegungsgrösse oder Wucht mv und die Energie $\frac{mv^2}{2}$.

Der Sprachgebrauch unterscheidet nicht genau zwischen Kraft und Energie; man bezeichnet z. B. die Wärme als eine Naturkraft, obwohl dieselbe eine Natur-Energie genannt werden sollte. Bei Betrachtung der Wärme haben wir in erster Linie die Energie der Wärmebewegung ins Auge zu fassen, während die Kraftäusserungen der Wärme von vielgestaltenen Umständen abhängig sind.

2. Der gemessene Wärme-Inhalt atmosphärischer Luft.

Als Erstem verdanken wir den philosophischen und experimentellen Arbeiten des Heilbronner Arztes Dr. Robert Mayer aus dem Jahre 1842 die Vorstellung, dass Wärme innere Bewegung der Materie sei und in äussere sichtbare Bewegung umgesetzt im Zahlenwerthe keine Aenderung erfahre. (Vergl. Abschnitt 13).

Es entsprechen, nach später vervollkommneten Versuchen, 424 Meterkilogramm Arbeitsleistung der Erwärmung von 1 Kilogramm Wasser um einen Grad. Diese Wärmemenge nennt man eine Wärmeeinheit oder Kalorie, dieselbe würde, in äussere Bewegung verwandelt, im Stande sein, 1 Kilogramm Gewicht 424 Meter hoch zu heben. Mit maschineller Arbeit würde dieselbe Leistung sich durch eine Pferdestärke in $\frac{424}{75} = 5^6/_{10}$ Sekunden vollführen lassen. Die Arbeitsleistung, welche aufzuwenden ist, um eine gegebene Wassermenge 100 Grad zu erwärmen, würde auch hinreichen, dieselbe $100 \cdot 424 = 42\,400$ m zu heben. Die Wärme bietet uns also eine ausserordentliche Energiefülle, deren Ausnutzung durch Umwandlung in mechanische Arbeit Gewaltiges leistet.

Die Wärmebewegung verleiht der Luft, bezw. den Gasen, die Fähigkeit, trotz äusserer, sie in der Ausdehnung behindernder Widerstände, einen Raum zu erfüllen. Die einzelnen Atome des chemisch einfachen Gases fliegen hin und her, stossen gegen die den Raum umschliessenden Wände, wollen sich ausbreiten und möchten den entgegenstehenden Widerstand, den sogenannten äusseren Druck überwinden. Das Raumbedürfniss ist nicht Folge der Grösse der Atome, sondern der Energie ihrer Bewegung. Benimmt man dem Gase, bezw. der Luft die Wärmebewegung gänzlich, dann lässt sich das Gas fast auf einen Punkt zusammen drängen. Die Physik lehrt, dass dieser Zustand bei einfachen Gasen, z. B. der Luft, erst nach einem Wärmeentzuge eintritt, welcher die Luft bis auf 273 Grad Kälte bringen würde, wofern sie sich nicht schon vorher zu einer Flüssigkeit verdichtet.

Um 1 Kilogramm Luft von Null Grad auf jene niedrige Temperatur des sogenannten absoluten Nullpunktes abzukühlen, ist erfahrungsmässig ein Wärme-Entzug von 273 . 0,2375 Wärmeeinheiten nothwendig, welcher einem Verlust von 273 . 0,2375 . 424 = **27491** Meterkilogramm Arbeit entspricht. Hierin bedeutet die Zahl 0,2375 die spezifische Wärmemenge der Luft bei konstanter Pressung. Die berechnete Zahl ist nun freilich nicht ganz genau, denn erstens ist die Zahl 273 etwas zu gross gegriffen, weil die Luft sich nicht auf einen mathematischen Punkt zusammendrängen lässt, auch wenn man derselben alle Wärme entzieht und zweitens ist die Zahl 0,2375 nicht für alle Temperaturen gleichbleibend.

Es ist zumal noch zu beachten, dass die Zahl 0,2375 die spezifische Wärme bei konstanter Pressung angiebt. Bei gleichbleibender Pressung nimmt aber während der Temperatur-Erniedrigung das Volumen ab. Der äussere Luftdruck arbeitet, und die im Gase vorhandene Energie erfährt durch die von aussen auf sie übertragene Arbeit einen Gewinn von 10333 mkg pro cbm, oder $\frac{10333}{1,293} = 7991$ mkg pro 1 Kilogramm Luft, welche unter dem Druck einer Atmosphäre = 10333 kg pro qm sich befindet. Die berechnete Energie von 7991 mkg war zuvor in dem Kilogramm Luft nicht vorhanden, sie ist aber durch die Abkühlung mit abgeleitet und in der Zahl 27491 mkg mit gemessen, von dieser also in Abzug zu bringen, wofern es sich darum handelt, ausschliesslich die in einem Kilogramm Luft bei Null Grad Temperatur enthaltene Energiefülle E zu bestimmen. Es ergiebt sich mithin:

$$E = 27491 - 7991 = \mathbf{19500} \text{ Meterkilogramm.}$$

Es ist nun die Frage aufzuwerfen, können wir, um über das Wesen der Naturkräfte Genaueres zu erfahren, den Wärmeinhalt der Luft noch auf eine andere Weise bestimmen, etwa aus der Grösse des Luftdruckes und des Luftgewichtes errechnen? Um dies zu erreichen, ist zunächst die Erklärung des Begriffes Kraft erforderlich.

3. Kraft und Bewegungsgrösse.

Nach Kant können wir das Wesen einer Sache niemals erschöpfend verstehen; wir müssen uns damit begnügen, die Erscheinungsform der Sache in uns aufzunehmen und diese zu beschreiben. Die Erscheinungsform der Kraft ist ihre Wirkung, welche nach dem Betrage des sekundlichen Ueberganges an Bewegungs-Grösse gemessen wird.

Zwei Kräfte entgegengesetzter Richtung leiten entgegengesetzte Bewegungsgrössen durch eine Fläche hindurch und heben sich in ihrer äusseren Wirkung auf, wofern sie einander an Grösse gleich sind, sie erzeugeu nur innere Pressung. Als angreifende Kraft bezeichnen wir denjenigen Ueberschuss an Bewegungsgrösse, welcher einem Körper in Form einer Differenz entgegengesetzt gerichteter Kräfte zugetragen wird. Beide Kräfte bedeuten Zuleitung von Bewegungsgrösse, deren Wirkungen aber entgegengesetzt gerichtet sind und einander aufzuheben trachten. Von der Seite der grösseren Kraft wird mehr Bewegungsgrösse zugeleitet, als durch die entgegengesetzt gerichtete Kraft zur Ableitung gelangt. Es häuft sich dann Bewegungsgrösse in der Masse an, d. h. es geräth die Masse als Ganzes in Bewegung. Der Werth der zugeleiteten Bewegungsgrösse wird aus dem Produkt von Masse mal Zunahme der Geschwindigkeit gefunden, der Werthbetrag ist gleich Kraft mal Zeit oder für die Zeiteinheit das Maass der Kraft selbst.

Im freien Fall erreicht in einer Sekunde der Körper von 1 Kilogramm Gewicht, bezw. von $\frac{1 \text{ kg}}{g}$ Masse, die Geschwindigkeit g. Mithin beträgt der Zugang an Bewegungsgrösse $\frac{1 \text{ kg}}{g} . g$, das ist 1 kg; dieser Werth bildet mithin selbst das Maass der Kraft; denn auf das fallende Kilogramm-Gewicht wirkt die Schwere doch mit der Kraft eines Kilogramms.

Die Erfahrung lehrt, dass von Masse A auf Masse B nur so viel Bewegungsgrösse übergeleitet werden kann, als Masse A verliert. Diesen Erfahrungssatz können wir auch auf unsichtbare Materie auf Gase anwenden, ja die praktische Vernunft fordert eine Verallgemeinerung des Satzes. Wir müssen auch annehmen, dass bei dem freien Fall der Körper dem Stoff des Weltenraumes, dem Aether der ersten oder höheren

Ordnung eine entsprechende Bewegungsgrösse genommen werde, die auf Masse übertragen, von dieser zur Aufnahme gelangt und Fallbewegung erzeugt.

Das Wesentliche einer Kraftwirkung ist die durch sie erfolgende Zuleitung von Bewegungsgrösse, deren sekundlicher Betrag zugleich das Maass der Kraft bildet.

4. Der Sendbote der Kraft.

Der Sendbote der Kraft ist eine in Bewegung begriffene Masse, welche, am Ziele angelangt, ihre Wucht oder Kraft abgiebt. Es erfolgt ein Zusammenstoss mit anderen Massen, welche je nach ihrer Beschaffenheit und der Art, wie sie getroffen werden, die Kräfte zertheilen und fortpflanzen. Die ursprünglich im Geschoss angehäufte Bewegungsgrösse erleidet zwar durch den Stoss eine Zersplitterung als Ganzes, in ihrer Resultirenden jedoch weder eine Schwächung, noch eine Richtungs-Aenderung.

Beträgt m die Masse und v die Geschwindigkeit des Trägers der Kraft, dann ist mv die zur Verfügung stehende Bewegungsgrösse, welche bei einem Anprall des Sendboten der Kraft gegen eine widerstehende Masse auf diese zur Ueberleitung gelangen kann. Mit jedem neuen Stoss wiederholt sich die Uebertragung an Bewegungsgrösse, so dass die erzeugte Kraft der sekundlichen Anzahl der Schläge, multiplizirt mit der Wucht mv eines Schlages, entspricht.

Eine jede Kraft bedarf zu ihrer Fortbewegung eines oder mehrerer Kraftträger als Stafetten, von deren mittleren Sendboten-Geschwindigkeit die fortschreitende Bewegung der Kraft abhängig ist. Wir werden sehen, dass die Fortpflanzung des Schalles sich als Sendboten-Geschwindigkeit der Wärmebewegung bedient.

5. Die Luftwärme und der Luftdruck.

Die Luft besteht aus einem Gemisch von Gasen, von welchen jedes für sich eine besondere Wärmebewegung besitzt. Es würde hier zu weit führen, bei Untersuchung der Wärmebewegung eine Trennung der Bewegung nach den Gasarten vorzunehmen. Es sei mit v eine mittlere Atomgeschwindigkeit bezeichnet; derart gedacht, dass bei Null Grad Temperatur die Wirkung dieser Geschwindigkeit, wenn sie allen Atomen gleichzeitig und nach einer Richtung auf eine Fläche hin ertheilt ist, an dieser Fläche den Druck einer Atmosphäre erzeugen würde; d. h. es soll die sekundlich zugeleitete Bewegungsgrösse 10 333 kg betragen. Die mittlere Atomgeschwindigkeit muss zu der Fortpflanzungs-Geschwindigkeit der Kraft in enger Beziehung stehen; es ist ein Theil der Geschwindigkeit des Sendboten.

Bei ruhiger Atmosphäre sind die Atome der Luft gleichmässig über den Raum vertheilt, jagen hin und her, stossen gegen einander, prallen elastisch zurück oder umkreisen einander wie Kometen. Hierbei hämmert die Luft durch ihre zahllosen Schläge gegen eine die Luft umschliessende Wandung oder eine in derselben vorhandene Fläche. Durch diese Stösse geht jedem Quadratmeter Fläche sekundlich die Bewegungsgrösse 10 333 kg zu, d. h. es wird die Pressung einer Atmosphäre erzeugt. Auch bietet die mittlere Geschwindigkeit des Sendboten der Kraft einen Anhalt zur Berechnung der Grösse der stossenden Masse. Alle in einer Luftsäule von v Meter Länge, senkrecht zur Druckfläche gemessen, vorhandenen, gegen die Fläche schwingenden Atome leiten ihre Bewegungsgrösse während einer Sekunde der Fläche zu. Die weiter entfernteren Atome sind dagegen nicht fähig in 1 Sekunde Bewegungsgrösse der Fläche zuzuführen, da bei einer Geschwindigkeit der Uebertragung v auch nur v Meter Wegeslänge in der Zeiteinheit zurückgelegt werden kann.

Es wird also der Säule von 1 qm Querschnitt, v Meter Länge, das macht $v \,.\, 1{,}293$ kg Gewicht oder $v \,.\, \frac{1{,}293}{9{,}81}$ Masse, die ganze auf die Querschnittsfläche hin gerichtete Bewegungsgrösse mv sekundlich entzogen, den Luftdruck einer Atmosphäre erzeugend; derselbe beträgt mithin $v \,.\, \frac{1{,}293}{9{,}81} \,.\, v = \frac{1{,}293}{9{,}81} \,.\, v^2$ kg. Hierin bedeutet 1,293 das Gewicht eines Kubikmeters Luft bei Null Grad Temperatur und einer Atmosphäre-Pressung, wie 9,81 die Beschleunigung der Schwere.

Es besteht die Gleichung

$$\frac{1{,}293}{9{,}81} \,.\, v^2 \text{ kg} = 10\,333 \text{ kg}$$

$$v \quad = 279{,}994 \text{ rund} = \mathbf{280 \text{ m.}}$$

Ueber Luftwiderstand oder Winddruck siehe zum Schluss von Ab schnitt 10a unter Aetherwind-Druck.

6. Die Schallgeschwindigkeit.

Man könnte nun vermuthen, dass die errechnete Zahl 280 m die Schallgeschwindigkeit zum Ausdruck bringt. Dies ist in so fern nicht ganz zutreffend, als bei der Erzeugung des Schalles die Atome nicht allein der eigenen Wärme-Bewegung gehorchen, sondern auch durch die Wirkung von Dichtigkeitsdifferenzen der Atmosphäre Beschleunigung erleiden, indem seitlich und hinter einem in Bewegung begriffenen Atom befindliche Nachbarn an Wärme-Bewegung verlieren. Denken wir uns im Raum die vielfachen Richtungen in die 3 Hauptrichtungen links-rechts, oben-unten wie vor- und rückwärts zerlegt, so finden wir, dass ein vor- und zurückschwingendes Atom, im Anprall an die quer schwingenden Atome, diese abwechselnd auf den Druck einer Atmosphäre bringt und dann sich abhebend und zurückeilend, den Hintermännern Expansion gestattet, welche Arbeit auf das forteilende Atom übertragen ist. Das vor- und zurückschwingende Atom wird den Druck einer Atmosphäre mithin nicht mit der Geschwindigkeit 280 m vor und zurück übertragen, sondern mit einer gegen die Energie der Wärmebewegung um das Maass der Arbeit des Luftdrucks grösseren Zahl. Wie wir alsbald erkennen werden, steigert sich dadurch die in der Geschwindigkeit der Druckübertragung beruhende Energie um den 1,405*fachen Betrag.

$$\frac{mu^2}{2} = \frac{mv^2}{2} \,.\, 1{,}405$$

$$u = v \,.\, \sqrt{1{,}405} = 280 \,.\, \sqrt{1{,}405}$$

$$u = 331{,}82 \text{ rund} = \mathbf{332\ m}$$

Die Zahl 332 giebt uns die Schallgeschwindigkeit der Luft bei Null Grad Temperatur an.

Im Abschnitt 9, welcher über die Höhe und Temperatur der Atmosphäre handelt, begegnen wir einem ähnlichen Fall. Auch dort leitet sich die Bewegung der Luft, und zwar aufwärts gerichtet, nicht aus der Wärme-Energie des schwingenden, in Betracht gezogenen Atoms allein ab, sondern auch aus der Arbeit des Luftdrucks, welche auf Kosten der Wärme-Menge anderer, benachbarter Atome geleistet wird. Dort expandirt die Luft auf dem Wege von unten bis zur Grenze der Atmo-

---

* Ueber die Zahl 1,405 vergl. unter Abschnitt 2; $1{,}405 = \frac{27\,491}{19\,500}$ und Abschnitt 9 wie 13.

sphäre auf den Druck Null. Hier expandirt das schwingende Atom vom Druck einer Atmosphäre, welche im Moment des Zusammenstosses mit Nachbar-Atomen verspürt wird, auf den Druck Null, bevor dasselbe eine halbe Wärmeschwingungsbahn durchläuft, um jenseits der Mitte in den entgegengesetzten Druck des anderen Nachbars zu gerathen.

Ueber Schallgeschwindigkeit im Wasser vergl. Abschnitt 15, zumal aber 18. Bei niedriger Temperatur ist die Schallgeschwindigkeit kleiner. An der oberen Grenze der Atmosphäre herrscht lautlose Stille.

7. Der berechnete Wärme-Inhalt atmosphärischer Luft.

Bislang betrachteten wir nicht die wahre Atombewegung, sondern setzten eine mittlere Atombewegung an deren Stelle, welche der Masse, nach allen Richtungen wirkend, überall zuerkannt wird, und überallhin den Druck einer Atmosphäre erzeugt. Es ist nun nach der Grösse der wahren Atomgeschwindigkeit w zu fragen, welche dem Atom zur Zeit doch nur in einer Richtung anhaften kann.

Die Atomgeschwindigkeit w muss so beschaffen sein, dass dieselbe im Stande ist, den Schall mit 332 m Geschwindigkeit in die Ferne zu übertragen und daneben noch den Druck einer Atmosphäre zu erzeugen.

Mögen wir uns einmal den Druck nicht ruhend, sondern als in der Mitte einer Schallwelle vorkommend denken, welcher Druck nun mit der Geschwindigkeit des Schalles forteilt. Die Mitte der Schallwelle kann als eine Kolbenfläche angesehen werden, deren Bewegungs-Geschwindigkeit, senkrecht zur Fläche gemessen, 332 m beträgt. Von hinten stürmt in die Welle, d. h. gegen die Kolbenfläche ein Atom mit der wahren Geschwindigkeit w, der zur Kolbenfläche gemessenen relativen Geschwindigkeit $(w - 332)$. Die relative Geschwindigkeit muss aber gerade noch gross genug sein, um den Luftdruck zu erzeugen, d. h. dieselbe muss 280 m betragen. (Vergl. Abschnitt 5.)

Es besteht die Gleichung:

$$w - 332 = 280$$

$$w = 280 + 332$$

$$\mathbf{w = 612\ m}$$

Die Zahl 280 erzeugt den Druck an einem Ort, die Zahl 332 trägt den Druck im Raume nach allen Richtungen hin und her, so dass derselbe überall herrscht.

Die Verallgemeinerung dieser Vorstellung ist statthaft, da in jeder Richtung der Atmosphärendruck sich vorfindet. Alle Atome müssen mithin die Geschwindigkeit 612 m, für die Sekunde gemessen, besitzen. Aus dieser Wärmebewegung der Luft bei Null Grad Temperatur lässt sich der Energie-Inhalt E für 1 Kilogramm Luft leicht ermitteln.

$$E = \frac{mw^2}{2} = \frac{1}{9{,}81} \cdot \frac{612 \cdot 612}{2} = \mathbf{19090\ mkg.}$$

Die Zahl 19 090 stimmt nicht ganz genau mit der unter 2 gewonnenen Zahl 19 500 überein. Unser theoretisch errechneter Werth dürfte genauer als der empirisch ermittelte Werth 19 500 sein.

Der Fehlbetrag von etwa 2 % der Rechnung gegenüber dem Experiment ist sehr wohl begründet. Erstens lässt sich die Luft nicht auf einen mathematischen Punkt zusammendrängen, da die Atome selbst Volumen besitzen, wenn man denselben auch die ganze Wärmebewegung entzieht. Die unter Abschnitt 2 der Betrachtung zu Grunde gelegte Zahl 273 ist mithin etwas zu hoch gegriffen, und zweitens besteht auch noch die Einwirkung der Massenanziehung, bezw. des Aetherdrucks, fort. Die Massenanziehung begünstigt bei der Compression die Erwärmung, so dass diese nicht allein als Folge der Arbeit des äusseren Druckes, sondern auch durch Arbeit der inneren ätherischen Kräfte veranlasst wird. Diese Wirkungen nehmen aber mit dem Quadrat des gegenseitigen Atomabstandes ab und sind daher im Gase nur klein, weil hier die Atome in grossen Abständen von einander im Raume schweben.

8. Atomgeschwindigkeiten.

Erkannt haben wir, dass die Sauerstoff- und Stickstoff-Atome bei Null Grad Temperatur im Mittel die Geschwindigkeit von 612 m aufweisen, doch ist zu beachten, dass ein Gasgemisch vorliegt, in welchem die leichteren Stickstoff-Atome sich etwas schneller bewegen als die mittlere Zahl 612 m angiebt; die schwereren Sauerstoff-Atome langsamer. Obige Zahl entspricht etwa der Anfangs-Geschwindigkeit einer Kanonenkugel und beträgt an Werth gegen $^4/_3$ so viel als die Umdrehungs-Geschwindigkeit der Erde am Aequator zeigt.

Zur Berechnung der Atomgeschwindigkeit einer anderen Gasart bedarf es nur der Benutzung von Gleichung Abschnitt 5. Es ist für 1,293 das bezügliche andere specifische Gewicht einzufügen. Wasserstoff ist ja 16 mal leichter als Sauerstoff, zeigt also, jener Formel gemäss, eine $\sqrt{16} = 4$ mal grössere Atomgeschwindigkeit bei gleicher Temperatur als Sauerstoff.

Mit Steigerung der Atomgeschwindigkeit auf einen höheren, z. B. den 4fachen Werth, wächst die Energie für gleiche Masse nach dem Quadrat an, beträgt also 16mal so viel als zuvor. Auch der Druck nimmt dann um das 16fache zu und zwar einmal, weil bei jedem Zusammenstoss der Atome die 4fache Wucht oder Bewegungsgrösse geäussert wird und weil ferner die Wegesstrecken 4mal so schnell durcheilt, die Zahl der Schläge oder Zusammenstösse also auf den 4fachen sekundlichen Betrag gesteigert wird. Die erzielte Wirkung ist mithin das 4.4 = 16fache, vorausgesetzt, dass keine Ausdehnung bei der Erwärmung gestattet wurde.

Bei gleicher Temperatur verhält sich die sekundliche Anzahl der Wärmeschwingungen in verschiedenen einfachen Gasen nach Obigem zur Wurzel aus den Atomgewichten umgekehrt proportional. Wasserstoff schwingt bei gegebener Temperatur 4mal so oft hin und her, als das Sauerstoff-Atom. Jeder einzelne Schlag des Wasserstoffes wird nur mit dem 4. Theil der Wucht des Sauerstoffes geführt, aber die 4 Schläge einer Periode, während welcher das Sauerstoff-Atom nur einmal ausholt, treiben dasselbe doch zurück. Unter diesen Umständen kann ein Gas gegebener Temperatur ein anderes Gas gleicher Temperatur nicht vor sich her drängen, keine Arbeit auf dasselbe übertragen, dasselbe nicht erwärmen. Vorausgesetzt wird dabei, dass der Raum von einer gleichen Anzahl bezüglicher Atome erfüllt ist.

Bei der Temperatur von 273 Grad unter Null, dem sogenannten absoluten Nullpunkt der Temperatur, ist das Raumbedürfniss der Gase verschwunden, dieselben würden wie Schnee zur Erde herabfallen, vollständige Luftleere über sich belassend.

9. Höhe und Temperatur der Atmosphäre.

Die Temperatur der Erdatmosphäre kann durch Mischung oberer und unterer Luftschichten bedingt sein, oder durch seitliche warme oder kalte Winde eine Aenderung erfahren haben. Hier sei der adiabatische Gleichgewichtszustand vorausgesetzt, bei welchem solche störenden Umstände aus der Betrachtung ausgeschieden sind. Auch die Erwärmung, welche durch Condensation der Wasserdämpfe bei Wolkenbildung und die Wirkung der Sonneneinstrahlung hervorgerufen wird, sei unbeachtet gelassen.

Der adiabatische Gleichgewichtszustand der Luft, wie er hier vorausgesetzt wird, tritt z. B. ein, wenn trockene Luft emporsteigt, oder fällt. Alsdann zeigt sich nach oben hin eine aus den Bewegungs-Erscheinungen wie folgt zu berechnende Temperatur-Abnahme.

Bei der Erhebung der Luft, z. B. der vertikalen Schwingung eines Atoms, nimmt seine Temperatur im Aufstieg in dem Maasse ab, wie nach der Fallformel die Geschwindigkeit, bezw. die Energie sich mindert. Das Atom ist in dem Augenblick nichts anderes als ein mit der Geschwindigkeit, welche seiner Temperatur entspricht, aufwärts geworfener Körper. Hierbei ist die Temperatur, wie immer, das Maass der Bewegungs- oder Wärme-Energie. In der um eine Atomschwingung höheren Schicht herrscht also eine nach der Fallformel zu berechnende geringere Temperatur. Setzen wir diese Betrachtung nach oben fort, so erkennen wir, dass die Grenze der Atmosphäre dort erreicht sein muss, woselbst nach der Fallformel die Wärme-Energie aufgezehrt ist. Hier herrscht die absolute Temperatur Null, oder angenähert 273 Grad Celsius Kälte.

Diese Auffassung bedarf noch einer Ergänzung. (Vergl. Abschnitt 6.) Die Luft ist oben dünner als unten; bei der Vertikalschwingung treffen immer wenige von oben kommende mit einer grösseren Anzahl aufwärts schwingender Atome zusammen, werden von diesen überwunden und in einer solchen Weise nach oben zurück geschleudert, dass im Moment der innigsten Berührung der Atome, die Schwerpunkte beider eine relativ nach oben gerichtete Bewegung besitzen, welche nach oben hin Arbeit verrichtet und dort die Temperatur etwas erhöht. Erst nachdem dieser Vorgang beendet ist, verharrt bei dem Zusammenstoss oberer und unterer Atome der Berührungspunkt in Ruhe, so dass fernere Arbeits-, bezw. Temperatur-Uebertragung nicht statthat.

Bei dem Anstieg eines Atoms vom Erdboden bis zur Grenze der Atmosphäre oder der ganzen Kette der Atome bis oben hinauf, arbeitet in dieser Weise der äussere Druck und die Temperatur des steigenden Atoms; der äussere Druck arbeitet, indem er anderen benachbarten Atomen Energie entzieht, die Temperatur, indem sie die Wärmebewegung des sich hebenden Atoms durch Expansion in äussere Bewegung umsetzt, bezw. im Emporsteigen die Schwerkraft überwindet.

Die Höhe der Atmosphäre würde ohne eintretende Expansion, wenn jeder Kubikmeter Luft 1,293 kg Gewicht bis oben hin behielte,

$$h^1 = \frac{10333}{1,293} = 7991 \text{ m betragen.}$$

An der Oberfläche dieses gedachten Luftmeeres würde die Atmosphäre noch die Wärmeschwingung besitzen, welche bei Null Grad

Temperatur, wie unter Abschnitt 7 ausgerechnet ist, 612 m beträgt. Nach der Formel für den freien Fall würden die Atome in Veranlassung dieser Bewegung noch

$$h'' = \frac{612 \,.\, 612}{2 \,.\, 9{,}81} = 19090 \text{ m}$$

in die Höhe springen können.

Die Oberfläche der Atmosphäre erreicht ein Atom, vom unteren Luftdruck geschoben und vermöge seiner Temperaturschwingung springend, in $h = 7991 + 19090 =$ **27081 m** Höhe über dem Erdboden.

Dieselbe Zahl ergiebt sich durch folgende Betrachtung, dabei wieder der adiabatische Gleichgewichtszustand vorausgesetzt wird.

Denken wir uns zunächst einmal die Expansion der Luft in horizontalem Sinne erfolgen, und die Ausströmungsgeschwindigkeit der Luft einer Atmosphäre Pressung für Null Grad Anfangstemperatur bei Ueber tritt in einen luftleeren Raum ermittelt. Diesen Luftstrahl kehren wir dann aufwärts und finden, dass derselbe obige Höhe von 27081 m im Scheitel erreicht.

Bei der Ausströmung jedes Kilogrammes Luft, welches $\frac{1}{1{,}293}$ cbm Volumen bei einer Atmosphäre Pressung einnimmt, arbeitet der äussere Druck mit 10 333 kg, multiplizirt mit dem Volumen des Kilogrammes Luft, ausgedrückt in cbm, d. h. multiplizirt mit $\frac{1}{1{,}293}$. Die Arbeitsleistung beträgt $\frac{10\,333}{1{,}293} = 7991$ mkg. Die Temperatur giebt ihre ganze innere Wärme-Bewegung bei der Expansion in einen luftleeren Raum her, diese in äussere Bewegung umsetzend. Der zur Verfügung gestellte Arbeitsvorrath beträgt nach Abschnitt 7 pro kg Luft den Werth 19090 mkg, so dass für die Beschleunigung der Luft $7991 + 19090 =$ 27081 mkg Arbeit zur Verfügung stehen.

27081 mkg Arbeitsleistung sind naturgemäss im Stande, das Kilogramm Luft gerade **27081 m** zu heben.

Der Luftstrahl würde mit der Geschwindigkeit x die Tiefe verlassen, deren Werth sich wie folgt berechnet:

$$\frac{m x^2}{2} = 27081$$

$$m = \frac{1 \text{ kg}}{9{,}81}$$

$$x = \sqrt{2 \,.\, 9{,}81 \,.\, 27081} = 728{,}9$$

$$x = \textbf{rund 729 m.}$$

Selbstverständlich giebt diese Anfangsgeschwindigkeit die Steighöhe 27081 m.

$$h = \frac{x\,2}{2\,g} = \frac{729 \,.\, 729}{2 \,.\, 9{,}81} = \mathbf{27081\ m.}$$

Die bisweilen auftretende Annahme, es ginge die atmosphärische Luft noch viel allmählicher in den Weltenraum über, als hier erkannt wird, hat keine Berechtigung. In einer nach den unteren Druck- und Temperatur-Verhältnissen gegebenen Höhe schneidet die Atmosphäre ab, hier herrscht 273 Grad Kälte. Ueber der Grenze ist absolute Luftleere, unter derselben nimmt der Druck stetig und wachsend zu.

Erörterungen über die Temperatur des Weltenraumes ausserhalb der Atmosphäre sind nur auf eine Verkennung des Begriffes Temperatur zurück zu führen. Die Temperatur ist ein Bewegungszustand der Materie; dieselbe bezieht sich auf die Geschwindigkeit oder vielmehr Energie der einzelnen Atome, welche diese vermöge der Wärme-Bewegung besitzen. Woselbst die Materie fehlt, kann weder von einer Temperatur, noch einer Wärme oder Kälte die Rede sein. Der Weltenäther besitzt keine Temperatur noch Wärme-Bewegung, vielmehr eine Erzitterung höherer Art, für welche die Sprache noch kein Wort erfunden hat.

Bei dem Anstieg der Luft geht infolge der Expansion derselben die Wärme verloren, so dass an der oberen Grenze keine Wärmebewegung mehr herrscht. Die Kälte von 273 Grad hat bei 27081 m Erhebung sich eingestellt, das macht im Mittel je 1 Grad Celsius bei

$$\frac{27081}{273} = 99 \text{ m.}$$

Im Zustand des adiabatischen Gleichgewichtes nimmt die Tempaратur der Luft bei je 99 m Erhebung um je 1 Grad Celsius ab. (Vergl. auch Sprung, Lehrbuch der Meteorologie S. 163.)

Die Höhe der Atmosphäre ist von der Grösse des Luftdrucks unabhängig. Für den Fall doppelten Atmosphärendrucks und der Temperatur Null am Erdboden ergiebt sich:

$$h = \frac{20\,666}{2\,.\,1{,}293} + 19090 = 27081 \text{ m.}$$

Dem höheren Druck wirkt das grössere specifische Gewicht der Luft bei höherem Druck entgegen, so dass die Höhe der Erdatmosphäre, wie die Ausströmungs-Geschwindigkeit der Luft in den leeren Raum sich von dem Anfangsdruck unabhängig gestaltet. Im adiabatischen Gleichgewichtszustande ist die Höhe der Atmosphäre nur von der Temperatur der Tiefe und der chemischen Beschaffenheit der Luft abhängig.

Für grössere mittlere Temperaturen, als Null Grad am Erdboden, ergiebt sich eine höhere Lage der oberen Grenze der atmosphärischen Luft. Soweit hinauf als Wasserdampf in grösserer Menge zur Condensation gelangt, beträgt die Temperatur-Abnahme nur etwa $1/2$ Grad Celsius auf 100 Meter. Es würde mithin bis 6000 m Höhe die Temperatur von unten aufwärts nur 30 Grad betragen. Nun herrsche unten z. B. 20 Grad Celsius Wärme, oder $273 + 20 = 293$ Grad absoluter Temperatur. In 6000 m Höhe wird nach der Annahme nur $293 - 30 = 263$ Grad absoluter Temperatur bestehen. Von da ab wird die Abnahme der Wärme angenähert, wie für den adiabatischen Gleichgewichts-Zustand ermittelt ist, erfolgen, so dass wir die obere Grenze der Atmosphäre für vorliegenden Fall in $6000 + 263\,.\,100 = 32\,300$ m Höhe über dem Erdboden anzunehmen haben.

Einige meteorologische Beobachtungen deuten auf ähnliche Höhenerstreckungen der Atmosphäre, im Betrage von etwas über 4 deutsche Meilen Höhe hin.

Eine Wasserstoff-Atmosphäre würde bei gleicher Anfangstemperatur am Erdboden im Fall des adiabatischen Gleichgewichtszustandes etwa 15mal so hoch empor reichen, als die aus Stickstoff und Sauerstoff bestehende Erdatmosphäre. Auch die Wasserstoff-Atmosphäre würde nach oben hin scharf gegen den Aether abgegrenzt sein.

Bei Mischung verschiedener Gasarten kann sich der adiabatische Gleichgewichtszustand für ein Gas allein nicht einstellen, sondern nur für die Mischung als solche. Der Temperaturverlust fällt für die einzelnen Gasarten bei der Erhebung verschieden aus, das gröbere Atom büsst mehr Temperatur ein als das leichtere Atom. Es erfolgt ein Wärme-Uebergang von der leichteren Gasart auf die schwerere, so dass die Mischung nur eine Temperatur besitzt und diese in gewisser Höhe den absoluten Nullpunkt für beide Gase gleichzeitig erreicht.

Condensation atmosphärischer Luft kann durch Expansion kalter Luftschichten der Höhe nicht wohl stattfinden, da die Condensation die

Einwirkung äusseren Druckes auf kalte Gase voraussetzt; dieser Druck fehlt aber an der Grenze der Atmosphäre. Fliesst jedoch eine durch höhere Temperatur gehobene Luftmasse über eine erkaltete Luftmasse dahin, diese zusammendrückend, dann ist in diesem besonderen Fall die Condensation nicht ganz ausgeschlossen, da nur an sich schon warme Luft durch Compression Temperatur-Steigerung erfährt, nicht aber Luft der absoluten Temperatur Null, welche keine Wärmebewegung mehr besitzt.

Die Wärme-Zunahme der Gesteine nach der Tiefe des Erdinneren ergiebt sich, soweit die Zusammendrückbarkeit der Materialien in Frage kommt, klein, weil die Elastizität der festen Körper gering ist.

Sternschnuppen zeigen häufig schon ein Aufleuchten, wenn deren Entfernung von der Erdoberfläche noch 10 Meilen und mehr beträgt. Aeltere Astronomen haben auch dieses Aufleuchten wohl durch die an der Atmosphäre erzeugte Reibung und die damit verbundene Wärme-Entwickelung erklärt. Nun reicht aber die Erdatmosphäre nur 4, allerhöchstens 5 deutsche Meilen empor, so dass im Bereich dieser aufleuchtenden Sternschnuppen noch keine Atmosphäre anzutreffen ist, Erwärmung also ausgeschlossen erscheint. Die Sternschnuppen werden vielmehr kalt leuchten. Durch die Annäherung an die Erde gerathen sie in eine sehr grosse relative Geschwindigkeit, nicht allein zur Erde, sondern auch zum Weltenäther. Der gegen die Aethertheilchen erfolgende Stoss setzt nicht die Atomschwerpunkte des Sternschnuppen-Materials in Bewegung, d. h. erwärmt dieselben nicht, sondern veranlasst eine innere Erschütterung der Atome, welche innere Schwingung, eine Erzitterung, ein Erklingen des Aethers veranlasst, welchen Aetherschall wir nach diesseitiger Auffassung Licht nennen. Dasselbe dürfte für die leuchtenden Kometen gelten. Vergleiche auch zum Schluss des folgenden Abschnittes: „Das Leuchten im Aetherwind“.

10. Weltenäther, Massenanziehung und Aetherdruck.

Wie schon die Bewegungs-Erscheinungen der Wärme nicht mehr dem Mikroskop des Forschers zugänglich sind, sondern nur durch eine rechnende Kunst erkannt werden können, lassen sich die Eigenschaften des Weltenäthers noch schwerer auffinden und ausschliesslich durch Philosophie, wiewohl nur angenähert, begreifen.

Zwar ist es leichter zu zweifeln als zu erkennen, leichter an die Stelle gewaltiger Kraft ein Nichts zu setzen; denn dieser zarte Stoff besitzt so ungleich feinere Eigenschaften und höhere Kräfte als die grobe Materie, dass unsere an diese gefesselten Anschauungen den zarten Aether und dessen gewaltige Kraft kaum zu ahnen vermögen. So ist es denn auch erklärlich, dass die Grösse ätherischer Kraft im Himmelsraum bisher fast ungenannt blieb.

Woselbst die Materie sich unter der Einwirkung des Aethers bewegt, spricht die Physik von Kräften, deren Ursache sie nicht kennt, für welche die Wissenschaft aber einen Namen braucht, weil die Beziehungen erkennbar und messbar offen zu Tage liegen. Es entstanden die Begriffe Massenanziehung, latente Wärme*), Elektrizität und Magnetismus.

Einst verwandelte die kinematische Umkehrung der Anschauungen die flimmernden Sternchen des Himmels in Sonnensysteme. Die Kinematik der Vorstellung wird, so scheint es gewiss, auch hier durch die Physik einen neuen Einblick in die Macht- und Grössenverhältnisse des Weltalls eröffnen. Das zuvor Unscheinbare und Wesenlose wird in seiner Allgewalt erkannt und an die Stelle des kraftlosen Weltenraumes tritt nun eine Urfülle der unermesslichen Kraft.

Der Aether ist ein zarter, nicht wägbarer, da überall vorhandener Stoff, welcher sich in äusserst schneller Bewegung befindet. Aus dem Verhältniss der Licht- und Schall-Geschwindigkeiten, auf das Verhältniss Sendboten-Geschwindigkeit der Kräfte schliessend, müssen wir annehmen, dass die Aetherkorn-Geschwindigkeit etwa eine Million mal grösser ist als die Atomgeschwindigkeit der Luft für Null Grad Celsius beträgt, welche letztere Bewegung wir Wärme nennen. Es kann der Aether trotz seiner geringen Masse, in Folge der enormen Stossgeschwindigkeit, welche mit Millionenfach grösserer Geschwindigkeit sich vollzieht, als diejenige des Geschosses, und in Folge der entsprechend gesteigerten Anzahl der Schläge grosse Pressungen entfalten.

Die ausserordentliche Geschwindigkeit des Aethers bringt es mit sich, dass die Bahn des Aetherkornes eine sehr geradlinige ist und dass daher auch die Schwankungen im Aetherdruck, welche Licht- und Wärmestrahlen erzeugen, sich sehr geradlinig bewegen und von ihrer geraden Bahn nur durch Materie, Luft oder andere Körper zu einer Ablenkung gezwungen werden.

Es bereitet einem Luftatom schon Schwierigkeit, den vollen Luft-

*) Vergl. Clausius, Mechanische Wärmetheorie. Band I, S. 35 u. 36 der 3. Auflage.

druck in einen engen Raum zu übertragen. Das Bestreben geradeaus zu eilen erschwert z. B. das Umbiegen einer Luftwelle um eine Ecke von einem Meter Radius um einen gewissen Betrag. Die gleiche Schwierigkeit empfindet der Aether in Millionen- mal Millionenfach höherem Grade, so dass ihm ähnliche Schwierigkeiten schon bei der Beschreibung eines Bogens von Tausend Millionen Kilometer Radius entgegen stehen. Bezüglicher Radius ist etwa 6mal so gross, als die Entfernung zwischen Erde und Sonne beträgt.

Aber nicht allein die Druckschwankungen, die Licht-Wellen, unterliegen geradliniger Fortpflanzung, sondern es scheint sich jeder einzelne Aetherstoss durch Aether geradlinig fortzupflanzen; trifft der Stoss aber auf Materie, d. h. ein Atom, dann bewirkt er hier auf die Dauer seines Durchganges eine Verschiebung, in Richtung der Kraft und ausserdem tritt derselbe hinten nicht mehr als ein einheitlicher Kraftstrahl heraus. Das Atom wirkt zerstreuend auf die Kraft ein. Hinter dem Atom bildet sich ein Kraftschatten, so dass ein dort befindliches anderes Atom aus jener Richtung nicht so viel einseitig gerichteten Aether-Druck empfangen kann, als wenn das vorgelagerte Atom nicht vorhanden wäre. Von hinten erhält das zweite Atom den vollen Aetherstoss aus dem freien Raum ohne Abzug und folgt daher dem äusseren Antriebe, indem sich zwischen beiden Atomen ein Kraftschatten verminderten Aetherdrucks gebildet hat. Mithin ziehen die Massen einander an, doch geht die Energie nicht von der Masse aus.

Es wäre verfrüht, diese über den Begriff Massenanziehung aufgestellte Anschauung, welche vielleicht manche theilen mögen, zunächst noch als etwas mehr denn eine persönliche Auffassung hinzustellen. Der Zukunft bleibt es überlassen, durch passend gewählte Vergleiche, experimentell dem Gegenstande näher zu treten. Jedenfalls ist obige Auffassung der Massenanziehung eine logische. Sie berücksichtigt jedes Erfahrungsgesetz und warnt vor der gefährlichen Hypothese, dass die Ursache der Kraft in der Masse liege; sie erkennt die Massenkraft als eine Wirkung der im Weltenraum wohnenden Kraftfülle an.

Wie der Kraftschatten an Dichte mit der Entfernung von einem Atom nach dem Quadrat des zunehmenden Abstandes sich vermindert, nimmt auch die Massenanziehung, bezw. die Schwerkraft der Weltkörper mit dem Abstande der Schwerpunkte der einzelnen Atome, bezw. der einzelnen Körper ab.

Wir brauchen nicht vorauszusetzen, dass der Aether, welcher das Licht überträgt, die äusserste Grenze der Feinheit des Weltenstoffes schon erreicht, sondern wir müssen dahin gestellt sein lassen, was ausser diesem Aether erster Ordnung noch im Weltall besteht. Für das noch Unbekannte ist freier Raum in unserer Weltkarte zu belassen, ein unbeschriebenes weisses Blatt. Ist dort Land, ist dort Wasser? fragt der Geograph im Anblick der Karten unerforschter Weltgegenden; wir fragen hier aber, ist dort Aether erster oder zweiter Ordnung, und wo ist bei diesen Uebergängen aus Trägheit zu Bewegung die Grenze materieller und geistiger Kraft?

Im Vergleich zum Wasserstoff, der feinsten materiellen Gasart, ist die Geschwindigkeit des Aethers doch immer noch enorm; dieselbe beträgt eine viertel Million mal so viel, als die Wärmebewegung des Wasserstoffes bei Null Grad Temperatur.

Es ist mitgetheilt, dass eine aus Wasserstoff, statt aus Luft, erdachte Erdatmosphäre etwa 64 deutsche Meilen Höhenerstreckung erreichen würde und dort erst ihre obere Grenze finden könnte. Setzen wir nun den Fall, dass der Aether erster Ordnung, der Träger des Lichtes und des Wärmestrahls, dem Gesetz der Schwerkraft unterstellt wäre, wie die Gase und die festen und flüssigen Körper; dann müsste der Aether seine obere Grenze erst in einem Abstand von der Erdoberfläche finden, welcher zu 64 mal 250 Tausend auf das Quadrat erhoben, also in 4 Billionen deutschen Meilen erreicht wird. Nun vermag die Erde aber nur bis auf eine ganz kurze Strecke in den Weltenraum hinaus überhaupt noch Anziehungskraft zu äussern; in kaum 1000 Meilen Entfernung von der Erdoberfläche ist die Anziehung nur noch $^1/_4$ der Schwerkraft über dem Erdboden und in weniger als Millionen Meilen nur ein Millionstel. D. h. es giebt für den Aether so gut wie keine Beeinträchtigung seiner Bewegung durch die Anziehung der Gestirne. Der Aether nimmt gegen die Gestirne hin nur minimal an Spannkraft und Dichtigkeit zu, vorausgesetzt, dass der Aether überhaupt einer Anziehung ausgesetzt ist. Der Aether erfüllt mithin den Weltenraum mit fast überall gleich grosser Elastizität, Spannkraft oder Aetherkorn-Geschwindigkeit. Die genauere Rechnung ist im folgenden Abschnitt 10b ausgeführt.

Die Feinheit des Aetherkornes und die Geschwindigkeit seiner Bewegung bewirkt, dass der Stoss des Aetherkornes zur Zeit nur immer ein Atom treffen kann, um dann jenseits, auf Aether übergehend, das folgende Atom zu erreichen. Nur während der Zeit des Druck-Durchganges folgt die Masse des Atoms der Aether-Kraftrichtung, d. h. während einer äusserst kurzen Zeit; und nur um den Betrag der Abgabe von Bewegungs-Grösse an die Materie erleidet der jenseits austretende Kraftstrahl eine Schwächung. Für den besonderen Fall, dass die von allen Seiten auf das Atom eindringenden Aetherstösse gleich stark sind, bleibt die Masse frei im Raume schweben, da die wechselseitigen Verschiebungen einander aufheben. Ganz ist dieser Zustand wohl nirgends erreicht, es sei denn, dass sich im Weltenraum ein Mittelpunkt befände, für welchen alle sogenannten Anziehungskräfte sich gerade aufheben.

Der Aetherdruck erster Ordnung berechnet sich nach Abschnitt 5 aus der Gleichung $\frac{\rho''}{g} \cdot (v_{''})^2 = P_{''}$. Hierin bedeutet ρ'' das Gewicht eines Kubikmeters Aether oder $\frac{\rho''}{g}$ die Masse eines Kubikmeters Aether. Die Grösse v'' stellt die ideelle mittlere Aetherkorn-Geschwindigkeit dar, welche sich aus der Licht-Geschwindigkeit $u_{''}$ nach Abschnitt 6 durch Division mit $\sqrt{1,405}$ ergiebt, wofern das Aetherkorn ein, sagen wir, chemisch einfaches Aetherkorn ist und den Stoss-Gesetzen gehorcht.

$$v_{''} = \frac{u_{''}}{\sqrt{1,405}}$$

$$P_{''} = \frac{\rho''}{g} \cdot \frac{(u_{''})^2}{1,405}.$$

Das Verhältnis der Fortpflanzungsgeschwindigkeit des Lichtes $u_{''}$ zu derjenigen des Schalles u ist fast wie Millionen zu Eins. Das Glied $(u_{''})^2$ ergiebt mithin für den Lichtäther etwa Billionenfach höhere Werthe als für die Luft. Bis hieher waren unsere Betrachtungen exakter Natur. Um nun weiter rechnen zu können, bedürften wir einer Angabe des Werthes ρ'', welchen die Zukunft erst fördern wird. Der Anschauung zu Gefallen sei hier aber doch schon für ρ'' ein Werth gesetzt, welcher von einzelnen Physikern vertreten wird. Hiernach soll ρ'' das spezifische Gewicht des Aethers $\frac{1}{1500}\,\rho$ betragen, worin ρ das Gewicht eines Kubikmeters Luft bei Null Grad bedeutet. Es folgt nun:

$$P_{''} = \frac{900000 \cdot 900000}{1500}\, P,$$

in welcher Formel $P_{''}$ den Aetherdruck und P den Druck einer Atmosphäre bezeichnet.

$$\mathbf{P_{''} = 550\,000\,000} \text{ Atmosphären.}$$

Dieser ungeheuer grosse Druck von 550 Millionen Atmosphären wird überschätzt sein, da die Grösse des Aethergewichtes, die Aether-Dichtigkeit, noch nicht festgelegt ist. Aber wenn der Aether selbst nur ein Millionstel des Luftgewichtes umfasste, so blieben immerhin doch noch 800 000 Atmosphären bestehen und dieser Druck darf nun noch keineswegs als die Grenze des Vorhandenen angesehen werden, sondern wir dürfen ausser dem Aetherdruck erster Ordnung noch andere Pressungen feinerer Beschaffenheit voraussetzen, deren Grösse, in Zahlen auszudrücken, nutzlos wäre, wir würden, selbst bei Kenntnis der Zahlen, mit unseren Vorstellungen diesen unermesslichen Werthen nicht folgen können.

Und eine solche Kraftfülle, ein solches Reich der Schöpfung, sollten wir als ein Nichts bezeichnen, als leer nur darum, weil unser Auge so eingerichtet ist, dass sein Blick den Aether durchdringt, d. h. für dessen feinste Bewegungsformen unempfänglich, für die gröberen Schwankungen aber aufnahmefähig gebaut ist? Unser Auge ist Materie und desshalb kann dasselbe nur diejenigen Bewegungsformen der Materie durch den Aether als Träger empfinden, welche von Materie ausgehen.

Ausserordentlich hohe Werthe besitzt die in einem Kubikmeter Aether enthaltene Energie. Die Dichtigkeit des Aethers zu $\frac{1}{1500}$ der Luftdichte geschätzt, ergiebt für Aether 550 Millionen Atmosphären Druck und pro Kubikmeter 24683 mal 550 Millionen = 13 Billionen Meter-Kilogramm Energie (vergl. Abschnitt 13). An maschineller Arbeit müssten 5000 Pferdestärken ununterbrochen Tag und Nacht wirken, um in einem ganzen Jahre eine solche Energiefülle zu erzeugen, wie sich dieselbe in einem Kubikmeter Aether bei obiger über das Aethergewicht gemachter Voraussetzung vorfindet.

In der Folge soll, um Missverständnissen vorzubeugen: „das Bestreben der Massen sich gegenseitig zu nähern“, also die Massenanziehung, als durch Aetherdruck bedingt, angesehen werden. Die bei Annäherung von Massen geleistete Arbeit wird, als dem Aether entzogen, hinzunehmen sein.

Viel Schwierigkeit bereitet die Frage, ob ein Atom den Aether ohne Widerstand zu durcheilen vermöge. Die Frage ist dahin zu beantworten, dass der Widerstand klein sein muss. Bei der Wärmebewegung z. B. haben wir es mit Atomgeschwindigkeiten von kaum ein Millionstel der Aetherkorn-Geschwindigkeit zu thun, so dass, wie nachstehend ermittelt, nur 5 Billionstel Aetherdruck als Hemmung auftritt. Den Aetherdruck zu 550 Millionen Atmosphären angenommen, ergiebt sich für die Wärmebewegung der Luft bei Null Grad Celsius 400stel Atmosphäre Widerstand pro Quadratmeter zusammen hängender Fläche. Für uns aber kommt nur das Atom in Betracht, welches nur etwa 100 oder weniger Fläche dem Aether im Vergleich zum ganzen Luftraum darbietet und dann nur $\frac{1}{40000}$ Atmosphären Widerstand durch den Aether empfinden kann. Dieser Widerstand ist nicht gerade als Verlust aufzufassen, sondern kommt wieder andern Atomen zu gute, so dass derselbe nur das Raumbedürfnis des Gases etwas beeinflusst.

Winddruck. Um den Aetherwiderstand rechnerisch verfolgen zu können, ist es erforderlich, zunächst den Winddruck der Luft mit der Atomgeschwindigkeit in Beziehung zu setzen.

Die relative Geschwindigkeit der Luft betrage w Meter, d. h. es blase ein Wind von w Meter Windgeschwindigkeit, oder aber es bewege sich eine Fläche mit w Meter Geschwindigkeit durch ruhende Luft.

Die unter Abschnitt 5 benutzte Formel zur Berechnung des Druckes erleidet nun eine Aenderung. Vor der Fläche vergrössert sich die Luftsäule, welcher man sekundlich Bewegungsgrösse entzieht von v (vergl. Abschnitt 5) auf $(v + w)$. Nach vorne entsendet die Fläche ferner Bewegungsgrösse durch den Rückprall der antreffenden Atome, welcher nur der Geschwindigkeit $(v - w)$ entspricht, da das getroffene Material-Atom zunächst unter der Wucht des Anpralles zurückweicht und in die Fläche, der es angehört, mit der Geschwindigkeit w einzudringen versucht. Man kann nicht wohl sagen, dass die Luft hierbei direkt erwärmt wird, wohl aber der getroffene Gegenstand und die Luft dann indirekt.

Die Hin- und Rückschwingungen umfassen je die Hälfte der in Frage kommenden Zeit. In einer Sekunde ist der einzelnen Einwirkung mithin je eine halbe Sekunde, als Dauer der Einwirkung, zuzuerkennen. Es ergiebt sich:

$$D_1 = \frac{1,293}{9,81} \left\{+ {}^1/_2 \, (v + w)^2 + \frac{1}{2} \, (v - w)^2\right\}$$

D_1 ist der vorn empfangene Druck. Hinter der Fläche stellt sich Luftverdünnung ein, deren Wirkung hier zunächst vernachlässigt werden soll, so dass hinter der Fläche der volle normale Luftdruck $D_{\prime\prime}$ als treibende Kraft vorausgesetzt wird; dieselbe schiebt die Fläche vorwärts, und gelangt bei Berechnung des Windwiderstandes D in Abzug.

$$D = D_1 - D_{\prime\prime}$$

$$D = \frac{1,293}{9,81} \left\{+ {}^1/_2 \, (v + w)^2 + \frac{1}{2} \, (v - w)^2 - v^2\right\}$$

$$\mathbf{D = \frac{1,293}{9,81} \, w^2 \text{ kg.}}$$

Beispiel: Für 30 m Windgeschwindigkeit ergiebt sich:

$$D = \frac{1,293}{9,81} . 30 . 30 = 119 \text{ kg.}$$

Diese Zahl entspricht nur darum angenähert dem wahren auf die Fläche eines Quadratmeters wirkenden Winddruck, weil zwei in ihrer Wirkung entgegengesetzt gerichtete, hier aber vernachlässigte Umstände, gerade einander aufheben. Es erleidet der Luftwiderstand vor der Fläche nämlich eine Verminderung gegenüber obigem Werthe, indem die Luft nicht ihre ganze Stosskraft abgiebt, d. h. vor der Fläche unter rechtem Winkel zur Windrichtung seitlich, parallel zur Fläche, abströmt, sondern schräge Ablenkung erleidet. Hinter der Fläche tritt saugende Wirkung ein, welche die Bewegung der Fläche hemmt.

Aus gleichem Grunde veranlassen Keilflächen eine Verminderung des Luftwiderstandes.

Obige Formel ist mithin nur bedingungsweise richtig. Dieselbe wird zumal bei Wind- oder Geschoss-Geschwindigkeiten von mehr als 280 m die Sekunde einer Prüfung bedürfen. Auch aus einem anderen Grunde sollte man der Formel nicht unbegrenzte Tragweite zuerkennen, darüber im Haupttext nachfolgend berichtet wird.

Für das zwischen Winddruck D und Luftdruck P bestehende Verhältnis ergiebt sich die Gleichung:

$$\frac{D}{P} = \frac{\frac{1,293}{9,81} . w^2}{\frac{1,293}{9,81} . v^2} = \left(\frac{w}{v}\right)^2 = \left(\frac{w}{280}\right)^2.$$

Der Luftdruck verhält sich zum Atmosphärendruck wie das Quadrat aus dem Verhältnis von Windgeschwindigkeit und ideeller mittlerer Atomgeschwindigkeit.

Der Werth v ist nun für Aether fast 1 Million mal grösser, mithin ist für Aether das Verhältnis von $\frac{D_{\prime\prime}}{P_{\prime\prime}}$, von Aetherwind-Widerstand zum Aetherdruck bei gleicher Windgeschwindigkeit fast Billionen mal kleiner als bei der Luft.

Auch für Aether gilt die vorstehend ermittelte Formel $D = \frac{\rho}{9,81}\, w^2$ kg., sofern man für ρ das spezifische Gewicht des Aethers einrückt. Ist dieses $\frac{1}{1500}$, dann ergiebt sich $D = \frac{1}{1500 . 9,81} . 612 . 612 = 25,45$ kg pro qm Fläche für das der Temperatur Null entprechend sich bewegende Luftatom.

Obiger Druck beträgt etwa $\frac{1}{400}$ Atmosphäre, oder da dieser Druck nur dort lastet, wo wirklich ein Atom sich befindet, an den Zwischenräumen aber nicht, so beträgt der Aetherwiderstand weniger als $\frac{1}{100}$ jenes Werthes, weniger als $\frac{1}{40000}$ Atmosphäre.

Es ist nicht ausgeschlossen, dass bei der Bewegung der Körper im Aether letzterer Zeit gewinnt, seitlich auszuweichen. Es kann sich keilartig eine Aetherfülle mit dem Körper fortschieben und eine Ablenkung so frühzeitig veranlassen, dass die Stosswirkung sich mindert.

Das Leuchten im Aetherwind.

Wir wissen, dass Sternschnuppen aufleuchten, wenn sie, sich der Erde nähernd, in sehr grosse relative Bewegung gerathen, und dass Kometen leuchten, aus Gasen bestehen und nur sehr wenig Masse enthalten. Es ist die Frage aufzuwerfen, woher diese Körper die Eigenschaft nehmen, selbst Leuchtkraft zu entwickeln, warum dieselben nicht, wie die Planeten, erkalten und die Leuchtkraft verlieren.

Um uns dem Verständnis dieser Erscheinungen zu nähern, müssen wir den Vorgang der Druckerzeugung in's Auge fassen. Es ist vorn die Formel $D = \frac{\rho}{g} w^2$ für die Grösse des Winddrucks, sei es Luftwind oder Aetherwind, entwickelt. Bei der Ableitung derselben wurde darauf hingewiesen, dass der Rückprall des Luftatomes nicht mit der Geschwindigkeit $(v + w)$ erfolgen kann, weil das Atom der Fläche zunächst allein getroffen wird und in die Fläche hineinschwingt. Die Vorgänge der Wärmebewegung spielen also bei der Erzeugung des Winddrucks eine Rolle.

Würden die Luftatome einfach mit der relativen Geschwindigkeit $(v + w)$ auf die Fläche treffen und mit der gleichen Geschwindigkeit von derselben zurückprallen, dann hätten dieselben eine Erwärmung um den Betrag $t = \frac{(v + w)^2 - v^2}{v^2} . 273$ um $t = \frac{2\,v\,w + w^2}{v^2} . 273^0$ erfahren.

Für $w = 30$ m würde sich $t = \frac{2 . 280 . 30 + 30 . 30}{280 . 280} . 273 = 64$ Grad Celsius ergeben. Diese Erwärmung findet aber thatsächlich durchaus nicht statt. Auch würde sich der Luft-Widerstand entsprechend steigern, nämlich auf den Werth:

$$D = \frac{1{,}293}{9{,}81} \left\{(v + w)^2 - v^2\right\} = 2327 \text{ kg}$$

während derselbe in Wahrheit 120 kg bei 30 m Windgeschwindigkeit beträgt. Wir erkennen hieraus, von welcher ausserordentlichen Bedeutung das Zurückweichen der Atome einer vom Winde getroffenen

Fläche für die Entwickelung des Winddruckes sich gestaltet. Der Umstand, dass die Fläche in ihren Atomen Verschiebungen zulässt, vermindert den Winddruck von 2327 kg auf 120 kg.

Eingehendere Studien lassen sich über diesen Gegenstand nur an der Hand experimenteller Forschung anstellen. Es ist zu untersuchen, in wie weit die Wärme-Leitungsfähigkeit eines Körpers eventuell den Windwiderstand beeinflusst etc.

Durch die Arbeit des Winddrucks wird, wiewohl in beschränktem Grade, aber immerhin merkbare Temperatur-Steigerung an einem dem Winde ausgesetzten Gegenstande veranlasst, wofern derselbe im Anfang eine der Luft entsprechende niedrige Temperatur besass. Der Körper beginnt nun Wärme auch an solche Gegenstände auszustrahlen, welche die Temperatur der Luft aufweisen.

Aetherwind wirkt anders. Der Stoss des feinen Aetherkorns veranlasst nur in geringem Grade eine Verschiebung des Schwerpunktes eines getroffenen Atoms, derselbe setzt vor allen Dingen das Atom in innere schwingende Bewegung, welche nicht Wärme bedeutet, da dieselbe nicht einer Schwingung des Atomschwerpunktes entspricht. Diese innere Energie wird auf den Aether übertragen und als Aetherwelle uns erreichen. Wir empfinden diesen Aetherschall nach diesseitiger Auffassung als Licht. (Vergl. Abschnitt 23.)

Während Luftwind Erwärmung und Schall bedingt, scheint die relative Bewegung der Atome im Aether, d. h. empfundener Aetherwind Licht zu erzeugen.

Es ist der Fall denkbar, dass die innere Erschütterung der Atome den Widerstand des Aetherwindes fast ganz aufhebt. Sobald nämlich der vorne empfangene Schlag so stark ist, dass hinten vom Atom ein Theilchen sich ablöst und veräthert, d. h. zu Aether wird, bleibt von dem Aetherstoss Nichts mehr im Atom zurück. Das Atom eilt nun zugleich leuchtend, wie eine Welle, durch den Aether, ohne Widerstand zu empfinden, da hinten so viel Arbeit gewonnen wird, wie vorne verloren geht. Nur um den Betrag des Verlustes an Energie, durch Ausstrahlung des Lichtes veranlasst, möchte ein Widerstand im Aether verbleiben.

Im Abschnitt 23 lernen wir die Ursache eines warmen, d. h. durch Atom-Schwerpunkts-Bewegung veranlassten Lichtes kennen. Hier finden wir, dass Aetherwind Gas-Atome in kaltes Leuchten versetzt, wobei nicht die Atom-Schwerpunkte an Bewegung gewinnen, sondern nur ihre innere Elastizität bis zum Leuchten erhöht wird.

Vorgänge dieser Art erklären nicht allein das Leuchten der Kometen, sondern werfen auch Licht auf den überraschenden Umstand, dass leuchtende Kometen im Aether keinen oder einen nur kaum nachweisbaren Widerstand empfinden. Um diese Erscheinungen verstehen zu können, wird ein Experiment anzustellen sein, welches uns im materiellen Bilde die Vorgänge veranschaulicht. Ein in gesättigtem Wasserdampf frei fallender Wassertropfen bezüglicher Temperatur dürfte in reinem Dampf sich ohne Widerstand bewegen. Es steht zu erwarten, dass wofern fremde Gase und Luft etc. aus dem Raum entfernt sind, der Tropfen im Fall vorne, d. h. unten Condensations-Erscheinungen und oben, d. h. hinten Verdampfungs-Erscheinungen zeigen wird, so dass der Tropfen nach Art einer Welle den gesättigten Dampf durchfällt. Der Tropfen müsste dem Gesetz der Schwerkraft folgend, fast wie im freien Fall sich bewegen.

Die bei dem freien Fall von warmen Wassertropfen in reinem gesättigten Dampf sich ergebenden Geschwindigkeiten haben einen erheblichen Werth für die Erkenntnis des Wesens der Wärme und anderer Naturkräfte.

10 b. Aetherdruck-Differenzen im Weltenraum.

Als Ergänzung zu den einige Seiten zuvor gegebenen Ausführungen wird hier eine Rechnung über die Zunahme der Aetherkorn-Geschwindigkeit aufgestellt, welche im Höchstbetrage gegen die Gestirne hin statthaben dürfte. Vergl. Vortrag des Verf. in der Sitzung des Naturw. Vereins zu Braunschweig vom 5. März 1891.

Aus der geradlinigen Bewegung der Lichtstrahlen kann man auf eine sehr gleichmässige Vertheilung des Aetherdruckes, bezw. der Aether-Elastizität im Weltenraum schliessen. Es ist die Frage gestellt worden, ob denn der Aether nicht der Massenanziehung unterworfen sei, anderenfalls der Aether sich doch gegen die Gestirne hin verdichten müsse; so wie auch die Luft an der Grenze der Atmosphäre, mit der Pressung Null beginnend, gegen den Erdboden hin auf den Druck einer Atmosphäre sich verdichtet.

Es soll gezeigt werden, dass der Aether, wenn er auch voll und ganz der Schwere unterworfen sein würde, gegen die Gestirne hin, doch nur um einen äusserst geringen Betrag Steigerung seiner Elastizität oder inneren Bewegung erfahren kann.

Wie bei Berechnung der Höhen-Erstreckung unserer Erdatmosphäre im Abschnitt 9 zur Ausführung gelangte, bedienen wir uns auch hier wieder des Kunstgriffes, nicht den Weg des einzelnen Aetherkornes auf seiner begrenzten Schwingungsbahn zu verfolgen, sondern bei dem Zusammenstoss zweier Aethertheilchen auch unser Augenmerk von dem treffenden auf das getroffene Theilchen zu übertragen. Unser Blick folgt nur einer geraden Linie, einer Kette von Atomen, welche radial zur Erde in den Weltenraum hineinreicht. Entsprechend der Verzögerung durch die Schwere, begegnen wir mit Entfernung von dem Erdboden geringerer Aetherkorn-Geschwindigkeit. Die Abnahme der Geschwindigkeit erfolgt continuirlich, als ob ein Aethertheilchen, mit der Geschwindigkeit 553 Millionen Meter die Erdoberfläche verlassend, aufwärts geschleudert würde. Dabei verliert das Theilchen in je einer Sekunde nahe der Erde den Betrag $g = 9{,}81$ m an Geschwindigkeit. Nun erreicht das Aetherkorn aber schon in einer Sekunde den Abstand 553 Millionen Meter Entfernung vom Erdboden, befindet sich nun mehrere Erdradien vom Erdmittelpunkt entfernt, daselbst die Beschleunigung der Schwere nur noch einen sehr kleinen Betrag aufweist.

Die Rechnung ergiebt, vom Erdboden aus gemessen:

$$E = \frac{553\,000\,000}{6\,360\,000} = 87 \text{ Erdradien.}$$

In jenem Abstande 88 Erdradien, vom Erdmittelpunkt aus gerechnet, beträgt die Schwerkraft nur noch $\frac{1}{7744}$ desjenigen Werthes, welcher an der Erdoberfläche beobachtet wird. Für diese Entfernung ergiebt sich der Einfluss der Schwere schon fast gleich Null. Es kommt daher zumal nur die Erdnähe in Frage.

Auf dem Wege r vom Erdboden aufwärts verbraucht das Aetherkorn $\frac{1}{87}$stel Sekunde. Zu Anfang dieser Zeit betrug die Verzögerung g, zum Schluss der Periode $\frac{g}{4}$, im Mittel etwa $g/_3$.

Bis zu jener Entfernung $E = r$ büsst hiernach das Aetherkorn ungefähr den Betrag $\frac{1}{87} \cdot \frac{g}{3} = \frac{1}{87} \cdot \frac{9{,}81}{3} = 0{,}037$ m Geschwindigkeit durch die Wirkung der Schwerkraft ein. In der folgenden Periode, während das Aetherkorn, bezw. der Ort der Betrachtung sich um 2 Erdradien Länge weiter in den Weltenraum hinein erstreckt, nimmt die Beschleunigung der Schwere von $g/_4$ auf $g/_{16}$ ab. Es verliert das

Aetherkorn nun gegen vorhin in der Zeiteinheit nur $^1/_4$ des obigen Betrages; auf der doppelten Wegeslänge, d. h. in doppelter Zeit also:

$$2 \cdot \frac{1}{87} \cdot \frac{g}{3} \cdot \left(\frac{1}{4}\right) = \frac{1}{87} \cdot \frac{g}{3} \cdot \frac{1}{2}$$

Die nächste Periode von $E = 4\,r$ bis $E = 8\,r$ Entfernung vom Erdmittelpunkte ergiebt:

$$4 \cdot \frac{1}{87} \cdot \frac{g}{3} \cdot \left(\frac{1}{16}\right) = \frac{1}{87} \cdot \frac{g}{3} \cdot \frac{1}{4}$$

Dann folgt:

$$8 \cdot \frac{1}{87} \cdot \frac{g}{3} \cdot \left(\frac{1}{64}\right) = \frac{1}{87} \cdot \frac{g}{3} \cdot \frac{1}{8}$$

Bis in die Unendlichkeit summirt, erhalten wir als ganze Verzögerung:

$$\Delta v = 0{,}037 \text{ m} \left(1 + \frac{1}{2} + \frac{1}{4} + \frac{1}{8} + \frac{1}{16} + \ldots\ldots\right)$$

$$\Delta v = 0{,}037 \,.\, 2 = 0{,}074 \text{ m}.$$

Wofern der Aether in gleichem Maasse, wie die Materie, der Massenanziehung und Schwerkraft unterworfen sein sollte, würde derselbe in Nähe der Erdoberfläche gegenüber dem freien Weltenraum doch nur ein verschwindend kleines Maass mehr Elastizität und Druckspannung erweisen. Es nimmt die Aetherkorngeschwindigkeit aus der Erdnähe, wo sie etwa 553 Millionen Meter sekundlich beträgt, gegen den freien Weltenraum höchstens um $^1/_{13}$ Meter, also um den Sieben Milliardendsten Theil ihres ursprünglichen Werthes ab, welcher Werth nach unseren Grössenbegriffen einem Nichts so gut wie gleich zu erachten ist.

Selbst die Massenwirkung der Sonne vermag die Elastizität des Aethers nur wenig zu beeinflussen. Trotz der ausserordentlichen Grösse der Sonne ist die Beschleunigung der Schwere auf der Sonne nur etwa 30mal so gross als für die Erde sich ergiebt, da wegen des grossen Umfanges der Sonne die Massen der Oberfläche weiter entrückt sind. Aber das schwingende Aetherkorn entführt den Punkt der Beobachtung 108mal langsamer in jene Region, daselbst der Abstand vom Gestirn-Schwerpunkt sich verdoppelt hat und darum wächst gegenüber den vorhergehend für die Erdwirkung errechneten Werthen die für jene Periode zusammenzufassende Zeit auf den 108fachen Betrag und die Beschleunigung auf den 30fachen Betrag, so dass sich als Resultat eine 108 . 30 = 3240fache Wirkung ergiebt. Gegen die Sonne hin erleidet die sekundliche Aetherkorn-Geschwindigkeit gegenüber dem Anfangsbetrage von 553 Millionen Meter, welcher für den freiern Weltenraum errechnet ist, eine Vermehrung von 3240 . 0,074 = 240 Meter.

Auch dieser Werth ist, gegenüber jener eine halbe Milliarde umfassenden Zahl, als verschwindend klein zu bezeichnen. Nach den gewonnenen Erkenntnissen sind wir zu dem Ausspruch berechtigt, dass in dem weiten Weltenraum von Gestirn zu Gestirn fast genau die nämliche Elastizität des Aethers, d. h. die nämliche Aetherkorn-Geschwindigkeit, sich vorfinden wird, wie auch in unmittelbarer Nähe der Gestirne sich ergiebt.

11. Latente Wärme und Condensation.

Im Gegensatz zu äusserer Wärme, welche zumal den gasartigen Aggregatzustand der Materie in's Leben ruft, giebt es noch latente Wärme, welche sich in latente Verdampfungs-Wärme, Erstarrungs-Wärme und chemische Verbrennungs-Wärme gliedert.

Die Wärme-Bewegung eines Atoms ist niemals eine vollständig gleichförmige, die Bewegung ist nur in der Mitte zwischen zwei Nachbar-Atomen nicht störenden Kräften unterworfen, daselbst ist die Anziehung benachbarter Atome verschwindend gering. Ausserordentlich wächst die gegenseitige Anziehung in unmittelbarer Nähe der Atome, weil diese sehr klein sind und darum eine innige Annäherung der Atom-Schwerpunkte gestatten und mit dem Quadrat der Annäherung die Anziehung wächst. Es entsteht zunehmende Geschwindigkeit, welche sich im letzten Augenblick so sehr steigert, dass der Zusammenstoss oder die gegenseitige Umkreisung der Atome mit einer vielfach grösseren Geschwindigkeit*) erfolgt, als vorher oder nachher in weiterer Entfernung der Atome errechnet ist.

Die Grösse der Atom- bezw. Molekül-Geschwindigkeit, welche im Augenblick des Zusammenstosses auftritt, ist für den Aggregatzustand der Materie entscheidend. Bei kleinem Werthe obiger Geschwindigkeit genügt die lebendige Kraft rückschwingender Bewegung nicht, die Anziehungs-Wirkung des Nachbartheilchens auf längerer Strecke zu überwinden. Die Bewegung ist schon nach kleinem Ausschlage verzehrt und das Atom schwingt wieder gegen den Nachbar hin. Der beschriebene Weg, die Amplitude der Temperatur-Schwingung fester oder flüssiger

---

*) Clausius nennt die Energie bezüglicher Bewegung — das Ergal. S. 21 Aufl. 3 der mech. Wärmetheorie Band I.

Körper ist mithin äusserst klein. Die Atome rücken dicht zusammen, die Dichtigkeit der Masse ist bedeutend und das Bestreben, nach Art der Gase zu expandiren, unter diesen Umständen nicht vorhanden. Infolge geringer Wegeslänge, bezüglicher Amplitude, ist die Zahl der Wärmeschwingungen in der Zeiteinheit bei nicht gasförmigen Körpern sehr gross.

In manchen Fällen ist ein Stoff nur darum fest oder flüssig, weil die Schwingung der Atome oder Moleküle nicht alleine gegen den Aether, die sogenannte Massenanziehung, sondern auch gegen äusseren Druck erfolgt. Die Verminderung des äusseren Druckes wird in solchen Fällen Verdampfung herbeiführen. Das Molekül, bezw. Atom kann die Bewegungsenergie, welche zuvor dazu verwendet wurde, längs der Temperatur-Schwingungsamplitude den äusseren Druck zu bewältigen, nun benutzen, um sich von dem Nachbar-Atom oder Molekül zu entfernen und als Gas in den Raum hinein zu stürmen. Im Abschnitt 14 wird der dabei eintretende Wärme-Verlust einer Rechnung unterzogen.

Unter Temperatur verstehen wir nicht das Maass der Wärme-Energie, welches sich aus der lebendigen Kraft, oder Energie zweier Atome im Augenblick des Zusammenschlagens derselben errechnet, sondern denjenigen Bewegungs-Zustand der Atome, welcher von aussen empfunden wird. Die Temperatur giebt uns also Aufschluss über die Bewegung der Atome an den äusseren Strecken der Schwingungs-Bahnen, soweit der äussere Druck in die Bahn hinein zu dringen vermag. Die Geschwindigkeiten, welche im Augenblick grösster Annäherung statthaben, werden von aussen nicht empfunden, nicht als Temperatur dauernd gemessen. Wohl schlägt das Gasatom im Moment des Zusammenstosses mit erhöhter, dem Ergal entsprechender Wucht gegen das Gasatom des Thermometers, es trennt sich aber expandirend von demselben sofort wieder, so dass die durch Massenanziehung hervorgebrachte innere Wärme entzogen wird, bevor dieselbe von dem Gasatom an das Quecksilber des Thermometers weiter geleitet werden konnte. Die innere, die latente Wärme bleibt dem Beobachter verborgen, wofern nicht besondere Umstände eintreten, welche ein Eindringen in das Innere der Schwingungs-Bahn gestatten, dann wird die dort durch das Band der Massenanziehung zuvor gebundene Wärme befreit und in äussere Bewegung überführt.

Die Condensation bietet ein solches Mittel. Bei abnehmender Temperatur hat das Dampfmolekül nicht mehr die hinreichende Energie weite Ausschläge zu machen, den Bannkreis molekularer Massen-Anziehung zu überschreiten. Das die Temperatur messende Thermometer dringt mit seinen Atomen näher an die Atome der Dampfmoleküle heran. Die Atome des Thermometers messen hierbei aber nach wie vor nur die Atombewegung an den Enden der Ausschlagbahnen. Das Thermometer merkt nicht, dass im Innern der Bahnen nunmehr weniger Bewegung besteht, dasselbe zeigt für Dampf- und Wasser gleiche Temperatur. Der Wärme-Entzug hat, solange die Dampfspannung sich nicht änderte, nur im innern Theil der Schwingungs-Bahn stattgefunden und nur die Erwärmung der Abkühlungs-Mittel gewährt Anhalt für die Grösse des inneren Wärme-Entzuges. Auch im Abschnitt 14 wie 18 wird diesen Vorgängen näher getreten.

12. Verbrennungs-Wärme. Chemische Vereinigung.

Die Atome eines chemisch einfachen Gases können sich durch Erwärmung nicht vereinigen, nicht mit sich selbst verbrennen. Möge die Temperatur auch beliebig gesteigert werden, die Atome prallen nach erfolgtem Zusammenstoss wieder auseinander. Die bei der Annäherung entstandene Geschwindigkeits-Zunahme reicht ja gerade hin, um nach dem elastisch erfolgenden Stoss die vollständige Trennung wieder zu veranlassen. Es bleibt dem Atom unbenommen, nach Ueberschreitung des Bannkreises belangreicher, nachbarlicher Anziehung mit derselben Geschwindigkeit in den Raum zurück zu eilen, mit welcher das Atom die Annäherung vollzog. Es bleibt als ein selbstständiges Atom bestehen, wird nicht an den Nachbar gefesselt, sondern nur auf die Dauer des Zusammenstosses in dessen unmittelbarer Nähe mit diesem vereinigt erscheinen, gleichsam mit dem Nachbar nur für einen Augenblick ein Molekül bildend.

Anders gestalten sich die Vorgänge, wenn feste, die Wärme leitende Körper, oder grobe und leichte Atome einander beeinflussen. Es ist zu erläutern, wie in dem Augenblick der Annäherung zweier Atome die grosse latente Wärme des leichteren Atoms auf das gröbere übergeleitet wird, dieses beschleunigt, und also selbst in äussere Wärmebewegung umgesetzt wird. Wie expandirende, arbeitende Luft erkaltet, so verliert hier das leichte Atom an Wärme und zwar an latenter Wärme, indem es die groben Atome als Kolbenflächen vor sich her drängt. Diese innere Wärme war aber zuvor die Ursache unabhängiger Bewegung des Atoms. Nach Verlust seiner Eigenbewegung ist das leichtere Atom an den derberen Nachbar gebunden, in dessen Bannkreis es jetzt seine geschwächte Wärmebewegung vollzieht. Beide, bezw. mehrere dieser Atome eilen jetzt, zu einem Molekül vereinigt, im Raume hin und her. Die früher durch Massenanziehung gebundene Wärme ist frei geworden, tritt als Molekül-Bewegung auf, grossen Druck und hohe Temperatur erzeugend.

Im chemisch einfachen Zustande arbeitet der Aether (bezw. die Massenanziehung) zwar auch bei Annäherung der Atome, aber nur bei Annäherung derselben positiv, bei der sofort darauf folgenden Trennung negativ; mithin wird ohne chemische Vereinigung oder Condensation keine Aetherarbeit geleistet, ohne Verbrennung keine innere Bewegung in äussere Bewegung oder Druck umgesetzt.

Bei der Verbrennung gelingt es dem gröberen Nachbar, einem leichteren Atom die im Augenblick der Annäherung grosse latente oder innere Energie zu entziehen. Jagt man z. B. ein grobes Sauerstoff-Atom auf Wasserstoff, indem man die Gase erhitzt, und klemmt den Wasserstoff zwischen die groben Sauerstoff-Atome ein, dann schwingt derselbe äusserst schnell zwischen den Sauerstoff-Atomen hin und her, treibt diese auseinander und arbeitet dabei, selbst an Wärme verlierend. Der Verlust ist innere latente Wärme, denn das erhitzte Sauerstoff-Atom hat so bedeutende Atomgeschwindigkeit und Wucht, dass es bis in das Innere der Schwingungsbahn des Wasserstoffes dringt und dem Wasserstoff die latente Wärme raubt, sich selbst erhitzend.

Das Einklemmen des mitverbrennenden leichteren Gasatoms ist eine wesentliche Bedingung für den Vorgang der Wärmeüberleitung und wird am leichtesten erreicht, wenn der Gegensatz der Atomgewichte ein hinreichend grosser ist. Selbstverständlich setzt die Verbrennung ferner chemische Verwandtschaft, Massenanziehung der Atome voraus, ohne welche innere latente Wärme nicht entsteht und mithin nicht abgeleitet werden kann.

Verbrennung ist die Ueberleitung latenter Wärme von einem Atom auf zwei grössere auseinanderweichende Atome oder Moleküle. Um die latente Wärme als Temperatur durch die groben Nachbarn empfinden lassen zu können, bedarf es eines heftigen Zusammenstosses grober und zwischengelagerter, eingeklemmter leichterer Atome. Die erforderliche Stosswirkung kann durch ein erhitztes grobes Atom geleistet werden, d. h. durch Entflammung oder wie bei dem Dynamit durch einen scharfen Schlag, der die Atome auf hinreichende Zeit einander nähert.

Hierbei wird die Arbeit des Aethers in folgender Weise ausgenutzt. Es nähert sich ein kleines Atom einem grossen Atom, der Aether bezw. die Massenanziehung arbeitet, es entsteht latente Wärme. Im normalen Fall, wenn keine Verbrennung eintritt, würde das leichte Atom nun alsbald zurückschwingen, wobei negative Aetherarbeit geleistet werden würde. Bei der Verbrennung ist die Sache aber anders. Bevor noch das leichte Atom die Rückschwingung vollzieht, wird es von einem zweiten, aber erhitzten schweren Atom eingeholt und gegen das grobe erste Atom gedrückt. In schneller Folge schwingt nun mit der Energie latenter Schwingung das kleine Atom hin und her, die groben Atome auseinander treibend, hierbei verliert es an Geschwindigkeit und besitzt, wenn die groben Atome sich trennen, nicht mehr so viel Energie, um sich von dem ihm nächstgelegenen groben Atom zu trennen; dessen Bannkreis angehörend, bildet das kleine Atom mit diesem groben Atom ein Molekül. Die Vereinigung des leichten Atoms mit dem schwereren Atom erfolgt leichter, wenn je zwei leichte und ein schweres Atom im Raum sich befinden. Es bedarf dann nur der Trennung der leichten Atome von einander und des Uebertrittes je eines leichten Atoms von beiden Seiten an das schwere Atom. Würde diesem entgegen nur je ein Wasserstoff- und ein Sauerstoff-Atom im Raume sich befinden, dann bedeutete die Vereinigung mit einem Sauerstoff-Atom die Trennung von einem anderen. Das Wasserstoff-Atom pendelt erkaltend hin und her und schliesst sich keinem Atom an; die Verbrennung erfolgt nicht. In dem besonderen Fall, dass die zur Verbrennung gelangenden leichteren Atome vor der Verbrennung einen festen Körper bilden, kann sich die Vereinigung nur eines leichten mit einem schwereren Atom leichter vollziehen, weil hier der feste Körper den stützenden Widerstand bietet, ohne welchen die Ueberleitung der inneren Wärme nicht möglich ist, während doch die Trennung von diesem Widerstand leicht geschieht, da das verbrennende Atom von diesem Widerstande weniger angezogen wird, als von dem grösseren Atom, mit welchem die Verbrennung erfolgen wird.

Auf den Vorgang der Verbrennung scheint nicht allein die Beziehung der Atomgewichte von Einfluss zu sein, sondern auch der innere Bewegungszustand des Atoms, welcher mit der Elektrizität in Beziehung steht.

13. Spezifische Wärme.

Unter spezifischer Wärme versteht man das Verhältniss der Wärme-Mengen, welche erforderlich sind, um zwei verschiedene Körper gleichen Gewichts um einen gleichen Temperatur-Betrag zu erhöhen, oder, bei Ableitung von Wärme, zu erniedrigen. Die zur Erhöhung eines Kilogramms Wasser um einen Grad Celsius erforderliche Wärmemenge wird Kalorie genannt. Die Erwärmung eines Kubikmeters Wasser um 100 Grad erfordert mithin 100 000 Kalorien.

Der Heilbronner Arzt R. Mayer hat, wie schon erwähnt, im Jahre 1842 erwiesen, dass die Wärme eine innere Bewegung der Masse bedeute, deren Energie sich in äussere Arbeit theilweise umsetzen lasse. Die Arbeitsleistung entspreche einem Verlust an Wärmeenergie und Temperatur, und umgekehrt erzeuge eine auf die Materie übertragene Arbeit in dieser Wärme-Energie, d. h. Temperatur-Steigerung.

Durch sorgfältige experimentelle Versuche ist erkannt worden, dass eine Kalorie Wärme-Energie der Arbeit von 424 Meterkilogramm gleichkommt. Man erwärmte einen Kubikmeter Luft um t Grad durch warmes Wasser, mass die Wasser-Temperatur vor und nach dem Versuch und erkannte somit, wieviel Kalorien Wärme-Energie von der Luft aufgenommen worden seien. Bezügliche Anzahl Kalorien wurde durch das Produkt aus der verwendeten Wassermenge und der erlittenen Temperatur-Abnahme des Wassers gemessen.

Diese Versuche wurden in doppelter Weise ausgeführt, einmal beliess man die Luft in einem geschlossenen Raum, das zweite Mal gestattete man derselben, sich gegen den äusseren Druck der Atmosphäre auszudehnen.

Im ersteren Fall bedurfte es für die Erwärmung von Luft um einen Grad für jedes Kilogramm Luft 0,1684 Kalorien, welche Zahl die spezifische Wärme für constantes Volumen genannt wird.

Im zweiten Fall dehnte die Luft sich aus, schob den äusseren Luftwiderstand vor sich her, leistete mithin Arbeit und verlor dabei an innerer Wärme-Energie, so dass Ersatz für diesen Verlust eintreten musste und statt obigen Werthes nun 0,2375 Kalorien für die Steigerung des Kilogramms Luft um einen Grad verbraucht wurden. Die Differenz 0,2375 — 0,1684 = 0,0691 Kalorien entspricht der geleisteten Arbeit und gewährt ein Mittel für die Berechnung des Werthes einer Kalorie. Die Volumenvermehrung der Luft bei Erhöhung der Temperatur um einen Grad, ausgedrückt in Kubikmeter und multiplizirt mit dem Druck einer Atmosphäre von 10 333 kg, kennzeichnet die geleistete Arbeit, diese gleich 0,0691 Kalorien gesetzt ergiebt den Werth einer Kalorie:

$$0{,}0691 \text{ Kalorien} = \frac{1}{273} \cdot \frac{1}{1{,}293} \cdot 10\,333 \text{ mkg}$$

$$1 \text{ Kalorie} = \frac{10\,333}{273 \cdot 1{,}293 \cdot 0{,}0691} = 423{,}6 \text{ mkg}$$

1 Kalorie = rund 424 mkg.

In obiger Gleichung bedeutet $\frac{1}{273}$ die Volumenvermehrung eines Kubikmeters Luft von 273 Grad absoluter, oder Null Grad gewöhnlicher Temperatur, soweit solche durch Steigerung der Temperatur um einen Grad Celsius statthat. Die Zahl 1,293 entspricht dem Gewicht eines Kubikmeters Luft bei Null Grad Temperatur und einer Atmosphäre Pressung. Die Division durch 1,293 musste erfolgen, weil die Untersuchung sich nicht auf einen Kubikmeter, sondern 1 Kilogramm Luft zu erstrecken hat.

Die Zahl 424 kann nun benutzt werden, um den Wärme-Inhalt atmosphärischer Luft bei Null Grad Temperatur in Meterkilogramm auszudrücken. Die Physik lehrt, dass bei einer Temperatur von 273 Grad unter Null die Gase das Raumbedürfniss verlieren, d. h. nicht mehr im Raum hin und her jagen; sie haben dann ihre äussere Energie gänzlich eingebüsst. Bei 273 Grad absoluter Temperatur, d. h. Null Grad Celsius, entspricht die Wärmebewegung der Luft pro Kilogramm derselben 273 . 0,1684 . 424 = 19 500 Meterkilogramm. (Vergl. Abschnitt 2 und 7.)

Im Abschnitt 6 und 7 ist dieser Wärme-Inhalt atmosphärischer Luft ganz ohne Messung der Wärme-Energie nur aus dem Luftdruck einer Atmosphäre, dem Luftgewicht eines Kubikmeters bei Null Grad Temperatur und der Beschleunigung der Schwere ermittelt. Meines Wissens ist jene dort gegebene directe Ableitung des Wärme-Inhaltes atmosphärischer Luft neu.

Der Raum-Inhalt Wärme-Energie bei gegebener Pressung in chemisch einfachen Gasen. Nach Abschnitt 5 ist:

$$\frac{\rho}{g} v^2 = P.$$

Hierin bedeutet ρ das spezifische Gewicht der Gasart, g die Beschleunigung der Schwere, P die Pressung in Meterkilogramm. Der Werth v giebt die mittlere ideelle Atomgeschwindigkeit an:

$$v = \sqrt{\frac{g}{\rho} \cdot P}.$$

Die wahre Atomgeschwindigkeit ermittelt sich zu $w = v + u$; darin u die Schallgeschwindigkeit bedeutet. Nach Abschnitt 6 ist $u = v\sqrt{1{,}405}$; mithin

$$w = v\left(1 + \sqrt{1{,}405}\right) = \sqrt{\frac{g}{\rho} \cdot P} \cdot \left(1 + \sqrt{1{,}405}\right);$$

vergl. Abschnitt 7.

Der Wärme-Inhalt eines Kubikmeters Luft einer Atmosphäre Pressung beträgt mithin:

$$E = \frac{mw^2}{2} = \frac{\rho}{g} \cdot \frac{1}{2} \cdot \frac{g}{\rho} \cdot P\left(1 + \sqrt{1{,}405}\right)^2$$

$$E = \frac{P}{2}\left(1 + \sqrt{1{,}405}\right)^2 = \frac{10\,333}{2}\left(1 + \sqrt{1{,}405}\right)^2 = 24\,683 \text{ mkg}.$$

Satz: Die Raumeinheit ist bei gegebenem Druck mit einer feststehenden Menge Wärme-Energie erfüllt, welche bei einer Atmosphäre Pressung 24 683 mkg beträgt. Es ist gleichgültig, ob der Druck durch ein einzelnes oder mehrere einfache Gase zugleich erzeugt ist. Die chemische Beschaffenheit der einfachen Gase und ihre Temperatur kommen dabei nicht in Betracht.

Die Erwärmung eines Kubikmeters Wasserstoff oder Sauerstoff gegebener Pressung im eingeschlossenen Raum, steigert den Druck nach der zunehmenden Temperatur und bedingt in beiden Fällen gleiche Vermehrung der inneren Wärme-Energie. Der leichtere Wasserstoff wiegt aber nur $\frac{1}{16}$ des Sauerstoffs gleichen Volumens, mithin bedarf die Temperatur-Erhöhung der gleichen Gewichtsmenge beider Körper für Wasserstoff etwa den 16fach höheren Betrag als für Sauerstoff.

Das Experiment liefert als Verhältniss der spezifischen Wärme bei konstantem Volumen den Werth $\frac{2{,}4119}{0{,}1550} = 15{,}56$.

Statt der Zahl 16 ergiebt sich nur der Werth 15,56. Diese Abweichung findet vielleicht ihre Erklärung in dem Umstande, dass bei der Erwärmung der Aetherdruck, bezüglich die Arbeit des Aetherdruckes, auch eine gewisse Rolle spielt. Wegen der grossen mittleren Entfernung der Atome ist die Arbeit des Aetherdruckes in Gasen jedoch gering.

Die spezifische Wärme bei konstanter Pressung giebt uns keinen direkten Anhalt über die in einer Raumeinheit chemisch einfacher Gase angehäufte Wärme-Energie, da dieselbe in zwei Glieder zerfällt. Die spez. Wärme bei konstanter Pressung giebt den Wärme-Verbrauch an, welcher einem Kilogramm bezüglichen einfachen Gases zuzufügen ist, um in demselben erstens die Wärme-Energie, bezw. Temperatur um einen Grad zu steigern und zweitens die mit der Volumenvermehrung verbundene Arbeit gegen den äusseren Druck zu leisten. Erstere beträgt pro Kubikmeter und einer Atmosphäre Pressung, wie vorstehend ermittelt ist, 24 683 mkg, die Arbeit, welche bei Ueberwindung des äusseren Druckes geleistet wird, hingegen 10 333 mkg.

Das Verhältniss der spezifischen Wärme bei konstanter Pressung zu demjenigen bei konstantem Volumen beträgt mithin:

$$n = \frac{24\,683 + 10\,333}{24\,683} = 1{,}418.$$

Nach anderen Angaben ist $n = 1{,}41$ auch 1,405.

Die spezifische Wärme chemisch zusammengesetzter Körper bietet sehr interessante Aufschlüsse über das Verhalten der Atome im Molekül und der Moleküle gegen einander. Pendelversuche würden den Gegenstand veranschaulichen.

Zwei zu einem Molekül verbundene Atome können mit ihrem Schwerpunkte nicht in Ruhe dauernd verharren; sie stossen gegen Widerstände, feste Wände oder andere Atome, bezw. Moleküle und prallen von diesen zurück. Man denke sich einen Kreisel, welcher in heftiger Drehung begriffen ist, aber zeitweise am Orte verharrt. Die Annäherung eines Widerstandes setzt denselben in seitlich abprallende Bewegung. So rollt zum Beispiel das mit Achsendrehung begabte Geschoss auf der im Fallen unter sich zusammengepressten Luft, d. h. auf diesem Widerstande nach rechts, Ablenkung aus der Zielrichtung erfahrend. Ein mit beiden Armen in die Luft hineinstossender Mensch wird zwar dadurch allein nicht Fortbewegung erreichen, stützt sich derselbe aber einseitig auf einen Widerstand, dann stösst sich die Person zur Seite, Geschwindigkeit eingehend. So entsteht die Fortbewegung des Individuums oder Moleküls.

Die Extremitäten des Moleküls sind seine äussersten Atome. Für das Raumbedürfniss des Moleküls ist die Summe der in den äussersten Atomen wirkenden Energie maassgebend. Im Anprall an einen Widerstand erleidet das treffende Atom Kompression durch die Wucht der nachdrängenden Hintermänner des gleichen Moleküls; dieses gelangt zur Ruhe und beginnt Rückschwingung, indem das treffende, eingeengte Atom nun expandirt.

Die Gesammtenergie ist in Atomenergie und Molekülenergie zerlegt. Die Gesammtenergie ist der Wärme-Inhalt, welcher für den Werth der spezifischen Wärme maassgebend ist.

Für die Temperatur-Bestimmung kommt nur die Energie des treffenden Atoms in Frage, dieselbe wird durch die relative Energie des Atoms im Molekül, vermehrt um die äussere, aus der Molekülbewegung resultirenden Energie des gleichen Atoms, gemessen. Das andere äussere Atom hat die gleiche Energie, mithin gleiche Temperatur.

Moleküle, welche nur je zwei Atome besitzen, weisen nur äussere Atome auf, a und b genannt. Wenn Atom b im Anprall rechts seine Energie in Molekülenergie umsetzte, dann wird links für die Raumforderung die Energie a und die entstandene Molekül-Energie b zur Verfügung stehen. Für das Raumbedürfniss ist die Energiefülle der äusseren Atome a und b maassgebend. Im vorliegenden Fall bildet die Energie $(a + b)$ die ganze Energie des Moleküls, mithin ist das Raumbedürfniss gerade so gross als beständen a und b, chemisch einfache Gase bildend, frei neben einander.

Satz. Zwei Gase werden vor und nach der Verbrennung den nämlichen Raum bei gleichem Gasdruck und nach erfolgter, bis auf den Betrag der Anfangstemperatur vorgenommener Abkühlung, einnehmen; vorausgesetzt, dass die entstandenen Moleküle aus nur je zwei Atomen gebildet sind.

Anders gestaltet sich die Sache, wenn je 3 Atome sich zu einem Molekül vereinigen. Das eingekeilte dritte Atom hat kein Raumbedürfniss von Bedeutung. Die Energie des linken äusseren Atoms kommt im Anprall nach links für Raum-Erkämpfung in Frage, die Energie des rechts befindlichen Atoms verlieh im voraufgehenden Anprall rechts dem Molekül Bewegung nach links und gelangt als solche auch für das Raumbedürfniss in Frage. Das Raumbedürfniss richtet sich nur nach diesen beiden Grössen, so dass ein aus drei Atomen bestehendes Molekül nur etwa das Raumbedürfniss zweier freien Atome besitzt.

Satz. Nach der Verbrennung und Abkühlung auf jene Anfangstemperatur, welche vor der Verbrennung statthatte, nehmen diese Verbrennungsprodukte bei gleicher Pressung, wie zuvor bestand, einen kleineren Raum ein als die einfachen, chemisch nicht verbundenen Gase im Gasgemisch beanspruchten.

In einem aus drei Atomen symmetrisch gebildeten Molekül wird das mittlere Atom zum Schwerpunkt des Moleküls in relativer Ruhe verharren. Gesetzt, wir bewegten dasselbe, dann würden wir damit den Schwerpunkt des Moleküls verschieben.

Eine Schwingung des mittleren Atoms würde eine Schwingung des Molekülschwerpunktes bedingen, diese aber ist ganz ausgeschlossen, wo äussere Kräfte fehlen. Der Schwerpunkt eines Systems kann unter der Einwirkung innerer Kräfte nicht schwingen.

Im Dampfmolekül besitzt das Sauerstoffmolekül mithin wahrscheinlich nur die fortschreitende Geschwindigkeit des Moleküls, zum Molekülschwerpunkt verharrt es in relativer Ruhe und von links und rechts schlagen im Takt die Wasserstoff-Atome gegen das Sauerstoff-Atom. Jetzt können wir die spezifische Wärme des Wasserdampfes bei konstantem Volumen errechnen. Dieselbe ist pro Molekül gleich der spezifischen Wärme der Wasserstoff-Atome, als Extremitäten, vermehrt um die fortschreitende Geschwindigkeit des Sauerstoff-Atoms. Für die äusseren Atome tritt eine Aenderung der Verhältnisse nicht ein, da an ihnen die Temperatur gemessen wird.

Im freien Zustand besitzt 1 kg Sauerstoff bei Null Grad Celsius 273 . 0,1550 Kalorien Wärme-Energie. Die gleiche Energie besitzt es jetzt nicht; auch die Molekül-Energie ist kleiner als dieser Werth; erscheint doch dem eingeklemmten, zuerst treffenden Wasserstoffatom das Gewicht des Moleküls, wie das eines grossen Atoms $1 + 16 + 1 = 18$. Das Molekül besitzt nach dem Verhältniss der Bewegungsgrössen kleinere Geschwindigkeit, als wenn nur das Sauerstoff-Atom den Wasserstoff in einer Temperatur-Schwingung bedrängt hätte. Es verhält sich c, die Molekülgeschwindigkeit, zu v, die Sauerstoff-Geschwindigkeit, bei gleicher Temperatur umgekehrt proportional den bezüglichen Gewichten

$$\frac{c}{v} = \frac{16}{18} = \frac{8}{9}$$

und die Energiemengen, welche bei gleicher Temperatur im Sauerstoffmolekül, einmal als Molekular-Bewegung und zweitens als freie Temperatur angehäuft sind, wie:

$$\frac{\frac{mc^2}{2}}{\frac{mv^2}{2}} = \left(\frac{8}{9}\right)^2$$

Die freie Erwärmung eines Kilogramms Sauerstoff um einen Grad fordert 0,155 Kalorien, die molekulare Erwärmung des Kilogramms Sauerstoff im Wasserdampf nur $0{,}1550 \cdot \left(\frac{8}{9}\right)^2 = 0{,}1224$ Kalorien.

Die Erwärmung eines Dampfmoleküls um einen Grad Celsius erfordert:

für den Wasserstoff pro Kilogramm 2,4119 Kalorien,

$$\text{für } \frac{1}{9} \text{ Kilogramm} \;.\;.\;.\;.\; \frac{1}{9} \cdot 2{,}4119 = 0{,}269 \text{ Kalorien,}$$

$$\text{für den Sauerstoff} \;.\;.\;.\;.\; {}^8/_9 \cdot 0{,}1224 = 0{,}108 \quad \text{"}$$

$$\text{für ein Kilogramm Wasserdampf zusammen} = 0{,}377 \text{ Kalorien.}$$

$$\text{Das Experiment lehrt} = 0{,}369 \quad \text{"}$$

Vorstehende Rechnung ist nicht ohne weiteres auf alle dreiatomigen Moleküle anwendbar. In der Kohlensäure dürfte z. B. das leichtere Atom Kohle nicht zwischen den schwereren Sauerstoff-Atomen schwingen können, vielmehr gegen beide Sauerstoff-Atome schwingend seine Bahn senkrecht zu deren Verbindungs- und Schwingungslinie vollführen. In diesem Fall ist keines der Atome an den Molekülschwerpunkt gebannt, dort in relativer Ruhe verharrend, sondern alle drei Atome zeigen auch relativ im Molekül Wärmebewegung. Trotzdem vermögen nur je zwei Atome zur Zeit äusseren Druck zu erzeugen, nämlich jenes Atom, welches die freie Molekülbewegung veranlasste und das im Molekül zufällig vorne befindliche Atom, welches in gleichem Sinne seine Wärmebewegung vollzieht wie die Molekularbewegung, Raum zu erkämpfen, bestrebt ist. Hierzu senkrecht gerichtete Bewegungskomponenten anderer Atome oder der treffenden Atome, wenn deren mehrere sind, kommen für das Raumbedürfniss nicht in Betracht. Eine an enge Bewegungs-Grenzen gebannte Schwingung vermag nur dort einen Raum mit Pressung zu erfüllen, woselbst eine zweite freie Bewegung, hier Molekülbewegung hinzutritt, welche die Pressung im Raume nach allen Richtungen hin- und herträgt. In chemisch einfachen Gasen ist diese freie Bewegung die Schallgeschwindigkeit, welche mit der Molekülbewegung in enger Beziehung steht.

Spezifische Wärme fester oder flüssiger Körper. Im nicht gasförmigen Zustand zeigen die Stoffe eine höhere spezifische Wärme. Es arbeitet bei der Temperatur-Erhöhung eine innere Spannkraft gegen die Massenanziehung oder den Aetherdruck. Um den Betrag dieser Arbeit ist mehr Wärme-Energie hinzuzufügen, als der

Temperatur-Erhöhung an sich entspricht. Um z. B. 1 Kilogramm Wasser um einen Grad Celsius in der Temperatur zu steigern, bedarf es der Hinzufügung einer ganzen Kalorie Wärmemenge; davon dürften 0,3694 Kalorien auf Vermehrung der Atombewegung und der Restbetrag 0,6306 Kalorien auf Ueberwindung der Massenanziehung verwendet sein. Die Zahl 0,3694 ist der spezifischen Wärme des Dampfes für konstante Volumen entlehnt.

In welcher Weise das Gas die Temperatur nicht gasförmiger Körper misst, bleibt eine offene Frage. Das Gasatom empfindet an einem anderen Gasatom diejenige Energie als Wärme, welche das Nachbaratom ausserhalb des Kreises der beiderseitigen Atomanziehung besass. Diese bezügliche Geschwindigkeit w, für Luft bei Null Grad Temperatur gleich 612 m, wird als Wärme empfunden. Die Atome nicht gasförmiger Körper schwingen aber nur im Bannkreis nachbarlicher Anziehung, nehmen in ihrer Geschwindigkeit nach aussen, den Aetherdruck überwindend, bis zur Ruhelage ab und vollführen dann Rückschwingung. Es ist also von vielfachen Umständen abhängig, welche Geschwindigkeit gerade ein nahendes Gasatom an dem Atom des nicht gasförmigen Körpers misst. Der Ort der Schwingungsbahn, woselbst zufällig ein Zusammenstoss sich vollzieht, ist hierbei von Bedeutung.

Es ist auch zu beachten, dass bei fortschreitender Erwärmung die Moleküle der nicht gasförmigen Körper in einen grösseren Abstand von einander rücken, die inneren Spannungen abnehmen und mithin die Expansion oder Wärmeausdehnung gegen abnehmende Pressung statthat. In einem solchen Fall ist die zu leistende Arbeit besonders gross und der Wärmeverbrauch, welcher als Verlust auftritt, den Wärme-Inhalt nicht steigert, bedeutend.

Die in diesem Abschnitt berührten Fragen werden sich nur langsam in Anlehnung an die Experimentalphysik lösen lassen. Zunächst werden aus der Schallgeschwindigkeit, der spezifischen Wärme und dem Gasdruck chemisch zusammengesetzter Gase Schlussfolgerungen über die Atombewegung im Molekül anzustellen sein; dabei muss es in erster Reihe darauf ankommen, allgemeine Gesichtspunkte für die Bewegungs-Gesetze aufzustellen, um eventuell auftauchende unrichtige Hypothesen bekämpfen zu können. Die Auffindung des wirklichen Vorgangs lässt sich nicht durch die Annahme einer möglicher Weise richtigen Erklärung erreichen, sondern durch die Ausscheidung aller unlogischen, fehlerhaften Hypothesen aus der grossen Zahl der einseitig möglichen Erklärungsweisen. Diese Ausscheidung ist zumal nach allgemeinen Gesichtspunkten vorzunehmen, damit gleichzeitig immer ganze Gruppen irreführender Vorstellungen in Wegfall kommen.

14. Betrachtungen über Verdampfungswärme.

Die Absicht liegt hier nicht vor, eine auch nur einigermaassen sicher begründete Beschreibung der bei einer Verdampfung sich vollziehenden Arbeits-Vorgänge zu geben. Es soll nur die Vorstellung gewonnen werden, dass Flüssigkeiten unter einem nach Tausenden von Atmosphären zählenden inneren Druck stehen, welcher durch die Massenanziehung, bezw. den äusseren Aetherdruck im Gleichgewicht gehalten wird. Die Grösse der gewonnenen Zahlen möge dazu dienen, die Anschauung, über die Bedeutung des Aetherdruckes zu erweitern, bezw. zu befestigen. Dabei ist zu beachten, dass die errechneten Pressungen nur einen ganz kleinen Theil des ganzen Aetherdruckes zum Ausdruck bringen.

Im chemisch einfachen Gase haben wir nur freie Atombewegung erkannt, welche im Augenblick des Zusammenstosses mit einem Nachbar-Atom sich um den Betrag latenter Wärme vermehrt. Es erfolgt der Zusammenstoss nicht mit einer der äusseren Temperatur, sondern einer der äusseren Wärme, vermehrt um den Betrag der inneren Wärme, entsprechend gesteigerten Energie.

Eine dauernde Vereinigung der Atome zu einem Molekül, d. h. eine Verbrennung, kann nur erfolgen, wenn es gelingt, einen Theil der inneren latenten Wärme zur Ableitung zu bringen, d. h. in äussere Energie überzuführen. Im Abschnitt 12 wurden Umstände skizzirt, welche eine Energie-Ableitung ermöglichen. Es bedurfte dazu eines Gemisches grober und leichter Atome und einer einmaligen Beschleunigung eines groben Atomes, zwecks Bedrängung der leichteren Atome innerhalb deren Schwingungs-Gebiet latenter Wärme, welches nur einen kleinen Theil der ganzen Bahn bildet.

In ähnlicher Weise durcheilen auch die Gasmoleküle den Raum nicht mit konstanter Geschwindigkeit, dieselben erleiden in der Nähe des Nachbars Anziehung, mithin Beschleunigung. Die also vermehrte Bewegungs-Energie setzt sich aus der äusseren Molekül-Energie und der latenten Molekül-Energie zusammen. Vermöge der Heftigkeit des Anpralls schnellt das Molekül mit Wucht wieder zurück, erreicht die äussere Grenze molekularer durch den Nachbar geäusserter Anziehung und schwingt jetzt frei in den Raum hinein, als Gas, weiter. Während der Rückschwingung nimmt die Molekülbewegung ab, da die Anziehungskraft überwunden werden muss. Der Restbetrag molekularer Bewegung ist für die äussere Temperatur und das Raumbedürfniss des Gases entscheidend. Geht bei der Berührung des Gases mit dem Nachbar keine Wärme, keine Bewegung verloren, d. h. besitzen dieselben gleiche Temperatur, dann vollzieht sich Hin- und Rückschwingung symmetrisch. In gleichen Abständen vom Nachbar ergeben sich gleiche Geschwindigkeiten entgegengesetzter Richtung.

Die Fähigkeit, in den Raum als Gas zurückzueilen, wird genommen, wenn die innere latente Wärme zur Ableitung gelangt; d. h. das getroffene Molekül nicht vollständig elastisch ist, sondern einen Theil der Bewegungs-Energie verschluckt. Im Moment des Zusammenstosses befinden sich die Moleküle beide in einem hochgradigen Bewegungszustande. Gegenseitig können sie diese innere Wärme nicht aneinander ableiten, da sie beide in gleichem Zustande sich befinden; sie werden also, wenn nicht andere Umstände hinzutreten, als Gas wieder expandiren, d. h. über den Bannkreis der Massenanziehung hinaus zurückprallen. Anders steht die Sache, wenn eines der Moleküle so eng mit anderen Molekülen verbunden ist, dass während der Dauer des Zusammenstosses die in demselben entstandene latente Wärme auf die Nachbarn übertragen werden kann, d. h. das Molekül einem festen oder flüssigen Körper angehört, welcher kälter ist als das anstürmende Gasmolekül. Die Rückschwingung vollzieht sich langsamer und die Temperatur des Dampfes sinkt. Die Bewegungs-Energie desselben hat nun zwei Aufgaben zu erfüllen, einmal die nachbarliche Anziehung zu überwinden und zweitens den äusseren Druck vor sich herzudrängen. Glückt erstere Leistung vollkommen, wird dabei aber bis zur Erreichung der äusseren Grenze nachbarlicher Anziehung die ganze Energie verzehrt, dann weist das Atom dort die Temperatur 273 Grad Kälte auf und besitzt keine Spannkraft mehr. Verbleibt noch ein kleiner Ueberschuss zu Gunsten der freien Bewegung, dann erweist das Molekül sich als Gas niederer Spannung. Wenn die innere Wärme aber nicht mehr ausreicht, das Molekül über den Bannkreis nachbarlicher Anziehung hinauszuschleudern, muss dasselbe sofort wieder seine Rückschwingung beginnen und ist condensirt, das heisst in Wasser verwandelt, denn es besitzt keine freie Bewegung im Raum, sondern ist eng an den Nachbar gefesselt.

Wir haben erkannt, dass die Entziehung der Wärme von innen zu geschehen hat, falls Condensation eintreten soll, d. h. in dem Augenblick grosser Annäherung an ein Nachbar-Molekül erfolgt. Die Ableitung hat auf ein drittes nicht gleichzeitig getroffenes Molekül, bezw. mehrere derselben sich zu vollziehen. Bezügliche Moleküle müssen zugleich im Bannkreis des getroffenen Moleküls sich befinden, mit diesem einen nicht gasförmigen Körper bilden, anderenfalls können dieselbe keine latente, d. h. innere Wärme ableiten. Die Condensation erfolgt also nicht durch Vereinigung zweier Gasmoleküle, sondern durch Vereinigung eines Gasmoleküls mit einem kälteren nicht gasförmigen Körper. In der That lehrt denn auch die Physik, dass die Condensation an den Wandungen kalter Gegenstände erfolgt.

In der freien Atmosphäre ergiebt sich nur dann Condensation, wenn Staubtheilchen in derselben schweben, welche, als zu Körpern festen Aggregatzustandes gehörig, die innere latente Wärme abzuleiten im Stande sind.

Die Verdampfungswärme und der innere Druck. Es sei Wasser von 100 Grad Celsius, oder 273 + 100 = 373 Grad absoluter Temperatur vorausgesetzt. Im Wasser fahren die Atome bezw. Moleküle nicht mit einer gleichbleibenden Geschwindigkeit hin und her, sondern vollziehen eine Wärmebewegung, welche am Endpunkt der Bahn den Werth Null zeigt. Würde sich am Ende der Schwingungsbahn noch ein Bewegungsrest ergeben, dann hätte das Wasser ja Expansionsvermögen. Nichts hinderte die Moleküle und Atome sich weiter von einander zu entfernen, dabei die Massenanziehung der kleinsten Theile negative Arbeit verrichtet und die Geschwindigkeit dann doch verzehrt.

Anders gestaltet sich die Wärmebewegung bei den Gasen. Am Ende der Schwingungsbahn äussert das Molekül noch Druck, wodurch das Expansionsvermögen des Gases bedingt wird.

Für die Verwandlung des Wassers in Dampf bedarf es also zunächst der Zuführung einer Wärmemenge, welche die Bewegung der kleinsten Theilchen von dem absoluten Werthe Null, welcher sich am Ende der Schwingungsbahn im Wasser einstellt, auf den Bewegungszustand des Gases erhöht.

Diese Wärmemenge misst (273 + 100) . 0,3694 = 137,78 Kalorien.

Die Experimentalphysik lehrt, dass der ganze Betrag zuzuführender Wärme, welcher erforderlich ist, die inneren Widerstände bei dem Verdampfungsvorgang zu überwinden, 496,295 Kalorien beträgt.

Die Differenz 496,295 — 137,78 = 358,515 Kalorien wird auf die Ueberwindung der Massenanziehung verwendet, dabei das Volumen des Wassers über jenen Betrag hinaus zunimmt, welcher bei 100 Grad Celsius Wärme gemessen wird.

Das Wasser sei als ein Gas aufgefasst, dessen Expansion nur durch die inneren molekularen Anziehungs-Kräfte gehindert ist. Es besteht ein Gleichgewicht zwischen der nach aussen strebenden Druckkraft P der Moleküle und den inneren Spannungen. Der Werth P sei in Atmosphären gegeben. Auch der äussere Dampfdruck ist bestrebt, die Moleküle einander zu nähern; derselbe misst im vorliegenden Fall 1 Atmosphäre. Die Ausdehnung erfolgt bei statthabender Wärmezuführung gegen den Druck $(P + 1)$ Atmosphären.

Während nach Vorstehendem 358,515 Kalorien auf die Ueberwindung der Massenanziehung, beziehungsweise auf Ueberwindung des Aetherdruckes verwendet werden, bedingt die Zurückdrängung des Dampfdruckes eine weitere Wärmezuführung, welche die äussere spezifische Verdampfungs-Wärme genannt wird.

Ein Kilogramm Dampf erfüllt bei 100 Grad Celsius und einer Atmosphäre Pressung 1,6508 Kubikmeter. Es ist die mit dem Druck einer Atmosphäre, d. h. mit 10 333 kg belastete Fläche eines Quadratmeters um die Wegeslänge 1,6508 m zu verschieben. Die zu leistende Arbeit beträgt 10 333 . 1,6508 mkg oder $\frac{10\,333 \,.\, 1{,}6508}{424} = 40{,}2$ Kalorien als Verbrauch an äusserer spezifischer Verdampfungs-Wärme.

Für die Expansion des Wassers aus dem Druck $P + 1$ auf den Druck und das Volumen des Dampfes stehen mithin $358{,}515 + 40{,}2 = 398{,}7$ Kalorien zur Verfügung; daraus sich die Grösse des ganzen Druckes $(P + 1)$ Atmosphären berechnen lässt.

Es besteht die Gleichung:

$$424 \,.\, 398{,}7 = \int_{P+1}^{1} P_x \,.\, 10\,333 \,.\, d\,V_x$$

$$\frac{V_x}{V_1} = \frac{P_1}{P_x} \text{ bei constanter Temperatur}$$

$$V_x = V_1 \,.\, P_1 \,.\, \frac{1}{P_x}$$

für $P_1 = 1$ Atmosphäre ist $V_1 = 1{,}6508$; dies eingesetzt ergiebt:

$$V_x = 1{,}6508 \,.\, \frac{1}{P_x}$$

$$d\,V_x = 1{,}6508 \,.\, \frac{d\,P_x}{(P_x)^2}$$

mithin wird:

$$424 \,.\, 398{,}7 = \int_{P+1}^{1} P_x \,.\, 10\,333 \,.\, 1{,}6508 \,.\, \frac{d\,P_x}{(P_x)^2}$$

$$= 10\,333 \,.\, 1{,}6508 \int_{P+1}^{1} \frac{d\,P_x}{P_x} = 10\,333 \,.\, 1{,}6508\, ln\, \frac{P+1}{1}$$

$$\frac{424 \,.\, 398{,}7}{10\,333 \,.\, 1{,}6508} = ln\, \frac{P+1}{1} = 9{,}911$$

$$P + 1 = e^{\ln(P+1)} = e^{9{,}911}$$

$$log(P + 1) = log\, e \,.\, 9{,}911 = 0{,}4343 \,.\, 9{,}911$$

$$log(P + 1) = 4{,}30435$$

$$\boldsymbol{P + 1 = 20\,153} \textbf{ Atmosphären.}$$

Dieselbe Rechnung liefert für eine bei niedriger Temperatur stattfindende Verdampfung sehr viel höhere Zahlenwerthe, deren Maasseinheit aber nicht der Atmosphärendruck ist, sondern der Druck des gesättigten Dampfes bezüglicher niedrigen Temperatur, so dass die errechneten Werthe der Pressung in beiden Fällen nicht mehr so weit differiren, wenn sie auf die gleiche Maasseinheit gebracht sind.

Nach diesseitiger Auffassung steht obige Zahl in inniger Beziehung zum Elastizitäts-Modul des Wassers. Im Abschnitt 18 ist darüber weiter berichtet. Der gefundene Werth ist nur als ein grober Annäherungswerth aufzufassen. Es könnte Wunder nehmen, wie eine Kompression des Dampfes von Dampfvolumen auf Wasservolumen, mithin eine Verdichtung von 1650 cbm auf 1 cbm Rauminhalt, den Druck von einer Atmosphäre nicht auf 1650, sondern auf 20 153 Atmosphären steigert. Es ist jedoch erstens zu bedenken, dass die Moleküle sich nicht mit verdichten, ihnen wird ja keine innere Bewegung geraubt, es vermindert sich ja nur der Spalt zwischen den Molekülen. Letzterer ist im Gas sehr gross, ein Vielfaches des Moleküls, im Wasser ist der Spalt klein. Mithin findet, nach Abzug der Molekülgrösse, die Kompression nach einem ganz anderen Verhältniss statt. Man denke sich das Molekül als einen Eisenklotz des Volumens K in einem mit Luft gefüllten Cylinder. Das Verhältniss des Cylinder-Raumes vor und nach der Luftkompression sei $\frac{R}{R_1}$, dann ist das Verhältniss, nach welchem die Luftkompression statthatte $\frac{R-K}{R_1-K}$ und wenn K fast gleich R_1 ist, beinahe unendlich. Weiter kommt hinzu, dass der Druck nicht allein von der Wegeslänge abhängig ist, welche das Molekül im Spalt zu durchlaufen hat, sondern auch von der Geschwindigkeit; denn durch die Kürzung des Weges und die Vermehrung der Molekülgeschwindigkeit wächst die Zahl der Schläge, mithin die Ueberleitung von Bewegungs-Grösse, d. h. der innere Druck. Im nicht gasförmigen Zustand werden die Schläge am Ende der Bahn mit einer dem äusseren Druck entsprechenden Wucht gegeben, weiter im Innern der Bahn herrscht aber grössere latente Geschwindigkeit, welche zu schnellerer Durchmessung des Weges und Vermehrung der sekundlichen Schläge d. h. zu einer Drucksteigerung führt. Grössere Druck-Werthe ergeben sich, als aus der Verkürzung des Weges, d. h. der Volumenänderung allein hervorgeht.

Es ist in Frage zu ziehen, ob unter diesen Verhältnissen der vorne benutzte Ansatz: $\frac{v}{v_1} = \frac{P}{P_1}$ nicht etwa einer Korrektur bedarf. Im Abschnitt 17 wird eine Errechnung der Grösse des inneren Druckes aus der Wärme-Ausdehnung versucht.

Der innere Druck von sage 20000 Atmosphären wird durch die inneren Massenanziehungen im Gleichgewicht gehalten. Die Anziehungskräfte, bezw. der Aetherdruck, wirken auf Verdichtung des Materials, die innere Wärmebewegung begegnet dieser Kraft durch ihre heftigen und zahllosen Schläge. Unter dem inneren Druck verstehen wir nicht die Wucht eines Molekülstosses, sondern die Bewegungsgrösse aller in einer Sekunde die Flächeneinheit treffenden Molekül-Stösse.

Es ist noch nachzutragen, dass die äussere spezifische Verdampfungswärme sich auch aus der Differenz der spezifischen Wärme bei konstanter Pressung und konstantem Volumen errechnen lässt, indem die Differenz nur den Wärme-Verbrauch kennzeichnet, welcher in Folge Ueberwindung des äusseren Druckes eintritt.

Mithin erhalten wir: $373\ (0{,}4805 - 0{,}3694) = 373 \,.\, 0{,}1111 = 41{,}4$ Kalorien, genauer 40,2 Kalorien.

Die Hinzufügung von $137{,}78 + 358{,}515 + 40{,}2 = 536{,}49$ Kalorien Wärme zu einem Kilogramm Wasser von 100 Grad Celsius liefert ein Kilogramm Dampf von einer Atmosphäre Pressung und gleicher Temperatur. Die Zahl 137,78 wurde für Wiederherstellung der Wärme-Bewegung am Ende der Schwingungsbahn des Wassermoleküls verwendet, der Betrag 358,515 auf Expansion gegen den Aetherdruck und der Werth 40,2 auf Ueberwindung äusseren Dampf- oder Atmosphärendruckes. Die Summe $137{,}78 + 358{,}515 = 496{,}29$ Kalorien wird die innere, die Zahl 40,2 die äussere spezifische Verdampfungs-Wärme genannt.

Die Verdampfung von Wasser bei Null Grad erfordert zunächst eine Ueberführung des Wassers von Null Grad auf denjenigen Bewegungs-Zustand, wie er bei 100 Grad Celsius statthat, aber ohne Steigerung der Temperatur. Die Aufgabe wird erreicht, wenn man alle diejenigen Beträge hinzufügt, welche der Spannungserzeugung dienen, oder durch Aetherdruck bei der Expansion zur Vernichtung gelangen. Bei der Erwärmung des Wassers um einen Grad verbraucht man für jedes Kilogramm 0,3694 Kalorien für die eigentliche Temperatur-Steigerung und 0,6306 Kalorien für Ueberwindung des Aetherdruckes im Zustand eintretender Expansion. Von dem vorstehenden Werth 0,3694 Kalorien dient etwa die Hälfte zur Erzeugung molekularer Energie, der Rest zur Erzeugung relativer Wärmeschwingung im Molekül. Die Molekülbewegung dient zur Ueberwindung des Aetherdruckes und muss um den vorhergehend besprochenen, anfänglichen Spannungs-Zustand einer Verdampfung von Wasser bei 100 Grad zu schaffen, geleistet werden.

Dem Wasser von Null Grad ist mithin folgender Wärmebetrag hinzuzusetzen, um dasselbe ohne Erhöhung der Temperatur auf den Spannungszustand des Wassers von 100 Grad zu bringen.

$$100 \,.\, \left(0{,}6306 + \frac{0{,}3694}{2}\right) = 81{,}53 \text{ Kalorien.}$$

Dazu der für Verdampfung von Wasser bei 100 Grad erforderliche Betrag innerer spezifischer Wärme . . . . . = 496,29 „

zusammen = 577,82 Kalorien.

Nach dem Experiment = 575,4 Kalorien.

Ausser der inneren spezifischen Verdampfungswärme von 575,4 Kalorien ist an äusserer spezifischer Verdampfungs-Wärme noch der Betrag 273 . 0,1111 = 30,3 Kalorien, nach dem Experiment 31,07 Kalorien, zwecks Ueberwindung des äusseren Dampfdrucks, hinzuzufügen. Letzterer Betrag ist hier kleiner als im vorigen Fall, da in einem Kilogramm Dampf bei 373 Grad absoluter Temperatur mehr Energie enthalten ist als bei 273 Grad; ist doch bei gleicher Pressung das Volumen des Kilogramms Dampf im letzteren Fall geringer. Es besteht die Gleichung $\frac{273}{373} \,.\, 40{,}2 = 29{,}4$. Das Experiment lehrt 31,07 Kalorien.

15. Der flüssige Aggregatzustand.

Die Fähigkeit zu fliessen, ist durch das Fehlen der Zugfestigkeit bedingt, oder genauer durch den Mangel eines Dreiecks-Verbandes unter benachbarten Flüssigkeits-Molekülen. Die Wärmeschwingung zweier benachbarter Moleküle ist so bedeutend, dass im Augenblick ihres grössten Abstandes von einander ein drittes Molekül zwischen dieselben treten kann.

Sobald in irgend einer Richtung der äussere Druck unter eine Atmosphäre sinkt, hingegen von den Seiten noch eine Atmosphäre beträgt, drängen sich die Moleküle von der Seite her in die Zwischenräume der durch äussere Veranlassung auseinander gezogenen Moleküle. In dem Spalt ist dann der Druck einer Atmosphäre wieder hergestellt. Abermals versucht die äussere Kraft zu wirken, neue Ausdehnung des Wassers und Druckverminderung in Richtung des Zuges ist die Folge. Die Moleküle rücken auseinander und neue Moleküle treten seitlich in den Spalt ein; sie können dies, weil im Spalt ein Druck kleiner als eine Atmosphäre herrscht, seitlich aber, quer zur Zugkraft der volle Druck einer Atmosphäre erhalten bleibt. Das Wasser lässt sich also mit minimalem Kraftaufwand beliebig auseinander ziehen. Mit fehlender Zugspannung ist aber kein Dreiecksverband auszuführen, mithin keine Druck- und Biegungsspannung im freien Zustand denkbar. Der Stoff ist eben flüssig.

Dass die Entfernung der Moleküle im Wasser bei vollständigem Ausschlag einen weiteren freien Spielraum gewährt, als der Molekülgrösse entspricht, geht auch aus der Fortpflanzungs-Geschwindigkeit des Schalles im Wasser hervor. Unbedingt würde bei sehr kleinen Molekülabständen der Schall sich im Wasser viel schneller bewegen, als beobachtet ist. Die Geschwindigkeit beträgt nur ungefähr viermal so viel als in der Luft. Der Schall pflanzt sich durch ein Molekül in äusserst kurzer Zeit hindurch fort, so dass für die Raumdurchmessung nur die Wegeslänge von Molekül zu Molekül in Frage kommt. Sind nun diese Zwischenräume kleiner als ein Molekül-Durchmesser, dann misst der zu durcheilende Weg weniger als die Hälfte des ganzen Raumes. Für gleiche Wärmebewegung würden wir dann im Wasser schon mehr denn doppelte Schallgeschwindigkeit als in Luft erhalten. Dieser Werth steigert sich noch durch den Umstand, dass im Wasser der Wasserstoff im Vergleich zur Luft hohe Geschwindigkeit der Wärmebewegung besitzt, und zumal noch durch den Umstand, dass im Wasser von aussen nach innen das Molekül schnell in die innere Schwingungsbahn latenter Wärme übertritt und hier viel schneller eilt, als der äusseren Temperatur der

Gase entspricht. Wir sehen, dass die Entfernung der Moleküle grösser sein wird als der Moleküldurchmesser; die Schallgeschwindigkeit würde sonst gar zu grosse Werthe annehmen, grösser als die Experimentalphysik gemessen hat.

Die Betrachtung des Begriffes Elastizität giebt im Abschnitt 18 weiteren Aufschluss über die Schallgeschwindigkeit in Wasser; daselbst wird auf die innere Spannung des Wassers Bezug genommen.

Begrenzt wird die Dehnbarkeit des Wasserfadens durch die Forderung, dass seitlich Moleküle in den Spalt schwingen müssen, andernfalls die Moleküle mit der Energie des äusseren Druckes zusammenhalten. Wasser kann mithin Zugspannung in dem Maasse ertragen, als äusserer Druck besteht, wenn durch seitliche Umhüllungen dafür gesorgt wird, dass von dorther nicht Moleküle unter äusserem Druck in den entstandenen Spalt dringen können. In Röhren kann man hiernach Saugwirkungen im Höchstbetrage des äusseren Drucks ausführen. In Wirklichkeit entsteht hierbei zwischen den Molekülen keine eigentliche Zugspannung, sondern nur eine Verminderung des äusseren Drucks.

Im freien Raum gelingt es der Luft bei auftretenden Zugspannungen des Wassers in die Zwischenräume der Wassermoleküle zu dringen. Alsdann platzen z. B. Wasserblasen, bezw. Luftblasen an der Flüssigkeits-Oberfläche. Die Blasen haben länger Bestand, wenn im Wasser ein Bindemittel aufgelöst ist, wie z. B. Seife. Die Zwischenräume zwischen den Molekülen sind nun theilweise verstopft, der Luftdruck kann nicht in die verkleinerten Zwischenräume gelangen, weil die Luftatome unter dem dort herrschenden inneren Druck von 20000 Atmosphären mehr Raum brauchen, als an Spaltgrösse zur Verfügung steht. Die Blase zerspringt nicht so leicht.

Im voraufgehenden Abschnitt haben wir gesehen, dass das Wasser etwa wie ein unter dem Aetherdruck und dem äusseren Druck stehendes Gas aufzufassen ist, für welchen Aggregatzustand entsprechend veränderte Bewegungs-Gesetze gelten. Die Wassermoleküle besitzen trotz ihrer grossen inneren Spannung doch noch die Beweglichkeit der Gasatome. Diesem Zustande ist es zuzuschreiben, dass ein Abreissen des Wasserfadens möglich ist, wenn seine Druckspannung kleiner wird als der äussere Druck, mithin den Werth Null erreicht. Es bietet die Erklärung aber doch noch grosse Schwierigkeit, warum denn die Wassermoleküle sich von einander so leicht trennen können, wenn doch das Bestreben der gegenseitigen Anziehung nach Tausenden von Atmosphären fortbesteht. Es verbleibt die Vorstellung, dass die Trennung der Moleküle ebenso viel Arbeit erheischt als bei der Verdampfung eines Moleküls zu leisten ist. Die Wärme wird es sein, welche die Arbeit verrichtet und es erübrigt noch darzuthun, wie die Verdampfung so schnell und leicht erfolgen kann, obwohl dazu viel Wärmeenergie für das einzelne Molekül gebraucht wird. Es ist die Frage aufzuwerfen, auf welche Weise dem verdampfenden Molekül die Wärme zugeführt wird. In Richtung der Zugkraft schwingen die Moleküle sämmtlich langsamer als der normalen inneren Spannung entspricht, von dort her ist keine Wärmezuleitung zu erwarten; wohl aber können die seitlich schwingenden Moleküle dazu beitragen, wenn sie zwischen die auseinander gezogenen Moleküle gelangen und die am Ort der Trennung eingetretene lokale Erkaltung durch Ueberleitung von Wärme beseitigen. Die Expansion der Moleküle kann gegen die Trennungsfläche hin mit erneuter Kraft beginnen und wird so lange der Vorgang der Expansion, der Erkaltung und der Wärmezuleitung, fortgesetzt, bis die sich trennenden Moleküle aus den Bannkreis gegenseitiger Anziehung herausgetreten sind und die vollständige Theilung ohne Aufwendung weiterer Kraft erfolgt.

Um die Festigkeit nicht flüssiger Körper begreifen zu können, müssen wir uns klar machen, dass ein Molekül an der Oberfläche eines Körpers anders schwingt als im Innern desselben. Der innere Ast der Bewegung vollzieht sich unter dem inneren Druck von 20000 Atmosphären, das heisst, es stösst das Molekül mit vorstehendem hohen Druck gegen den nächsten Nachbar. Nach aussen schwingt das Molekül frei hinaus ohne ein Molekül zu treffen, sein Ausschlag ist weiter und misst dessen Bewegung am äussersten Ende nur noch den Druck der äusseren Gashülle. Diese Temperatur an bezüglichem Ort ist es, welche eine Steigerung zu erfahren hat, wenn die Schwingung im Augenblick der Trennung bis zur äusseren Grenze des Bannkreises molekularer Schwingung reichen soll. Von hinten kann jene äussere Temperatur durch Erwärmung keine Steigerung erfahren, denn zurück schwingend nimmt ja die Temperatur durch molekulare Anziehung so zu, dass im Augenblick des Zusammenstosses die gleiche Wärme gemessen wird, welche der Körper besitzt. Hier kann einzig die seitliche Zuführung von Wärme erreicht werden, welche eintritt, wenn seitlich schwingende Moleküle in die Zwischenräume solcher Moleküle treten, welche in Richtung der Zugwirkung schwingen.

Die Trennung zweier Wassermassen setzt an der Trennungsschicht die Verdampfung der sich trennenden Moleküle in der Weise voraus, dass die Verdampfung nur relativ aufzufassen ist. Das sich abhebende

Molekül verdampft gleichsam gegenüber dem sich abhebenden Wasser, hängt aber gleichzeitig mit dem hinteren Ast seiner Bewegung an der anderen Wasserschicht. Die gegenseitige Expansion bringt Erkaltung hervor. Die weitere Expansion und Trennung würde bei fehlender Wärmezuführung aufhören, da die Moleküle einander noch so nahe sind, dass zwar nicht mehr im vollen Betrage von 20000 Atmosphären, aber doch immer noch eine hohe Anziehung besteht. Nur die Wärme ist fähig, die hohe innere Spannung zu überwinden.

16. Der feste Aggregatzustand.

Der feste Zustand der Materie unterscheidet sich von dem flüssigen Zustand durch eine andere Lagerung der Moleküle. Bei niederer Temperatur tritt der Augenblick ein, wann die Amplitude der Molekülschwingung nicht mehr ausreicht, um ein Hineinschwingen anderer Moleküle in den Spalt zweier im Zustande grössten Abstandes von einander befindlicher Moleküle zu gestatten. Der Spalt zwischen zwei Molekülen wird fernerhin, d. h. im festen Zustand, nur von diesen als Schwingungsbahn verwerthet, während im flüssigen Zustand, gelegentlich grösster Weite, auch seitliche Nachbarn den Raum für ihre Bewegung ausnutzen. Wiewohl im Augenblick der Erstarrung die Molekülbahnen sich verkleinern und der Aetherdruck arbeitet, so dass Wärme frei wird, entspricht der feste Zustand bei dem Eise doch einer schlechteren Raumausnutzung. Das Ineinandergreifen der Schwingungsbahnen hört auf und obwohl jede derselben kleiner ausfällt, da im Innern der Druck nachbarlicher Moleküle nicht mehr besteht, so ist das Raumbedürfniss im Ganzen doch grösser, weil der Spalt zwischen den Molekülen nicht mehr doppelt ausgenutzt werden kann. Also erklärt sich die merkwürdige Erscheinung, dass trotz einer Volumenvermehrung mit der Erstarrung zu Eis innere Erwärmung verbunden ist, welche nur durch Kompressionsarbeit des Aethers geleistet werden kann, d. h. durch Verminderung der Wegeslänge molekularer Schwingung.

Die Festigkeit erklärt sich aus Obigem wie folgt. Am Ort der Trennung wirkt die Massenanziehung mit der Kraft P auf Annäherung der Moleküle. Diese Kraft zählt nach Tausenden von Atmosphären. Die Temperatur hält derselben das Gleichgewicht, so dass die kleinste äussere Kraft K eine Erweiterung der molekularen Schwingungsbahn veranlasst. So lange nun von der Seite her keine Moleküle in den Spalt dringen können, nimmt die Längsschwingung ab, aber auch die Anziehung der

Moleküle lässt nach, da diese in grösseren Abstand von einander gebracht werden. Die Kraft K muss die Differenz aus Massenanziehung und dem inneren durch Expansion verminderten Druck überwinden und so lange auf Expansion wirken, bis in der Nähe der Trennungsspalte die Molekülabstände in Richtung des Zuges so gross geworden sind, dass andere Moleküle nun von der Seite her hinein schwingen können. Das Material beginnt zu fliessen, eine Einschnürung, die sogenannte Contraction entsteht, und es ist für die zu vollständiger Trennung erforderliche Wärmezuleitung durch seitliches Hineinschwingen der Moleküle in die gezogene Kette Gelegenheit gegeben.

Die Erstarrung zuvor flüssiger Körper setzt in einer Richtung eine Annäherung der Moleküle voraus, mithin Arbeit des äusseren Aetherdrucks und dem entsprechend ein Freiwerden von zuvor latenter Wärme. Bezügliche Energie wird aus dem Aether in gleicher Weise abgeleitet, wie in der Dampfmaschine, bei Verschiebung des gedrückten Kolbens, aus dem Dampf eines Cylinders Arbeit und Bewegungsgrösse wie Energie auf eine Maschine übertragen wird. Die Maschine ist hier das Wasser, der Kolben das Molekül, der Cylinder der Weltenraum mit seiner Aetherspannung, welche ihrerseits der Dampfspannung bezüglichen Beispiels entspricht. Es arbeitet der Aether in den mit geringerer Aetherspannung erfüllten Molekülspalt hinein. Nun können quer schwingende Moleküle nicht mehr bezüglichen Spalt zwischen den erwähnten Molekülen mit benutzen, derselbe ist ihnen zu klein geworden. Dieser Raum geht für die Bewegung der quer schwingenden Moleküle des ferneren verloren, welche nun ihre Schwingungsbahn seitlich verschieben müssen. Diese Ortsveränderung bedingt keine Arbeit gegen Massenanziehung oder Aetherdruck, wohl aber Volumenvermehrung gegen äusseren Druck. Grosser äusserer Druck vermag diese seitliche Verlegung der Bahn quer schwingender Moleküle zu beeinträchtigen, bewirkt also eine Verhinderung der Erstarrung bis zu einer gewissen Temperatur unter Null und vermag andererseits Eis zu schmelzen, wodurch unterkühltes Wasser entsteht, welches sofort wieder gefriert, wenn der äussere Druck nachlässt.

Dass durch die seitliche Verlegung der Schwingungsbahn keine Arbeit gegen Aetherdruck geleistet wird, können wir uns auch wie folgt vergegenwärtigen. Die Querschwingung Q eines Moleküls durch einen Spalt zwischen zwei längs schwingende Moleküle A und B kann mit keiner Arbeit in Richtung der Querschwingung verbunden sein. Das Molekül Q wird von A nach links, von B nach rechts angezogen. Die

Kräfte heben einander auf. Ausserdem wirken diese Kräfte in einer senkrecht zur Querschwingung gerichteten Weise, arbeiten also bei der Querschwingung von Q überhaupt nicht. Die Verlegung der Querschwingung aus dem Spalt, wenn dieser zu eng wird, nach aussen entspricht keiner gegen Massenanziehung oder Aetherdruck gerichteten Arbeit, sondern bedarf nur der Ueberwindung äusseren Drucks. Der Schwingungsraum von Q hat sich nicht vergrössert; nur dass derselbe, um den Betrag des verloren gegangenen Spaltes, links und rechts gesucht werden muss.

Dadurch dass man zwischen zwei Pendel im Moment des Ausschlages, wann sie getrennt sind, einen Gegenstand schiebt, verbraucht man keine Arbeit, sondern rückt nur den Ort der Schwingungbahn zur Seite.

Mit dem Fortfall des äussern Drucks aus dem Schwingungsspalt zwischen A und B ist für diese die Gelegenheit grösserer Annäherung gegeben; an A und B arbeitet also der Aetherdruck im Sinne der Kraftrichtung und erzeugt im Augenblick der Erstarrung „Wärme". Diese früher dem Aether des Weltenraumes gehörende und daher als gebunden oder latent bezeichnete Wärmeenergie misst pro Kilogramm zu Eis erstarrenden Wassers 75 Kalorien.

Durch die skizzirte Umlagerung der Molekülschwingungsbahnen sind Hohlräume entstanden, in welche der innere Druck von 20000 Atmosphären nicht seitlich eindringen kann. Die Moleküle einer Schwingungsrichtung bilden eine gegen Zugwirkung Festigkeit besitzende Kette. Ein Zerreissen derselben, d. h. ein Hineintreten der querschwingenden Moleküle Q in die Spalten der Kette zwischen A und B, C D etc. kann nur stattfinden, nachdem zuvor die Spalten durch Aufwendung äusserer Kraft erweitert worden sind, erst dann erfolgt das Fliessen des Materials, welches dem Bruche kurz vorangeht.

Die zu bewerkstelligende Trennung erfordert nicht die Ueberwindung des vollen inneren Druckes von 20000 Atmosphären pro Spaltfläche, sondern nur diejenige Kraft K, welche eine Differenz bildet aus der bestehenden molekularen Anziehung von 20000 Atmosphären und der durch Spalterweiterung verminderten inneren Druckspannung.

Dass die besprochenen Längs- und Querschwingungs-Bahnen der Moleküle in inniger Beziehung zu den Krystallachsen stehen, ist eine nahe liegende Vermuthung.

Die mehrfache Raumausnutzung durch verschieden schwingende Moleküle oder Atome finden wir nicht allein im Wasser, sondern in höherem Maasse bei den Gasen. Sobald die Schwingungsperiode der

Atome oder Moleküle nur etwas von einander abweicht, erscheint jedem Atom der Raum fast leer. Von dem ganzen Raum gelangt nur die Grösse des anderen Atoms oder Moleküls, nicht dessen Schwingungsbahn für Berechnung desjenigen Volumens in Abzug, welches den einzelnen Atomen der anderen Schwingungsperiode verbleibt.

Aehnliche Verhältnisse treffen wir auch im Wasser an, doch mit dem Unterschiede, dass hier die Beschränkung des Raumes durch die Grösse und Anzahl der Moleküle, d. h. deren Dichtigkeit, schon sehr bedeutend ist. Immerhin gestattet die doppelte und mehrfache Ausnutzung desselben Raumes zu verschiedener Zeitperiode ein Ineinanderschwingen von Stoffen, d. h. die Absorption von Gasen durch Wasser und die Auflösung von festen Körpern, Salzen etc. in Flüssigkeiten.

Die energische Umlagerung der Moleküle, welche im Augenblick der Erstarrung zur Bildung von Hohlräumen führt, in welche der äussere Druck seitlich nicht eindringen kann, erscheint uns nun nicht mehr als ein vereinzelt dastehender Vorgang, sondern nur als eine Diskontinuität in der Kette veränderlicher Raumausnutzung. Die plötzliche Ausscheidung aller Querschwingungen tritt hier in grösserem Umfang ein, während bei anderen Bewegungs-Zustands-Aenderungen desselben Stoffes, z. B. bei der Erwärmung des Wassers auch schon eine Aenderung der Raumausnutzung sich vollziehen kann. Die Erwärmung bedingt Vergrösserung der molekularen Schwingungsbahnen und begünstigt ergiebigere Raumausnutzung, sowohl durch die querschwingenden Wassermoleküle als durch aufgelöste Salzmoleküle; von letzteren lösen sich mithin mehr in warmem als in kaltem Wasser auf. (Vergl. auch Abschnitt 18).

Wir erkennen nun auch, warum Salz Eis zu schmelzen vermag, indem es sich in dem Schmelzwasser auflöst, gleichzeitig Wärme bindend, d. h. eine Kältemischung erzeugend. Dem Salz erscheint der Raum zwischen den Molekülen des Eises leer, es dringt hinein, wie wenn ein Gas in den schon mit anderem Gas erfüllten Raum übertritt. Wie hier die Gasspannung des Gemisches sich aus der Summe der Spannkräfte einzelner Gase ermittelt, ebenso bedingt die Aufnahme von Salzen die Vermehrung des inneren Druckes im Wasser. Dem Doppeldruck gelingt es jetzt leichter mit Gewalt in die Zwischenräume der längs schwingenden Moleküle seitlich einzutreten und doppelte Raumausnutzung dort zu erstreben. Zugleich aber ist mit dem Eintritt in den Spalt die Materialfestigkeit aufgehoben, das Eis geschmolzen. Die Ueberwindung der Massenanziehung, welche das Eindringen seitlichen Drucks in die Schwingungsbahn der Moleküle A und B zu verhindern bestrebt ist, bedingt

Erkaltung. Es findet ein Uebertritt von Bewegungsenergie aus dem Material auf den Aether statt.

Wie die Mischung zweier Materialien bessere Raumausnutzung veranlasst, zeigt uns der anfangs lose Sandhaufe steiler Böschung bei einer Benetzung. Der Wasserdruck trägt die Sandkörner, gestattet deren Umlagerung. Die Hohlräume fallen weg und die ganze Masse sinkt in sich selbst zusammen, gleichzeitig an Beweglichkeit gewinnend. Der Haufe beginnt seitlich auseinander zu fliessen. Die steilen Böschungen verschwinden. Was hier das ruhende Sandkorn für den Volumen-Bedarf bedeutet, ward in den vorstehenden Erörterungen durch die Schwingungsbahn eines Moleküls geboten, nicht durch das Molekül allein.

Die Schmelzbarkeit, Härte, Elastizität, Festigkeit, Farbe und die anderen Eigenschaften der Körper, sie alle sind aus den Gesetzen der Bewegung abzuleiten. Wir erkennen, wie sich hier die Kluft zwischen der sichtbaren Welt und dem geheimnissvollen Wirken der Natur im Kleinsten überbrückt. Nicht das Mikroskop trägt den Blick des Forschers in das Gebiet des Unsichtbaren, sondern einzig rechnende praktische Vernunft, deren Schlussfolgerungen sich auf das Experiment stützen.

Die Bewegungslehre bildet den Schlüssel, dessen Benutzung einen Eintritt in dieses Gebiet erwirkt. Durch die Rechnung beleuchtet, erschaut das geistige Auge ein Bild, welches für den nicht rechnenden Sinn Farbe und Beleuchtung verliert. Wohl kann der Suchende beschreibend erzählen, was in der Welt des Kleinsten sich regt, aber zu überzeugen vermag derselbe nur dasjenige Auge, welches auch durch das Mikroskop der Rechnung scharf zu schauen sich bemüht.

17. Der molekulare Druck „*J*“.

Der molekulare Druck richtet sich nach der Temperatur und Dichte, derselbe ist bestrebt nach aussen zu expandiren, bewirkt die Arbeitsleistung des Dampfes, erstrebt in Flüssigkeiten die Verdampfung und würde ohne Gegendruck die Vergasung aller Materie der Welt und Mischung derselben zu einem einzigen Chaos veranlassen.

Der Gegendruck, welcher Ordnung und Gesetz schafft, gliedert sich gar mannigfach. Da ist zunächst der äussere Druck anzuführen, welcher durch die Summe der Spannkräfte vorhandener Gase erzeugt wird und die gewaltsame Verdampfung hindert, weiter aber ist der Druck des einzelnen Gases zu nennen, welcher das Condensationsprodukt bezüglichen Gases besonders beeinflusst.

Ausser diesem äusseren Druck ist daneben als Gegendruck die Aetherspannung von höchster Bedeutung. Wie in der Kapillarröhre die Luftschwingung gemindert erscheint, zwischen zwei Inseln die Fluth wohl steigt und fällt, aber nicht brandend die Ufer trifft, so dringt von der Aetherspannung auch nur eine gewisse Bewegungsart in den Spalt zwischen zwei Moleküle ein, dazwischen verminderten Aetherdruck in Richtung der Verbindungslinie der Moleküle belassend. Es entsteht eine Druckdifferenz, Massenanziehung genannt, welche auf Annäherung der Moleküle hinwirkt, also in gleicher Richtung arbeitet wie der äussere Druck P. Dieser innere Zug sei Z genannt.

Ausser den bezeichneten Spannkräften möge noch eine äussere, als Druck angebrachte Kraft „K“ wirken, welche, zum Beispiel auf einen Kolben übertragen, die gepresste Flüssigkeit beeinflusst. Alle Kräfte sind pro Einheit gedrückter Fläche verstanden und hier in Atmosphären gegeben.

Der molekulare Druck J, welcher aus der Anzahl und Heftigkeit der molekularen Schwingungsstösse sich ergiebt, muss folgenden Einwirkungen einen Widerstand entgegen setzen, um diese, wofern keine Kompression oder Expansion erfolgen soll, im Gleichgewicht zu halten.

$$J = P + Z + K.$$

Bei der Kompression eines Körpers ändern sich die verschiedenen Pressungen nach von einander abweichenden Gesetzen.

Die Grösse J wächst z. B. umgekehrt proportional dem Restvolumen, welches nach Abzug der Molekülgrösse von dem ganzen Volumen übrig bleibt, und ferner nach der Geschwindigkeit molekularer Bewegung.

Der Werth Z erscheint unabhängig von der Anzahl molekularer Schwingungen, nimmt aber mit dem Quadrat des Abstandes der Molekül-Schwerpunkte ab, während doch zuvor bei J die Abstände zwischen den Moleküloberflächen maassgebend waren.

Die Molekülschwingung nicht gasförmiger Körper beginnt an einem Nachbar mit grosser Energie, nimmt nach dem Gesetz der Massenanziehung ab, besitzt in der Mittellage zwischen zwei Nachbarn die kleinste Geschwindigkeit, welche der Temperatur, d. h. der äusseren Wärme-Energie entspricht, um dann mit Annäherung an den anderen jenseitigen Nachbar wieder sehr schnell latente Geschwindigkeit und sehr hohe Energie-Werthe anzunehmen. Die ganze Bewegung vollzieht sich im Bannkreis nachbarlicher Anziehung, dessen Radius grösser ist als die Schwingungs-Amplitude in festen und flüssigen Körpern. Mithin ist auch die Bahn, längs welcher das Molekül des festen Körpers der Massenbeschleunigung unterliegt, kleiner als bei Gasen, die erzeugte latente Wärme im Moment molekularen Zusammenstosses auch weit geringer als bei Gasen. (Vergleiche Spektralanalyse Abschnitt 23).

In Gasen ist der Werth Z fast genau gleich Null, mithin $J = P + K$ und für $K = 0$ auch $\boldsymbol{J = P}$.

Durch die Anbringung einer Zugspannung K für den Anfangszustand $J = P$ ergiebt sich eine Volumen-Vermehrung, es sinkt J auf den Werth $(J - \Delta J)$ und verbleibt nun für Kraft K der Ausdruck

$$K = P - (J - \Delta J)$$
$$\boldsymbol{P = J}$$
$$K = J - (J - \Delta J)$$
$$\boldsymbol{K = \Delta J.}$$

Bei der Expansion arbeiteten K, P und $(J - \Lambda J)$. Es besteht in jedem Augenblick für den Weg ds die Arbeitsgleichung:

$$K . ds + (J - \Delta J)\, ds = P . ds$$
$$\boldsymbol{J . ds = P . ds}$$
$$\boldsymbol{K . ds = \Delta J . ds.}$$

Im Gas arbeitete die Spannung $(J - \Delta J) ds$; diese Arbeit ist es, welche dem Gase bei der Expansion entzogen wird und die Temperatur des Gases erniedrigt.

Die Expansion nicht gasförmiger Körper vollzieht sich nach der Gleichung:

$$J . d_i = P dp + Z \; . dz + K . dk.$$

Hierin bedeuten di, dp, dz, dk die den bezüglichen Kräften entsprechenden Wegdifferentiale. Die Gleichung gilt nur für den besonderen Fall, dass keine Wärmezuleitung durch Uebertragung statt hat.

Bei der Erwärmung des Wassers arbeitet der von innen nach aussen strebende Moleküldruck J positiv. Der äussere Druck P wird überwunden, wirkt negativ, jedoch ist die negative Wegesstrecke so klein, dass sie hier vernachlässigt werden soll, da P nur der 20000ste Theil von J ausmacht. K sei hier gleich Null.

Die zugeführte Wärme-Energie werde W geschrieben, die der Temperatur-Erhöhung entsprechende Wärme W_1. Die Differenz beider ist durch die Arbeit der expandirenden Moleküle verloren gegangen:

$$J . i = W - W_1 = Z . z.$$

Grosse Schwierigkeiten bereitet es, jenen Werth i zu messen, um dessen Betrag der innere Druck arbeitet.

Erstens bietet allerdings die Volumen-Vermehruung des Wassers einen Anhalt, doch ist dieser Betrag nur ein Theil der ganzen Amplituden-Vergrösserung. Die Ausdehnung hat auch eine bessere Raumausnutzung im Gefolge und daher vermag auch nach innen hinein eine Erweiterung der Schwingungsbahn zu erfolgen; letztere Expansion verschlinge den Wärmebetrag Ji_{11}.

Es besteht die Gleichung:

$$W - W_1 = Ji_1 + Ji_{11}.$$

Die Experimentalphysik bietet noch keinen Anhalt den Werth Ji_{11} genau zu ermitteln. Es ist nur bekannt, dass für gefrierendes Wasser, wann $W = 75$ Kalorien pro Kilogramm beträgt, die äussere Volumenvermehrung etwa $\frac{1}{0,92} - 1,0 = 0,087$ beträgt. Diese Volumenvermehrung verzehrt pro Kilogramm 75 Kalorien, mithin leistet bei der Eisbildung eine Kalorie etwa $i_{11} = \frac{0,087}{75} = 0,00116$ Volumenänderung, in dem Sinne, dass die Entziehung der Wärme das Volumen vermehrt.

Im vorliegenden Fall ist in obiger Gleichung W_1 gleich Null, da keine Temperatur-Erhöhung statt hatte, mithin auch i_1 gleich Null, so dass nur $W = Ji_{11}$ nachbleibt.

$$1 \text{ Kalorie} = J \,.\, 0,00116 \text{ pro Kilogramm oder Liter Wasser}$$

$$\frac{424 \,.\, 1000}{10333 \,.\, 0,00116} = J \text{ pro Kubikmeter und } J \text{ in Atmosphären gegeben.}$$

$$\mathbf{34568 = J.}$$

Nun dehnt die Erwärmung von 90 auf 100 Grad Celsius das Wasser um 0,00729 seines Volumens aus. Dazu sind 10 Kalorien Wärme-Zuführung erforderlich, während die der Temperatur-Steigerung entsprechende Wärme W_1 nur 10 . 0,3694 Kalorien umfasst. Es besteht die Gleichung:

$$10 - 10 \,.\, 0,3694 = Ji_1 + Ji_{11}.$$

Der Betrag $W - W_1 = 10 \,.\, 0,6306$ Kalorien wird für die Ueberwindung der inneren Widerstände verbraucht.

Die soeben über die Vorgänge am schmelzenden Eis angestellte Betrachtung, dass jede Kalorie Wärmezuführung, ohne Temperatursteigerung angebracht, eine Volumenverminderung von 0,00116 des ursprünglichen Werthes, als Folge besserer Raumausnutzung veranlasst, werde hier verwerthet. Obige 10 . 0,6306 = 6,306 Kalorien bedingen

6,306 . 0,00116 = 0,007315 Volumeneinheiten Raumverlust, bezw. Expansion der Molekülschwingungsbahnen nach innen.

Die ganze Volumenvermehrung nach aussen und innen beträgt also für Steigerung der Temperatur von 90 auf 100 Grad 0,00729 nach aussen + 0,007315 nach innen, in Folge besserer Raumausnutzung, zusammen = 0,01460 V

$$\frac{10 \,.\, 0{,}6306 \,.\, 424 \,.\, 1000}{10333} = J \,.\, 0{,}01460 \text{ cbm}$$

$$J = \mathbf{17723} \text{ Atmosphären.}$$

In dieser Rechnung ist nach diesseitiger Ansicht noch eine Vernachlässigung enthalten. Das Resultat besagt, es sei der innere Druck bei 100 Grad Temperatur fast nur halb so gross als bei Null Grad; daher dürfte auch die bessere Raumausnutzung bei höherer geringer sein als bei niedrigerer Temperatur; ist doch die bessere Raumausnutzung immer durch den inneren Druck erzwungen.

Statt 0,007315 V Expansion nach innen sei daher jetzt nur $\frac{20000}{34568} \,.\, 0{,}007315\, V = 0{,}00423\, V$ veranschlagt.

Die vorstehende Gleichung, neu aufgestellt, ergiebt als zweites Annäherungs-Resultat den genaueren Werth innerer Spannung.

$$J \,.\, (0{,}00729 + 0{,}00423) = \frac{10 \,.\, 0{,}6306 \,.\, 424 \,.\, 1000}{10333}$$

$$J = \mathbf{22460} \text{ Atmosphären.}$$

Wieder begegnen wir hier, wie unter 14, einem Werthe innerer Spannung, welcher für Wasser bei 100 Grad Wärme 20000 Atmosphären etwas übersteigt. Im folgenden Abschnitt ist eine dritte Ableitung bezüglichen Werthes gegeben.

Ein genaueres Eingehen in die Sache ist diesseits ausgeschlossen. Es fehlen hier die Angaben über die Grösse der spezifischen Wärme des Wassers von Grad zu Grad. Namentlich sind die Ermittelungen für die Gegend zwischen dem Schmelzpunkt aufwärts bis 4 Grad von Bedeutung. Auch ist in Erwägung zu ziehen, dass die Angaben über die Ausdehnung des gefrierenden Wassers einer Prüfung bedürfen. Im Eise finden sich oft Luftblasen, einzelne grosse und sehr viele kleine Blasen. Sollen die Rechnungen aber genau ausfallen, dann muss das spezifische Gewicht gänzlich blasenfreien Eises bestimmt werden.

Die experimentellen Resultate, welche zu erstreben sind, müssen auch die Grösse der spezifischen Wärme des Wassers bei konstantem

Volumen thunlichst umfassen und wenn es nicht gelingt die dazu erforderliche Pressung von 20000 Atmosphären zu beschaffen, weil alles Material der Gefässe dabei zerstört wird, so ist doch wenigstens die Abhängigkeit der Wassertemperatur von wechselndem geringeren Druck zu erforschen.

Vielleicht gelingt es auch eine andere, mehr elastische Flüssigkeit zu finden, als Wasser es ist, um an ihr die Versuche in bequemerer Weise zur Ausführung zu bringen.

Es dürfte sich zeigen, dass der innere Druck der Flüssigkeiten mit der Temperatur abnimmt; derselbe ist bei niedrigen Temperaturen gross. Woselbst der innere Druck, welcher bei unveränderter Temperatur mit dem äusseren Druck wächst, nicht mehr hinreicht die molekulare Anziehung Z längs solcher Wegesstrecke zu überwinden, dass seitlich Moleküle in den Zwischenraum hineintreten können, wird der Körper fest. Vergrösserung des äusseren Drucks oder Vermehrung des inneren Drucks durch Lösungsmittel, bringt das Eis zum fliessen; desgleichen Zugkräfte, wenn sie einseitig wirken. Am energischten arbeitet in dieser Hinsicht aber die Temperatursteigerung, weil dieselbe die Vergrösserung molekularer Schwingungsbahn am erfolgreichsten gestattet.

Die Grösse der inneren Anziehungsspannung Z ist noch besonders zu erforschen. Durch die Vergleiche von Verbrennungs-Wärme und Energie-Erzeugung durch den freien Fall der Körper sind Schlüsse aus der Anziehungskraft, Grösse und Masse der Erde auf die Grösse der Moleküle und Atome statthaft, wofern sich durch Uebereinstimmung zeigen lässt, dass die Massenanziehung bis zum Atom hinab denselben Gesetzen folgt, wie in der Astronomie.

18. Elastizität.

Es ist der Beweis zu erbringen, dass die in Abschnitt 14 und 17 zu etwa 20000 Atmosphären ermittelte innere Spannung des Wassers bei 100 Grad Celsius Wärme entweder direkt als Elastizitätsmodul aufzufassen ist oder in enger Beziehung zu demselben steht.

Unter Elastizität verstehen wir die Eigenschaft der Stoffe bei Einwirkung von Zug- oder Druckkräften Formveränderungen zu erfahren, mit Beseitigung der Kraftwirkungen aber in die ursprüngliche Gestalt zurückzugehen.

Ein Gas, z. B. Luft, sei in einem Cylinder eingeschlossen. Mit einem Kolben werde ein Druck K auf die Luft übertragen, dessen

Anfangswerth $K = 0$ vorausgesetzt wird. Aussen und innen herrsche jetzt der Druck einer Atmosphäre. Es werde nun der Kolben in Bewegung gesetzt und dadurch das Luftvolumen um $\frac{1}{1000}$stel vermindert. Die entstehende Temperatursteigerung ist Folge der geleisteten Arbeit, welche sich aus der Arbeit des äusseren Luftdruckes und der arbeitenden Kraft K zusammensetzt. Die erzeugte Wärme werde abgeleitet. Die Volumina verhalten sich nun umgekehrt proportional den Pressungen:

$$\frac{P+K}{P} = \frac{1000}{999} = 1 + \frac{1}{999}$$

$$\frac{K}{P} = \frac{1}{999}$$

$$\frac{2K}{P} = \frac{2}{998}$$

$$\frac{3K}{P} = \frac{3}{997}$$

Für kleine Kraftwerthe kann die Veränderlichkeit des Nenners 999, 998, 997 vernachlässigt und an Stelle desselben überall 999 gesetzt werden; es ergiebt sich als Annäherung ein lineares Gesetz.

Es wird nun die Frage aufgeworfen, für welchen Werth von $K = E$, Elastizitätsmodul benannt, ist die Kompression von $\frac{1}{999}$ auf den ganzen Betrag des Volumens $\frac{999}{999}$ fortgeschritten. Aus vorstehender Reihe finden wir

$$\frac{999K}{P} = \frac{999}{999} = 1.$$

Mithin ist

$$\frac{E}{P} = 1$$

$$E = P.$$

Der innere Gasdruck ist also zu jeder Zeit der Elastizitätsmodul, dessen Werth nur zwischen sehr engen Grenzen äusserer Kraftwirkung konstant bleibt.

In gleicher Weise wird für Flüssigkeiten und feste Körper der innere Druck J als Elastizitätsmodul zu betrachten sein.

Der Elastizitätsmodul des Wassers ist nach Abschnitt 14 und 17 zu $E = J = 20000$ Atmosphären bei 100 Grad Celsius ermittelt.

Für niedrigere Temperaturen dürfte der Druck grösser ausfallen. Die Ausdehnung des gefrierenden Wassers ergab im Abschnitt 17 etwa 34568 Atmosphären.

Eine 3. Ableitung des Werthes innerer Elastizität des Wassers lässt sich aus der Fortpflanzungs-Geschwindigkeit des Schalles im Wasser, verglichen mit der Schallgeschwindigkeit in atmosphärischer Luft, gewinnen.

Die Formel für Fortpflanzungs-Geschwindigkeit des Schalles in Luft lautet:

$$c' = \sqrt{\frac{E' \cdot g}{\rho'} \cdot 1{,}405.}$$

Hierin bedeutet E' den Elastizitätsmodul der Luft, d. h. deren Pressung; g ist die Beschleunigung der Schwere, ρ' das Gewicht eines Kubikmeters bei gegebener Temperatur und bezüglicher Pressung. Die Multiplikation mit 1,405 erfolgt nach Poisson, weil die Luft sich bei eintretender Kompression erwärmt und nicht allein die Temperatur, sondern auch der Druck nachbarlicher Luftatome mitwirkt. Das einzelne Atom besitzt ausser seiner Temperaturgeschwindigkeit noch einen Zuwachs an Bewegung, weil dasselbe im Abprall von hinteren Atomen in luftleeren Raum expandirt bis es wieder einen Gegner trifft.

Im Wasser scheinen die Verhältnisse anders zu liegen, der äussere Druck bewirkt nicht hohe Grade der Wasser-Erwärmung, weil mit Steigerung des äusseren Druckes bessere Raumausnutzung eintritt und mithin Erkaltung in einem Sinne und Erwärmung im anderen Sinne sich theilweise aufheben. Es scheint das schwingende Molekül bei seiner Bewegung beständig mit dem inneren Druck zu kämpfen, mithin durch dessen Einwirkung keine Geschwindigkeitssteigerung zu erfahren, so dass die Zahl 1,405 aus der Schallformel für Wasser theilweise oder ganz zu streichen sein dürfte.

Die Gleichung lautet alsdann:

$$c = \sqrt{\frac{E \cdot g}{\rho}}$$

Durch Division der beiden letzten Gleichungen ergiebt sich:

$$\left(\frac{c}{c'}\right)^2 = \frac{E \cdot \rho'}{E' \cdot \rho \cdot 1{,}405}$$

$$E = \left(\frac{c}{c'}\right)^2 \cdot \frac{\rho}{\rho_{\prime}} \cdot 1{,}405 \cdot E'$$

ρ das Gewicht von 1 cbm Wasser . . . $= 1000$ kg

$\rho_{\prime}$ „ „ „ 1 „ Luft . . . . $= 1{,}293$

$\frac{c}{c_{\prime}}$ soll angenähert $= 4$ sein, mithin $\left(\frac{c}{c_{\prime}}\right)^2 = 16$

$E' =$ einer Atmosphäre . . . . . . $= 1$

$$E = 16 \cdot \frac{1000}{1{,}293} \cdot 1{,}405 = \mathbf{17400\ Atmosphären.}$$

Das Resultat fällt etwas geringer aus als die voraufgehenden Angaben. Es ist möglich, dass die Schallgeschwindigkeit für Wasser etwas zu klein in die Rechnung eingestellt worden ist. Die Physik lehrt ja auch nur, dass die Fortpflanzungs-Geschwindigkeit des Schalles ungefähr 4mal so gross sei als in atmosphärischer Luft. Nun kommt die Schallgeschwindigkeit in vorstehender Formel im Quadrat vor und ist daher eine Abweichung in den Werthen leicht erklärlich.

Der Elastizitätsmodul für Wasser lässt sich viertens auch auf direktem Wege durch Kompression des Wassers finden; doch ist dann dafür zu sorgen, dass keine Temperatur-Aenderung während der Messung verbleibt. Entstehende Wärme ist vor Messung der Volumen-Aenderung abzuleiten, zuvor aber dem Werthe nach zu bestimmen. Soweit mir bekannt, ergeben die direkten Messungen des Elastizitätsmodul des Wassers auch etwa 20000 Atmosphären.

Die genaue Ermittelung der inneren Spannung J, das heisst die Feststellung des Elastizitätsmodul für Wasser ist für die Physik von grossem Interesse, da diese Zahl mit der Verdampfungswärme, der Ausdehnung des Wassers bei stattfindender Erwärmung, wie bei dem Gefrieren und für die Fortpflanzungs-Geschwindigkeit des Schalles von unmittelbarster Bedeutung ist. Hier wird die Experimentalphysik von der Rechnung unterstützt, und befähigt die innersten Vorgänge der Wärmebewegung flüssiger und fester Körper näher ins Auge zu fassen.

Ueber die Veränderlichkeit des Elastizitätsmodul.

Vorstehende Untersuchungen sind in einer Hinsicht unvollkommen. Es wird nicht immer der Elastizitätsmodul mit der inneren Spannung identisch sein. Mit gegenseitiger Annäherung der Moleküle wird deren Anziehung zunehmen. Es kann nun der Fall eintreten, dass die Aenderung der Anziehungskraft Z eine auf Kompression wirkende äussere Kraft unterstützt und den Elastizitätsmodul auf diese Weise herabdrückt.

Der Modul ist ja eine äussere Kraft, welche, ein lineares Kompressionsgesetz vorausgesetzt, im Stande wäre, das Volumen des Körpers auf Null zu reduziren, wenn sie drückend auftritt, oder auf das doppelte Volumen zu dehnen, wo der Elastizitätsmodul als Zugkraft angreift. Erfährt diese äussere Kraft durch innere Zugspannungs-Aenderungen eine Unterstützung, dann wird die erforderliche äussere Kraft kleiner ausfallen.

Ueber der Wasseroberfläche oder in Nähe anderer nicht gasförmiger Körper zeigt gesättigter Dampf den Elastizitätsmodul Null, wofern die Dampfspannung selbst als äusserer Druck nicht in Anrechnung gebracht und die aus der Kompression des Dampfes sich ergebende Erwärmung zur Ableitung gebracht wird. Hier hebt sich die Druckverstärkung, welche aus der Verdichtung der Dämpfe sich ergiebt, gegen die vermehrte Molekülanziehung auf, welche als Folge der Annäherung der Molekülschwerpunkte in Erscheinung tritt. Bezüglicher Zustand, bei welchem die geringste Wärmezuführung Verdampfung, Erkaltung aber Condensation veranlasst, sei ein kritischer Zustand genannt.

Ausser der inneren Wärme-Elastizität giebt es im Atom noch die Elektrizitäts-Elastizität, deren Werthe ungleich höher sind, als vorstehende Beträge. (Vergl. Abschnitt 24.)

19. Kapillarkraft.

Das Bestreben der Flüssigkeiten in enge Hohlräume einzudringen, schreiben wir der Kapillarkraft zu. Das Löschpapier, der Schwamm, die Wurzel, der Zweig und andere poröse Stoffe, sie alle saugen Feuchtigkeit auf. Es ist in Frage zu ziehen, ob auch die Kapillarkraft sich aus der Molekülbewegung ableiten lässt. Die Kapillarkraft muss eine Druckdifferenz sein, und da Druck das Produkt aus Schwingungszahl und Schwingungswucht, pro Zeit- und Flächen-Einheit gemessen, bedeutet, so müssen auch die kapillaren Druckdifferenzen in enger Beziehung zur Schwingungsbewegung stehen.

In vorstehenden Abschnitten wurde die Massenanziehung als eine Art kapillarer Wirkung aufgefasst, welche Aetherdruckdifferenzen zwischen und ausserhalb zwei einander gegenüberstehenden Massen erzeugt. Wenn es der Luft Schwierigkeit bereitet, in einen Spalt von 1 Millimeter Grösse in vollem Betrage einzudringen, so wird der Aether ähnlicher Schwierigkeit in fast Million mal Million verstärktem Maasse begegnen. Der Spalt, in welchen der Aetherdruck nicht voll einzudringen vermag, hat sich von 1 Millimeter auf den billionenfachen Betrag auf Millionen Kilometer erweitert. Verfolgen wir hier nur die Kapillarerscheinungen des äusseren Druckes.

Eine feine Röhre, welche an den Enden offen ist, weist innen kleineren Luftdruck auf, als aussen besteht. Es lässt dies nicht Wunder nehmen, ist doch der Luftdruck eine Schwingungsbewegung, welche in dem engen Hohlraum der Röhre sehr wohl eine Störung erfahren kann. Es sei zunächst auf den Umstand hinzuweisen, dass die Wandungen jedes Luftatom anziehen, dessen Bewegung mithin beschleunigen. Die Zahl der Querschwingungen mehrt sich, also auch der Druck in einer Richtung quer zum Rohre gemessen, während in der Längsrichtung des Rohres noch der äussere Atmosphärendruck gedacht werden kann. Dieser Zustand wird unhaltbar sein, Expansion und Druckausgleich dürfte erfolgen, bis der mittlere Druck im Rohr dem äusseren Luftdruck entspricht. Der Querdruck im Rohre ist grösser, der Längsdruck etwas kleiner als der mittlere oder äussere Atmosphärendruck.

Anders liegen die Verhältnisse für eine Flüssigkeit, z. B. Wasser. Die Wärmebewegung geschieht schon unter der Einwirkung nächster, nachbarlicher Anziehung und wird in dem engen Glasrohr kaum eine Aenderung erfahren. Der Druck des Wassers ist innerhalb eines engen Rohres annähernd gleich dem äusseren Druck. Eingetaucht in Wasser, wird das enge Rohr eine Erhebung des Wassers im Rohr über den Stand des äusseren Wasserspiegels zeigen, weil der Druckverlust in der Längsrichtung des Rohres nur den mit Luft angefüllten Raum trifft, so dass von dort her das Wasser angesogen wird.

In ähnlicher Weise dürfte der Luftdruck auch bei unmittelbarer Berührung an festen Gegenständen beeinflusst sein. Durch die Massenanziehung oder die hier Aetherdruck-Differenz genannte Kraft entsteht Beschleunigung der Schwingungsbahn gegen die Wand hin, also ein vermehrter Druck senkrecht, im Gegensatz zur Richtung parallel zur Fläche gemessen; daraus ergiebt sich bei benetzter Fläche eine das Wasser ansaugende Wirkung.

20. Aetherdruck-Schwankungen.

Ueber das Vorhandensein grösserer Aetherdruck-Schwankungen sind wir nicht unterrichtet, doch dürfen wir das Vorkommen derselben nicht ganz bezweifeln. Wird doch überall, wo Aetherdruck arbeitet, auch eine Woge im Aether entstehen. Die sehr kurzen Schwankungen des Aetherdruckes sind uns als Licht- und Wärmestrahlen bekannt.

Durch Aetherdruck-Schwankungen werden chemisch einfache Gase fast garnicht berührt; es sei denn in dem kurzen Augenblicke ihres Zusammenstosses. Chemisch zusammengesetzte, namentlich aber nicht gasförmige Körper, welche durch äusseren Aetherdruck zusammen gehalten sind, werden bei eintretender Schwankung, Annäherung und nachfolgend Entfernung der Moleküle und Atome von einander erleiden und mithin durch Aetherdruckschwankungen erwärmt werden können. Die Aufnahme der Wärmestrahlen kann hiernach in chemisch einfachen Gasen in äusserst beschränkter Weise, in chemisch zusammengesetzten Gasen durch Kompression der Moleküle erfolgen, wird aber vor Allem an nicht gasförmigen Körpern sich einstellen, daselbst nicht allein die Moleküle in ihrem Innern Beeinflussung erleiden, sondern auch die Molekülschwingung Wärmestrahlen absorbirt, da auch sie von dem Aetherdruck im Abhängigkeits-Verhältniss steht.

Langsame, periodische Schwankungen des Aetherdruckes würden Temperatur-Aenderungen an der Erde veranlassen.

21. Molekular-Bewegung.

Schon im Abschnitt 13 und 14 haben wir uns mit der Bewegung der Moleküle beschäftigt; doch sind noch einige Betrachtungen anzustellen, welche sich auf die Eigenart der latenten, gegenüber der freien Bewegung zweier Atome beziehen.

Das Molekül besitzt eine Schwerpunktsbewegung und eine innere Bewegung, beide richten sich nach der Temperatur. Die Schwerpunktsbewegung des ganzen Moleküls wird durch die lebendige Kraft der äusseren Atome veranlasst. Die Temperatur ist das Maass für die absolute Schwingungs-Energie eines jeden äussersten Atomes. Im Innern des Moleküls können Atome in relativer Ruhe zum Molekülschwerpunkt sich befinden. So scheint z. B. der Sauerstoff im Wasserdampf, bezw. Wassermolekül nur die Molekülgeschwindigkeit zu besitzen (vergl. Abschnitt 13), gegen den Molekülschwerpunkt aber keine relative Bewegung zu zeigen. Es schwingen die Wasserstoff-Atome gleichzeitig auseinander, gleichzeitig treffen sie wieder von links und rechts das Sauerstoff-Atom, den Druck durch dieses hindurch leitend, ohne dessen Schwerpunkt in relative Bewegung zum Molekülschwerpunkt zu versetzen. Wäre das Sauerstoff-Atom spaltbar, dann könnte es auch an der relativen Wärmeschwingung theilnehmen.

Wir haben äussere freie Bewegung des Moleküls von der inneren relativen Atombewegung zu unterscheiden. Die äussere Bewegung ergiebt sich durch den Anprall an irgend einen Widerstand. Das zunächst getroffene, eingeengte Atom vollführt mehrere Schläge gegen den Widerstand wie gegen das Nachbar-Atom im Molekül. Dadurch geräth der Molekülschwerpunkt in Bewegung; seine Geschwindigkeit scheint sich aus denselben Gesetzen abzuleiten, welche für die Bewegung schwerer und leichter Atome bei gegebener Temperatur bestehen. Je grösser, bezw. schwerer das Molekül, desto träger ist dessen Bewegung bei gegebener Temperatur. Vermöge seiner Schwerpunkts-Bewegung erscheint das Molekül als Gas, wenn diese Bewegung hinreicht, dasselbe gegen die nachbarliche Anziehung aus dem Bannkreis bezüglicher Massenanziehung herauszutragen, und dem Molekül dann noch genügende Bewegung für Ueberwindung äusseren Druckes verbleibt. Das Molekül dringt nun vor und trifft abermals auf Widerstand, sei es auf ein anderes Gasmolekül oder auf einen festen Körper. Der Anprall erfolgt mit der Wucht des den Gegenstand zunächst treffenden Atoms und der Wucht der nachdrängenden Atome des Moleküls. Eingeklemmt durch die Hintermänner und den Widerstand, vermag das treffende Atom seine ganze lebendige Kraft auf Ueberwindung des Widerstandes zu verwenden, hierbei mehrfache Schwingungen in dem engen Spalt ausführend.

Da nun die Molekular-Bewegung zuvor der Energie eines äusseren Atoms entlehnt ist und jetzt für die Erkämpfung des Raumes zur Ausnutzung gelangt, so wird diese im Verein mit der Energie des zunächst treffenden Atoms etwa dem Raumbedürfniss zweier Einzelatome entsprechen.

Für gleiche Temperatur ergiebt sich bei chemisch zweifachen Gasen nach Vorstehendem angenähert die gleiche äussere Energie, d. h. das gleiche Raumbedürfniss, wie vor der Verbrennung. Aus 3 Atomen bestehende Gas-Moleküle verlieren an Raumbedürfniss gegenüber dem Volumen des Gemisches, aus welchem sie durch Verbrennung hergestellt sind, weil bei der Berührung mit äusseren Widerständen die inneren Schwingungen nicht arbeiten. Die an den Enden schwingenden Atome sind sozusagen die Stossarme des Moleküls, welche dessen Bewegung im Raum veranlassen, seine Extremitäten bildend.

Ganz besondere Beachtung verdient auch die innere Bewegung der Atome im Molekül. Der Schwerpunkt des Moleküls besitzt Bewegung.

Im freien Raum zwischen zwei Gas-Molekülen ist die Schwerpunktsbewegung des Moleküls eine konstante. Wir haben es jetzt mit einem Kräftesystem zu thun, welches einzig inneren Spannungen unterworfen ist. Die Massen der Atome schwingen jetzt in der Weise, dass der Schwerpunkt keine zitternde Bewegung besitzt; letztere Bewegungsart würde schwankende äussere Kräfte voraussetzen, welche zur Zeit nicht auftreten. Während bei gleicher Temperatur die äussere Wärmeenergie der Atome einfacher Gase die gleiche ist und sich unabhängig von der Atomschwere, einzig nach der Temperatur richtet, ist im Innern des Moleküls die Bewegungsgrösse der maassgebende Faktor.

Im Molekül befindet sich der Schwerpunkt in relativer Ruhe. Der Ausschlag eines Atoms bedingt gleichzeitig den Ausschlag des anderen, bezw. der übrigen Atome, welche ausser jenem ersten im Molekül bestehen.

Die auftretenden inneren Anziehungskräfte sind nicht einseitig zu denken, sondern greifen in gleichem Betrage an dem einen Atom und dem übrigen Restkörper an, in beiden gleiche Bewegungsgrössen sekundlich erzeugend. Das Molekülgewicht betrage $(a + b + c)$, das Atomgewicht im Molekül a, bezw. b und c. Es schwingt nun a zum Schwerpunkt von b und c in einer Weise, dass stets $a v_a = (b + c) v_{bc}$ ist.

Hierbei ist unter v_a die Geschwindigkeit des Atoms a verstanden, bezogen auf den ruhend gedachten Molekülschwerpunkt; und v_{bc} dasselbe für den Schwerpunkt von b und c.

$$\frac{a (v_a)^2}{2} > \frac{(b + c)\,(v_{bc})^2}{2}, \text{ wenn } a < b + c \text{ und } v_a > v_{bc}.$$

In ein und demselben Molekül schwingen die Atome mit gleichen Bewegungsgrössen wie der Restkörper. Die in jedem einzelnen Atom enthaltenen Energiefüllen können sehr verschiedene Werthe besitzen. Bei gleicher äusserer Temperatur weisen die Atome des Moleküls unter einander ungleiche relative latente Wärme auf.

Vorausgesetzt, dass im Wasser sich die Wasserstoff-Atome an den Enden des Moleküls befinden, das Sauerstoff-Atom einschliessend, befindet sich das Sauerstoff-Molekül im Molekül-Mittelpunkt, gegen welchen die Wasserstoff-Atome symmetrisch, also mit verschiedenem Vorzeichen schwingen. Ihre Bewegungsgrösse ist zusammengefasst Null, da der gemeinsame Schwerpunkt derselben keinen Weg im Molekül beschreibt. Es besteht die Gleichung:

$$O v_o = (H + H)\,(0)$$
$$v_o = 0.$$

Die relative Geschwindigkeit des Sauerstoff-Atoms im Molekül ist also wahrscheinlich gleich Null.

Diesem symmetrischen Aufbau der Bewegung dürfte vielleicht die Eigenschaft des Wassers zuzuschreiben sein, weder eine Säure noch eine Base zu bilden, sondern sich chemisch neutral zu verhalten.

Im Molekül besitzen verschieden schwere Atome nur in einem Moment, relativ auf den Schwerpunkt bezogen, gleiche Wärme-Energie, nämlich nur dann, wenn dieselben die Geschwindigkeit Null erreichten, also am äussersten Punkt ihrer Bahn und im Moment des innigsten Zusammenstosses, wenn sich die Schwerpunkte einen Augenblick in Ruhe befinden. In den Zwischenlagen ist immer nur die Bewegungsgrösse latent zusammen schwingender Massen, nicht aber die Energie $\frac{mv^2}{2}$ die gleiche. Das leichtere Atom gehorcht der gegebenen Kraft bereitwilliger, legt längere Wege zurück, grössere Arbeitsmengen in sich aufnehmend. Bezügliche Wirkung können wir uns an den Geschützen klar machen. Die Kraft des Pulvers verleiht der Kanone, sammt Lafette die gleiche Bewegungsgrösse nach rückwärts wie dem vorwärts fliegenden Geschoss, nicht aber die gleiche Energie.

Es ist noch hervorzuheben, dass die Moleküle genügende Festigkeit besitzen müssen, anderenfalls können dieselben im Anprall an andere Moleküle oder Atome zerstört, zersprengt werden. Schon die Festigkeit der Moleküle muss nach vielen Tausenden von Atmosphären sich ergeben, sonst könnten im Wasser z. B. die Moleküle nicht mehr als solche erhalten bleiben, da das Wasser doch schon unter einem inneren Druck von etwa 20000 Atmosphären steht. Ganz abnorm grosse Werthe der Festigkeit wird aber das einzelne Atom besitzen.

Manche Moleküle zeigen nur kleine Festigkeit. Ich bin darauf aufmerksam gemacht worden, dass Ozon sich in seine Bestandtheile, die einzelnen Sauerstoff-Atome, zerlegt, wenn dieses Gas durch Kapillarröhrchen geleitet wird. Im Abschnitt 19 ist schon dargethan, dass der Anprall gegen feste Wandungen mit der grossen Geschwindigkeit latenter Bewegung erfolgt, welche latente Bewegung hier grösser ist, als bei dem Zusammenstoss mit einzelnen Gasatomen oder Gasmolekülen, weil bei nicht gasförmigen Körpern die Anziehungskräfte einer ganzen beisammen befindlichen Gruppe von Molekülen vereinigt wirken. Durch den starken Stoss latenter Wucht entstehen nun im Ozon-Molekül innere Schwingungen, welche zu der schon vorhandenen inneren Bewegung sich addirend, die Atome aus dem Bannkreis gegenseitiger Anziehung tragen und als selbstständige Atome erscheinen lassen. Auf diese Weise dürfte sich die Spaltung des Ozons bei Durchfliessung einer Kapillarröhre erklären.

Wir erkennen nun auch, dass sehr hohe Temperaturen die Zerstörung von Molekülen veranlassen können. Es wächst die gegenseitige relative Bewegung der Atome und trägt bei allzu hoch gesteigerter Temperatur dieselben zuletzt aus den Bannkreis des Nachbars hinaus. Dann aber ist die Zerlegung des Moleküls erfolgt.

Es gelingt die Vereinigung zweier Atome bequemer, wenn das verbrennende Atom zuvor einem anderen Molekül angehört, d. h. die Vereinigung zweier Gase erfolgt am leichtesten im Zustande ihrer Entstehung. Reisst ein Atom durch seine Anziehungskraft ein Gasatom zu sich heran, dann geht dasselbe hohe latente Wärmebewegung ein und ist geneigt wieder abzuprallen, den Bannkreis nachbarlicher Anziehung zu verlassen. Die beabsichtigte Vereinigung erfolgt nicht. Dagegen wird das einer anderen Verbindung angehörende Atom in der bezüglichen Verbindung schon mit geringer latenter Wärme begabt sein. Mit Annäherung an den neuen Nachbar lockert sich der Zusammenhang im alten Molekül, dessen innere Kräfte halten aber das fortstrebende Atom noch immer zurück und verhindern dessen Beschleunigung in Richtung zum anziehenden neuen Nachbar. Erst bei sehr grosser Annäherung erfolgt der Uebertritt, die alten Fesseln werden überwunden. Bei der Annäherung arbeitete die Massenkraft nur längs eines sehr kleinen Weges. Im neuen Molekül besitzen die Atome infolge der Geringfügigkeit geleisteter, auf Beschleunigung verwertheter Arbeit nur kleine Beträge relativer, latenter Energie. Die beschränkten relativen Geschwindigkeiten reichen nicht aus, Trennung zu veranlassen. Die Rückkehr der Schwingung erfolgt, sobald die relative Energie verzehrt ist und dies geschieht bevor die Grenze des Bannkreises nachbarlicher Anziehung erreicht ist. Das Atom ist an den neuen Nachbar gefesselt.

Als Maass der Molekülfestigkeit ist die Differenz zweier Energie-Mengen oder Ergale zu betrachten, von welchen die grössere hinreichen würde zwei Atome aus dem Zustande innigster Berührung in einen vollständig getrennten Zustand über zu führen. Die kleinere Energiemenge, welche in Abzug zu bringen ist, wirkt schon auf Trennung, es ist dies die relative Wärme-Energie des Atoms im Molekül. Hieraus leitet sich folgender Satz ab:

Die Festigkeit des Moleküls nimmt mit steigender Temperatur ab, dieselbe ist vorwiegend durch Entzug latenter

Wärme entstanden und kann zum Hauptbetrage durch die Verbrennungswärme erkannt werden, welche bei der chemischen Vereinigung einfacher Körper zur Ableitung gelangt.

Weitgehendere Schlussfolgerungen müssen auf eine spätere Zeit verschoben werden, wenn die schon gewonnenen Anregungen zu feststehenden Schlussfolgerungen verarbeitet worden sind und wenn namentlich die ätherischen Eigenschaften der Atome und das elektrische Verhalten derselben in Beziehung zur Schwingungstheorie gebracht worden ist.

22. Die ätherischen Kräfte.

Alle sichtbaren Bewegungen, ferner feinere Erzitterungen, auch Schall und Wärme, sind die Erscheinungsform materieller Kräfte, deren Träger die Materie ist. Die kleinsten Theilchen der Materie heissen Atome und deren Schwerpunktsbewegung Wärme. Unter den materiellen Kräften besitzt die Wärme mithin die feinste Bewegungsform.

Die Geschwindigkeit der Atomschwerpunkte zerfällt in eine freie und eine latente. Die freie Bewegung oder Temperatur-Schwingung der Luft vollzieht sich zum Beispiel bei Null Grad mit 612 m Geschwindigkeit in der Sekunde (vergl. Abschnitt 7 und 8). Die Beweglichkeit steigt mit der Temperatur, misst bei (9 — 1) 273 gleich 2184 Grad Celsius Wärme erst $\sqrt{9} \,.\, 612 = 1836$ m. Der leichteste Körper, der Wasserstoff, zeigt fast viermal grössere Geschwindigkeiten, mithin etwa 2300 m bei Null Grad und etwa 7000 m bei 2184 Grad Celsius Wärme.

Höhere Werthe weist die latente Wärme auf, d. h. diejenige Bewegung, welche nur für den kurzen Augenblick eines Zusammenstosses zweier Atome oder Moleküle kurz vor und nach dem Anprall in Erscheinung tritt und nur auf besonderem Wege beobachtet werden kann. Im Augenblick der Verbrennung tritt die hohe latente Wärme in Erscheinung, es verwandelt sich dieselbe in äussere freie Energie. Die Grösse der Verbrennungswärme giebt uns einen Anhalt für die Beurtheilung latenter Energie. Hiernach werden bei Null Grad Temperatur zwei Sauerstoffatome im Augenblick vor der Berührung über 4000 Meter latente Geschwindigkeit pro Sekunde besitzen. Durch Temperatursteigerung erfährt diese Zahl nur ganz unwesentliche Erhöhung.

Wiewohl diese hohen Beträge materieller Bewegung, welche für Wasserstoff noch etwas grösser ausfallen, uns in Erstaunen versetzen, so bleiben dieselben doch äusserst weit hinter der Grösse ätherischer Bewegung zurück. Das Licht durcheilt den Weltenraum mit 300 Millionen Meter Geschwindigkeit pro Sekunde, die Elektrizität den Draht der Leitung noch schneller. Um aber diese ausserordentlichen Geschwindigkeiten ätherischer Kraftübertragung hervorzubringen, dazu bedarf es einer Beweglichkeit des Aetherkornes, welche fast doppelt so gross sein muss als jene Werthe für Licht und Elektrizität angeben.

Der Uebertritt von materieller Bewegung und Kraft zu ätherischen Kräften ist mithin ein weiter Sprung. Mehr als Hunderttausend und Millionenfach grössere Geschwindigkeiten finden wir hier verwirklicht, als die Materie im Höchstbetrage zeigt. Die uns nun fast unbedeutend erscheinende Wärmebewegung vermag nicht Träger ätherischer Kraft zu sein und es tritt also die nicht leicht zu lösende Frage an uns heran, welcher Sendbote es sei, der im Leitungsdraht die elektrische Schwingung oder Kraft von Atom zu Atom, von Molekül zu Molekül, zu übertragen bereit ist. Der Spalt zwischen den Molekülen und Atomen wird von der elektrischen Kraft übersprungen, aber wie? (Vergl. Abschnitt 25). Die Wärme thut hier keine Dienste, ihre Bewegung ist weitaus zu gering und dient nur denjenigen Erzitterungen, welche wir für Schallwellen erkannt haben, als Sendboten.

Diejenigen Bewegungsarten, welche sich im Aether oder im Innern der unter vollem Aetherdruck stehenden Atome wie zwischen den Atomen in dem dort befindlichen Aether geringerer Pressung vollziehen, seien die Erscheinungsformen ätherischer Kräfte genannt. Hierher gehören der Licht- und Wärmestrahl, letzterer nur darum so genannt, weil er Wärme erzeugt, nicht weil er Wärme enthält, Elektrizität und Magnetismus sind ferner zu nennen; doch muss es dahingestellt bleiben, ob die Schwerkraft auch diesen Aether als Träger besitzt, oder ob die Schwerkraft höheren Ordnungen der Bewegung, vielleicht auch allen Arten der Pressung zugleich ihr Dasein verdankt.

Während wir, gestützt auf die Ergebnisse der Experimentalphysik, schon eine recht klare Vorstellung über das Wesen der materiellen Kräfte gewinnen, kann ein Gleiches für die ätherischen Kräfte noch nicht erwartet werden. Aus dem Nebel gestaltenloser Vorstellung können wir aber immerhin schon Beziehungen herauslösen, welche bei genauerer Betrachtung deutlichere Umrisse annehmen. Vor allem kommt es darauf an, die logisch nothwendigen Bedingungen heraus zu finden und diese als Stützpunkte weiterer Forschung zu benutzen. Hierbei darf nicht ausser Acht gelassen werden, dass die Naturerscheinungen uns in der Form von Gleichungen entgegentreten, welche mehrere unbekannte Grössen enthalten. Ausgeschlossen bleibt es, die Gleichungen zu lösen, die verbindenden Beziehungen zu finden, wofern die Zahl der Gleichungen zu klein ist. Der Experimentalphysik fällt die wichtige Aufgabe zu, die erforderlichen empirischen Grundlagen für Aufstellung der erforderlichen Zahl der Gleichungen durch sorgfältige Messungen zu liefern. Die Ableitung der Gleichungen selbst verbleibt der Theorie.

Da alle physikalischen Vorgänge Arbeitsleistungen in sich tragen, in der Natur ein beständiger Umsatz vorhandener in andere Energieformen statthat, wird uns vor allen Dingen die Frage entgegen treten, wann und wie arbeitet der Aether, sei es Aether gegen Aether, Aether gegen Gase, Flüssigkeit, feste, warme oder kalte Körper.

23. Die Licht- und Wärmestrahlen.

Soweit bis jetzt erkannt worden ist, veranlasst ein den Raum frei durcheilendes Atom keine wahrnehmbaren Aetherdruck-Differenzen, so lange die Geschwindigkeit mässige Werthe besitzt. Bei sehr grossen zwischen Aether und Materie auftretenden relativen Geschwindigkeiten beginnt jedoch die Materie zu leuchten, die Kometen und Sternschnuppen deuten auf diesen Umstand hin. (Vergl. Abschnitt 10.)

Zweitens haben wir die Wechselwirkung zwischen Materie und Aether in dem Augenblick ins Auge zu fassen, wann sich zwei Atome oder Moleküle einander nähern, oder von einander entfernen. Erfolgt diese Bewegung zur Zeit grosser gegenseitiger Nähe der Atome, dann übertragen dieselben eine Arbeit auf den Aether. Die Atome wirken wie ein Kolben, welcher in Wasser getaucht wird, periodisch sich hebt und senkt, Wellen erzeugend. Die ausgesandten Wellen bedeuten Energie-Verlust. Das schwingende Atom eines Moleküls verliert mithin durch Strahlung an Wärme. Strahlende Wärme kann dauernd nur von Molekülen ausgehen, nicht von einzelnen Atomen. In einfachen Gasen treffen sich Atome sehr selten, manche begnügen sich, einander zu umkreisen. Nur in dem kurzen Augenblick inniger Annäherung arbeitet der Aether, einen einzelnen Wärmestrahl diesem Molekül, dem Kind des Augenblickes, zu entziehen. In chemisch nicht einfachen Gasen haben wir die Wärmestrahlen zu unterscheiden, welche das Molekül, bezw. das Atom im Molekül, aussendet und andere Strahlen, welche im

Augenblick der Annäherung zweier Moleküle sich bilden, letztere treten nur vereinzelt auf, die Molekül-Zwischenräume sind gross, die Molekül-Geschwindigkeiten aber klein. Vom chemisch zusammen gesetzten Molekül selbst strahlt aber beständig Wärme aus, denn der Atomabstand im Molekül ist klein, der Weg des Atoms, seine Wärme-Schwingungsamplitude schnell durcheilt. Der Zusammenstoss der Atome wiederholt sich oft. Es ist aber hervor zu heben, dass die relative Atombewegung im Molekül kleiner ist, als der ganzen Temperatur entspricht.

Wiewohl schon die chemisch zusammengesetzten Gase, vermöge der inneren Schwingung der Atome im Molekül, in den Stand gesetzt sind, Wärmestrahlen auszusenden, bezw. aufzunehmen, zeigen die nicht gasförmigen Körper noch weitaus gesteigertes Strahlungsvermögen. In den nicht gasförmigen Stoffen schwirren die Moleküle und Atome beständig gegeneinander. Die Flächeneinheit ist durch so viel strahlende Schwingungsbahnen gebildet als Moleküle pro Einheit der Fläche zu rechnen sind; daher ist die Anzahl der pro Flächeneinheit von einem nicht gasförmigen Körper ausgehenden Strahlen ganz ausserordentlich gross.

Eine andere Art der Erregung des Aethers tritt in dem Augenblick des Zusammenschlagens zweier Atome ein, dieselben erklingen unter dem Schlag, wie zwei tönende, elastisch harte Körper, doch ist der Ton nicht Schall, sondern Licht oder elektrische Schwingung. Der Erzeuger des Lichtes ist das klingende, zitternde Atom, der Träger des Lichtes der Aether.

Zunächst müssen wir uns darüber ganz klar werden, dass jede Schwerpunkts-Bewegung eines Atoms Wärme bedeutet und dass mithin die Schwingungen des Atoms im Molekül, theilweise auf Aether übertragen, Wellen erzeugen, deren Periode der Wärme-Schwingung entspricht und von anderen Molekülen aufgenommen, an ihnen wieder Wärme und zwar von gleicher Periode erzeugt. Die Aetherwellen, welche durch Schwerpunkts-Bewegung der Atome im Molekül entstehen, sind hiernach Wärmestrahlwellen. Lichtwellen hingegen sind feinerer Art und an sich kalt, nur in der Mischung mit Wärmestrahlwellen empfinden wir Wärme im strahlenden Licht. Das Licht schwingt in feineren Wellen als die strahlende Wärme, geht von Materie aus, setzt, für sich allein auftretend, die Schwerpunkte der Atome nicht in Bewegung, sondern wirkt nur chemisch auf die Atome ein, wofern das Licht absorbirt und nicht zurückgestrahlt wird. Jede Bewegung eines Körpers aber, welche dessen Schwerpunkt nicht verlegt, sondern in Ruhe belässt, kann nur eine Achsendrehung der Atome oder eine innere Schwingung derselben sein. Wir werden später erkennen, dass Drehbewegungen dem Magnetismus verwandt sind, können aber zur Zeit diese Art der latenten Energie hier nicht weiter verfolgen. Es wird genügen, die innere Schwingung ins Auge zu fassen, welche unbedingt mit dem Zusammenschlagen zweier Atome verbunden ist.

Lichtklang. Wir haben in Vorstehendem erkannt, dass ein in sich erzitterndes Atom zu leuchten vermag, wir müssen nun aber sorgfältig die näheren Umstände untersuchen, welche einer Uebertragung innerer Atomschwingung auf Aether zu dienen, und welche Umstände dieselbe zu hindern vermögen. Die richtige praktische Vorstellung gewinnen wir durch Betrachtung der Vorgänge bei der Erzeugung des Tons.

Eine Glocke muss aus ziemlich hartem Material bestehen, Glocken aus Gummi oder weichem Papier sind undenkbar. Die Glocke darf keinen Sprung besitzen, sie muss elastisch sein, d. h. stets bereit sein, in ihre ursprügliche Form zurückzuschnellen, wenn ein Eindruck auf sie hervorgerufen war. Der ein Erklingen der Glocke veranlassende Schlag muss kurz und kräftig geführt sein, d. h. es darf der Hammer nicht lange die Glocke berühren, er muss zurückschnellen und der Glocke schwingende Eigenbewegung gestatten.

Wie dort die Erzitterung des festen Körpers sich auf die Luft als Schallwelle überträgt, wird auch das getroffene, schwingende Atom den dasselbe berührenden Aether in Bewegung versetzen. Die Menge der auf den Aether bei Erzeugung der Wellen übergeleiteten Energie ist proportional der Dichtigkeit des Aethers und proportional dem Quadrat der schwingenden Geschwindigkeit des Atom-Materials. Dass aber die Erzitterungen sich mit sehr grosser Geschwindigkeit vollziehen, geht aus der Heftigkeit des Anpralls der Atome hervor, welcher mit der Wucht der Wärmebewegung, d. h. mit einigen Hunderten oder Tausenden Metern Geschwindigkeit erfolgt. Die Schwingungen des Atom-Materiales können nur auf den Aether überführt werden, weil nur dieser das Atom umlagert. Zwei in starker innerer Erzitterung befindliche Atome stossen sich gegenseitig ab, falls sie sich berühren. Dabei wird innere Bewegung in äussere Bewegung, z. B. elektrische Erregung in Wärme und äussere sichtbare Bewegung verwandelt.

Wir haben erkannt, dass durch die relative Bewegung der Atomschwerpunkte, d. h. die Wärmebewegung, in den Raum hinein Aetherwellen entsendet werden, welche, auf Moleküle treffend, diese in innere

Wärmebewegung versetzen, d. h. erwärmen und in ihrer Aufeinanderfolge einen Wärmestrahl bilden dürften. Es ist nun darzuthun, dass die von einem in innerer Erzitterung befindlichen Atom ausgehenden Wellen chemische Wirkung besitzen müssen, mithin dem Lichtstrahl verwandt sind.

Wie eine Schallwelle eine nach gleichem Ton gestimmte Saite in Schwingung versetzt, so dass diese noch nach tönt, wenn der Erreger des Schalles schon schweigt, so vermag auch ein Atom die von einem gleich gestimmten Atom ausgehenden Wellen in sich aufzunehmen und in Eigenschwingung zu verwandeln. Im Anprall an das Nachbaratom des gleichen Moleküls wird diese innere Erregung zum Theil in Atom-Schwerpunktsbewegung, d. h. in latente Wärme, umgesetzt, wodurch die innere Schwingungsbahn der Atome im Molekül eine Aenderung erleidet. Es lockern sich die Atome im Molekül, dabei die äussere Wärme oder Temperatur nicht nothwendig zu steigen braucht. Nun können Umlagerungen der Atome statthaben, also sind chemische Kräfte in Thätigkeit.

Nicht alle ätherischen Wellen gleicher Ordnung vermag das Auge als Licht zu erschauen, sondern nur diejenigen Strahlen, welche die Atome und Moleküle der Netzhaut unseres Auges derart beeinflussen, dass Erregung auf den Sehnerv übergeht. Der Begriff Licht und Farbe ist mithin ohne das eingehendste Studium unseres Sehorganes und seiner Thätigkeit nicht erschöpfend zu erklären. Die Gegensätze zwischen Licht und Schatten würden bei unbegrenztem Sehvermögen in Fortfall gerathen, überall wäre Licht und nirgends ein Ruhepunkt für das Auge.

Die Physik lehrt, dass die Materie in der Lichtwelle senkrecht zum Strahl gerichtete Schwingungs-Bewegung vollzieht. Es wäre philosophisch unrichtig daraus zu schlussfolgern, dass Licht sich durch Transversalschwingung (Querschwingung) fortpflanzt. Wir müssen beachten, dass die Materie überhaupt nicht der Träger des Lichtes ist, sondern der Aether. Das Licht pflanzt sich durch den freien Weltenraum fort, wo keine Materie sich vorfindet. Wir können also höchstens angeben, dass Materie, welche keine Transversalbewegung zu vollziehen fähig ist, den Durchgang des Lichtes hindert. Da wir nun in der Materie nicht den Träger des Lichtes erblicken, darf man jene materielle Transversalbewegung nicht als die Ursache der Fortpflanzung des Lichtes hinstellen wollen. In irgend einer Form muss im Strahl die Masse Bewegungsgrösse und Energie vor- und rückwärts übertragen und wenn die Materie auch eine Schwingung in Richtung des Strahles nicht vollziehen sollte, so müssen doch wenigstens der Aether, der Träger des Lichtes, wie das Material im Innern des Atomes eine Bewegung vor und zurück ausführen. Im Abschnitt 26 wird darauf verwiesen, dass diese schwierigen Fragen dann erst verhandelt werden können, wenn die Vorstellung der Bewegungs-Erscheinungen eine praktische geworden ist. Die genaue Beobachtung und die theoretische Behandlung der Bewegungs-Vorgänge an Beispielen der sichtbaren Welt schärfen das praktische Verständniss so sehr, dass der Weg, welcher zu einer Erkenntniss der Lichtwelle führt, das eingehendste Studium der Wasserwelle in ihren mannigfachen Sonderformen zum Ausgangspunkt hat. Wer diesen Weg nicht wählt, sondern schneller zum Ziele gelangen will, begeht leicht Vernachlässigungen und gelangt zu Trugschlüssen.

Es sei darauf verwiesen, wie grosse Hindernisse sich dem Physiker bei der Beobachtung der Energie-Ausbreitung in Wellen entgegenstellen. Im beengten Laboratorium reflektiren die Wellen sofort an den Wandungen, mögen Wasserwellen, Luftwellen oder andere Wellen vorliegen. Durch das entstehende Echo wird die Energie-Uebertragung in die Ferne gestört, es bilden sich stehende Wellen. Daher ist es erklärlich, dass der Frage einer Energie-Uebertragung durch Wellen praktisch bisher nicht und kaum theoretisch näher getreten ist. Diesseits bot sich bei der praktischen Thätigkeit am Wasser die Gelegenheit für das Studium der Wasserwellen*).

Im Abschnitt 26 wird auf die Energie-Uebertragung durch Wellen weiter eingegangen.

Das Material des Atoms steht unter dem Druck des Aethers, vermehrt um die Massenanziehung der Materialtheilchen, wie der innere Druck der Flüssigkeit oder des festen Körpers sich nach dem äusseren Druck und der Massenanziehung der Moleküle richtet. Wir haben gesehn, dass unter der Einwirkung der Massenanziehung die Wärmebewegung nicht gasförmiger Körper eine Steigerung um den Betrag der latenten Wärme erfährt, und dass darum der Schall entsprechend schneller in nicht gasförmigen Körpern fortgetragen wird. In gleicher Weise vollzieht sich die innere Bewegung im Material des Atomes mit grösserer Geschwindigkeit als am freien Aetherkorn. Die ätherische

---

*) Exner's Repertorium der Physik, Wien, Band XXII. „Ueber Gestalt und Bewegung von Wasserwellen in stehenden und fliessenden Gewässern mit Berücksichtigung der Einwirkung des Windes“.

oder elektrische Welle durcheilt mithin das Atom schneller als den freien Aether, so dass die Elektrizität im Leitungsdraht schneller dahin strömt, als der Aether die Lichtwelle fortträgt.

Das durch Wärme erzeugte Licht nimmt mit der Heftigkeit des Anschlages der Atome gegen einander und mit der Häufigkeit des Zusammenstosses zu. Chemisch einfache Gase strahlen, wie zuvor bei der Wärme schon auseinander gesetzt ist, äusserst wenig Licht aus, die Zusammenstösse erfolgen zu selten. Zumal sind es auch hier die nicht gasförmigen Körper, welche pro Einheit der Oberfläche die zahllosesten Zusammenstösse der Atome und Moleküle aufweisen und mithin in erhitztem Zustande am ergiebigsten leuchten. Die chemisch zusammengesetzten Gase dürften eine Zwischenstellung einnehmen, sie werden ergiebiger leuchten als die chemisch einfachen Gase, aber weitaus weniger als nicht gasförmige Körper. In den zur Beleuchtung dienenden Flammen ist es ja auch bekanntlich die als Staub ausgeschiedene glühende Kohle, welche das Leuchten der Flamme bewirkt.

Für die **Spektralanalyse** möchte folgender Umstand noch von Bedeutung sein.

Wir nähern uns der Ueberzeugung, dass Licht durch ein momentanes Aufblitzen zusammenschlagender Atome veranlasst wird. Die Lichtstärke ist proportional der Zahl der Lichtblicke und der Intensität des einzelnen Strahls. Das Licht besitzt eine Strahldichte und eine Strahlstärke. In ganz schwachem Licht kann die Strahlstärke bedeutend sein und die Schwäche des Lichtes nur durch die Geringfügigkeit der Anzahl der Lichtstrahlen veranlasst werden; geschieht doch ein Aufblitzen der Atome nur im Augenblick gegenseitiger Berührung derselben. Dieser Anprall findet bei Gasen selten, bei festen und flüssigen Körpern aus den beiden bekannten Gründen ungleich häufiger statt.

Wiewohl heisse Gase nicht viel Licht entsenden, schwingt die Lichtwelle im einzelnen Strahl doch nach einer hohen Amplitude in unmittelbarer Nähe des leuchtenden Gasatoms, weil der Zusammenstoss der Gasmoleküle oder der Atome chemisch einfacher Gase mit den sehr hohen Werthen der Bewegung latenter Wärme-Energie erfolgt. Die Wucht des Zusammenstosses der Gasmoleküle oder Atome entspricht der Energie der äusseren Temperatur, vermehrt um den Betrag derjenigen latenten Energie, welche noch im letzten Augenblick vor dem Zusammenstoss durch Massenanziehung hinzukommt. Bei nicht gasförmigen Körpern fällt dieser letztere Betrag klein aus, da die Anziehungskraft nicht längs des ganzen Weges, vom äussersten Kreis molekularer Anziehung ab gerechnet, arbeitet, sondern nur längs eines sehr beschränkten Weges, da die Moleküle im nicht gasförmigen Körper sich nie so weit von einander entfernen, sondern kürzere Schwingungsbahnen verfolgen.

Der Unterschied bezüglicher Energie-Mengen wird durch die chemische Verbrennungswärme und die innere Verdampfungs-Wärme zum Ausdruck gebracht. Im Wasserdampf schlagen die Moleküle z. B. mit einer Energie zusammen, welche bei 100 Grad Celsius Temperatur um so viel grösser ist, gegenüber der Energie aneinander prallender Wassermoleküle gleicher Temperatur, als betrüge die Temperatur des Dampfes etwa 1300 Grad mehr als diejenige des Wassers.

Die Amplitude des Lichtes gasförmiger Körper ist in unmittelbarer Nähe der Atome, bezw. Moleküle viel grösser als bei festen bezw. flüssigen Körpern gleicher Temperatur. Hieraus entwickelt sich ein Streit. Das in hoher Amplitude schwingende Atom lässt die vom nicht gasförmigen Körper ausgehenden Wellen gleicher Farbe, aber niederer Amplitude, nicht ungehindert durch, es entstehen gegenseitige Beeinflussungen, deren Resultat wahrscheinlich jene dunklen Absorptionslinien im continuirlichen Spektrum sind, welche entstehen, wenn das Licht von einem glühenden festen oder flüssigen Körper durch eine heisse Gasatmosphäre sich bewegt. — Vergl. die Frauenhoferschen Linien.

24. Elektrizität und Magnetismus.

Während die Untersuchung der Wärmebewegung einfacher Gase sich nur auf die materielle Bewegung der Atom-Schwerpunkte zu stützen hatte, traten bei Betrachtung der Wärmebewegung chemisch zusammengesetzter, wie namentlich fester und flüssiger Körper die inneren Kräfte, die Massenanziehungen oder Aetherdruck - Differenzen hinzu. Noch schwieriger gestalten sich nun die Verhältnisse bei Entwickelung der elektrischen und magnetischen Bewegungs - Erscheinungen. Die Zahl der Unbekannten steigt; wir müssen uns mit den im Atom selbst sich vollziehenden Bewegungs-Vorgängen befassen und feststellen, welche Bewegungs-Bedingungen für den freien Aether in Unabhängigkeit von der Materie gelten. Hier ist vorwiegend auf Abschnitt 27 Centralschwingung zu verweisen. Mit der Zahl der Unbekannten muss die Zahl der Beziehungen wachsen, wenn die Aufgabe mit Sicherheit gelöst werden soll. Umfassende Kenntnisse der Gesetze der Chemie, Krystallographie und Physik müssen sich mit grosser Fertigkeit in der Anwendung der Mathematik und mit klaren Vorstellungen über die Bewegungs-

Vorgänge in einem Kopfe paaren, um entscheidende Schlussfolgerungen zu ermöglichen. Diese Einigung des erforderlichen Wissens und Könnens ist bei der auseinander strahlenden Richtung der Berufsthätigkeiten sehr schwer zu erzielen. Als Ersatz kann ein lebhafter Meinungs-Austausch unter Fachmännern treten, aber auch dieser ist äusserst schwer zu erreichen, es sei denn, dass eine bezügliche Besprechung geradezu einige Jahre hindurch zu einer wissenschaftlichen Tagesfrage erhoben würde.

Solange ein solches Vorgehen nicht erreicht ist, müssen wir uns mit dem Fernblick begnügen, welchen nur ein einzelner Beobachter von seinem Standpunkt gewinnt. Die erreichte Anschauung wird zwar je nach der Art des Standpunktes mehr oder weniger Uebersicht gestatten, einseitig bleibt sie aber doch.

Wünscht nun der Leser mit mir jenen Standpunkt zu erklettern, um selbst zu schauen. Dieser Weg ist mühsam, setzt viele Studien und Arbeiten auf dem Gebiet der angewendeten Mathematik voraus, um daraus die Sprossen zu schnitzen, welche für unsere Gedankenleiter erforderlich sind. Eine solche zeitraubende Arbeit vermögen nur einzelne Personen zu unternehmen. In diesen Zeilen kann es daher nicht darauf ankommen zu überzeugen, sondern ich muss mich damit begnügen, dasjenige Bild zu beschreiben, welches sich von meinem Standpunkt aus übersehen lässt. Soweit dabei neue Anschauungen entwickelt werden, wird es einen Kampf kosten, den Anschauungen ganz oder theilweise Anerkennung zu verschaffen. Dieser Kampf ist nöthig, denn neben durchdachten neuen Vorstellungen tauchen auch stets so viele unklare Vorstellungen auf, dass dem Fachmann die Prüfung des Neuen erschwert und verleidet wird. Früher verbrannten Heiden die Christen nur darum, weil sie ein Vorurtheil gegen deren Lehren besassen, heute hat der Kampf des Neuen gegen veraltete Anschauungen eine mildere Form angenommen; aber das Vorurtheil grollt auch heute noch, wo eine neue Vorstellung nach Ausbreitung trachtet, dasselbe lenkt die Aufmerksamkeit von der mühevollen Verfolgung des vorgeschlagenen Richteweges ab, der Gedankengang führt dann nicht zu dem bezeichneten Standpunkt, der Fernblick wird nicht gewonnen und die Richtigkeit der neuen Anschauung nunmehr bestritten. Durch philosophische Betrachtungen, dem Glauben eine Richtung zu geben, ist sehr schwer; es wird immer der sinnlich wahrnehmbare Eindruck gefordert. Es wächst der Glaube an das Vorhandensein einer unsichtbaren Beziehung nur sehr langsam, indem es nach und nach gelingt, alle sinnlich wahrnehmbaren

Erscheinungen und Vorgänge zu erklären, d. h. unter einander und mit den Forderungen unseres Denkvermögens in Einklang zu bringen.

Von meinem Standpunkt aus sehe ich nun die Materie und den Aether sich bewegen und es entrollt sich vor mir ein Bild über das Wirken der Kräfte, welches ich nachfolgend skizziren will.

Durch den Schlag des Hammers gegen einen festen, wiewohl in Folge innerer Wärmebewegung elastischen Körper erzeugen wir äussere Bewegung wie auch Schall und Wärme; durch den Anprall eines Atoms gegen einen Körper entsteht nur wenig äussere Bewegung, dagegen Wärme, ein Wärmestrahl, bezw. auch ein Lichtstrahl und Elektrizität, das ist eine innere Erzitterung im Atom.

Während der Periode der Annäherung und Entfernung der Atome dürfte eine Druckdifferenz im Aether sich bilden, welche als Wärmestrahl in den Raum hinauseilt, wenn der Vorgang sich periodisch wiederholt. Im Moment des Zusammentreffens zweier Atome wird die ganze Wärme-Energie in eine innere Erzitterung der Atome verwandelt, welche klingend in den Aether dem Lichte und der Elektrizität verwandte Wellen entsendet. Der Zusammenstoss dauert aber nur eine äusserst kurze Zeit, es verwandelt sich die innere Erzitterung des Atommateriales, diese unter ätherischer Spannkraft stehende sogenannte potentielle Energie, wieder in eine sich gegenseitig fliehende Bewegung der Atome. Die entstandene Bewegung ist wieder Wärmebewegung und abermals veranlasst das Atom eine Wärmestrahl-Welle im Aether, während der Aether das Atom hemmt und zur Rückschwingung zwingt. Behufs Erzeugung oder vielmehr Sammlung von Elektrizität kommt es jetzt nur darauf an, dem Atom in demjenigen Moment die innere Erzitterung zu entziehen, wann gerade bei dem Zusammenstoss zweier Atome die Atomschwerpunkte zur relativen Ruhe gelangt sind und die soeben zuvor vorhandene Energie äusserer und latenter Wärme für einen Augenblick in Elektrizität verwandelt worden ist.

a) Galvanische Elektrizität.

Das Sauerstoff-Atom, welches sich im Element einer blanken Metalloberfläche nähert, wird von dem Metall angezogen; dasselbe schlägt mit der grossen Energie latenter Wärmebewegung gegen das Metallatom, in diesem eine innere Erzitterung erzeugend. In jenem Augenblick sind beide Atome elektrisirt, sie haben das Bestreben einander zu fliehen, sich wieder zu trennen und folgen diesem Bestreben, wenn keine Ableitung der gegenseitigen Erregung statthat. Soweit das Metall mit einem Leiter der Elektrizität verbunden ist, wird sich die innere Erregung oder Elektrizität über diesen mit der Geschwindigkeit von 60000 deutschen Meilen die Sekunde ausbreiten. Im unterbrochenen Leiter wird jedoch die Energie von den Enden her zurückschwingen, den Ausgangspunkt erreichen und eine weitere kalte Vereinigung eines Sauerstoff- und eines Metallatomes verhindern. Ich sage kalte Vereinigung, weil die Atome gerade in dem Augenblick durch Entziehung der inneren potentiellen Energie aneinander gekettet werden, wann die Atome einander am innigsten berühren, ihre Schwerpunkte also in relative Ruhe zu einander gelangt sind. In dem Moment besitzen die Atome keine Wärmebewegung. Gelingt es nun, die Energie der inneren elektrischen Erzitterung abzuleiten, bevor der grössere Theil der Energie sich wieder durch Rückprall in Wärme verwandelte, dann hat sich die Vereinigung der Atome, also ihre Verbrennung auf kaltem Wege vollzogen.

Im Bilde kann man sich die Bedeutung einer Ableitung der Energie vorstellen. Eine Billardkugel ruht, ich treffe dieselbe central mit einer zweiten ebenso grossen Kugel. Nach dem Stoss eilt die getroffene Kugel davon. Eine Vereinigung beider hat nicht stattgefunden. Ruhen jedoch zuvor zwei Billardkugeln a und b dicht neben einander und trifft eine dritte Kugel c eine derselben in Richtung der Verbindungslinie ab, z. B. die Kugel a, dann eilt b hinten fort, während c sich ruhig neben a lagert. Die äussere Energie der Kugel c verwandelt sich im Anprall in innere potentielle Energie, hier Druck des Materials, dessen Träger in diesem Fall die Wärmebewegung ist. Mithin schreitet die potentielle Energie hier mit der Schallgeschwindigkeit fort, erreicht die dritte, die letzte Kugel der Reihe, wird dort im Material derselben zur Umkehr bewogen, weil das Material sich nicht gegen andere Massen in Richtung des Stosses stützt und kehrt nach dem Ausgangspunkt zurück. Die mittlere Kugel a wird um einen ganz kleinen Weg verschoben, im Uebrigen dient dieselbe der potentiellen Energie, d. h. dem Druck nur als Leiter, während vorne die Verwandlung der äusseren Bewegung in Schwingungsenergie oder potentielle Energie in Folge des empfundenen Widerstandes statthat und hinten am Ende der Reihe umgekehrt aus innerer Schwingungsbewegung äussere sichtbare Bewegung gewonnen wird. Dort ist die Leitung unterbrochen und die Reflexion der Druckschwingung kann nur auf Kosten der äusseren Ruhe der letzten Kugel erfolgen, dieselbe setzt sich in Bewegung, weil derselben nur von einer

Seite Bewegungsgrösse zugeleitet wird, also keine Ableitung statthat. Aus vorstehendem Bilde erkennen wir, dass die Verwandlung potentieller Energie, d. h. innerer Schwingung in äussere Bewegung, also auch die innere elektrische Erzitterung des Atommaterials in Atombewegung oder Wärme nur dort statthaben kann, wo die Leitung für potentielle Energie unterbrochen oder überhaupt ungenügend ist. Aus diesem Grunde erglühen die schlechten Leiter im elektrischen Strom. Dort wird die zarte elektrische Erzitterung in die gröbere Wärmebewegung verwandelt.

Wir haben gesagt, dass die sogenannte Massenanziehung in dem Augenblick inniger Annäherung der Atome die Schwerpunktsbewegung derselben, soweit diese der äusseren Wärme, der Temperatur, entspricht, beschleunigt und latente Wärme erzeugt. Dabei arbeitet der Aether, selbst an Energie verlierend, wie dies dem Vorgang der Massenanziehung entsprechen wird. Im Abschnitt 12 ist nun dargethan, wie die Ableitung der latenten Wärmeenergie in der Form äusserer Wärme und Temperatursteigerung erfolgen kann, indem man die durch Vereinigung zweier Atome entstandene innere Erregung auf andere Atome derart ableitet, dass diese eine verstärkte Temperatur-Bewegung eingehen, erstere Atome aber, welche die latente Energie bei ihrer Vereinigung erzeugten, nach Verlust derselben aneinander gekettet bleiben. Diesen Vorgang nennen wir die gewöhnliche Verbrennung, welche Temperatur-Steigerung im Gefolge hat. Diesem entgegen erfolgt die Ableitung der inneren Erzitterung oder potentiellen Energie im galvanischen Element nicht auf ein einzelnes fremdes Gasatom, dieses in Wärmebewegung versetzend, sondern auf den Leiter, welcher mit 60 000 deutschen Meilen Geschwindigkeit die Erregung in Form einer Welle entführt. Es kommt jetzt nur darauf an, dass der Leiter endlose Länge besitzt, damit kein Echo entsteht, die Energie nicht zurückstrahlt, sondern fortlaufend in gleicher Richtung zum Abfluss gelangt. Endlose Leiter können wir uns nicht herstellen, darum müssen wir den Leiter in sich selbst zurücklaufen lassen, also einen Stromkreis, einen geschlossenen Leiter herstellen. Jetzt reflektirt die Welle nicht nach rückwärts im Draht, sondern sie tritt am anderen Pol in die Flüssigkeit des galvanischen Elementes ein und schleudert nun gerade, von hinten kommend, andere Sauerstoff-Atome gegen die Metallplatte, wirkt auf Vereinigung neuer Atome und nicht auf Trennung zuvor entstandener Verbindungen hin. Wo immer die Leitung von Atom zu Atom im Leiter nicht vollkommen ist, wird ein Theil der Elektrizität oder der Erzitterung des Atommateriales nicht zur Fortleitung gelangen. Dann scheiden sich die Hin-

und Rückschwingungen der Erzitterung derart, dass zwei benachbarte Atome sich gegenseitig abstossen. Das eine Atom sammelt die vorwärts, das andere die rückwärts gerichtete Bewegungs-Grösse mv in sich an; die Atome stossen einander ab und gehen eine Wärmebewegung ein. Das Maass der Wärmebewegung ist zwar auch abhängig von der Höhe der elektrischen Spannung der Welle im Scheitel der Welle, mehr aber von dem Druck-Gefälle der Elektrizität in einer elektrischen Welle; denn nur der Unterschied an Spannkraft links und rechts von dem Atom ist für dessen materielle Beschleunigung maassgebend.

Bei der gewöhnlichen Verbrennung liegen die Atome in so weiten Abständen von einander, dass die im Zusammenstoss zweier Atome erzeugte elektrische Spannung sich nur auf diese beiden Atome vertheilt und so lange in diesen beiden Atomen mit 60 000 oder mehr deutschen Meilen Geschwindigkeit hin- und her jagt, jedesmal die Berührungsstelle der Atome passirend und an dem Material derselben reflektirend, dieses auseinander drängend, bis die ganze innere Erregung in Atom-Schwerpunkts-Bewegung, d. h. Wärme, verwandelt ist. Im galvanischen Element ist die Sache anders, daselbst sind die Atome der Leiter in so inniger Berührung mit einander, dass die innere Erregung oder Elektrizität abgeleitet wird und in den Draht übertritt. Links und rechts von ein und demselben Atom herrscht daher fast gleiche Spannung, das Atom ist kaum einem Gefälle elektrischer Spannkraft ausgesetzt, erfährt nur in geringem Maasse eine Beschleunigung seines Schwerpunktes, erwärmt sich also nur wenig; es sei denn, dass ein starker Strom durch einen sehr dünnen Leiter geführt wird.

Die elektrische Welle ist länger, als man zunächst anzunehmen geneigt ist. Der Zusammenstoss zweier Atome verursacht erst schwache, bei innigster Berührung die stärkste und dann wieder abnehmende innere Spannung. Dementsprechend durcheilt den Leitungsdraht eine Welle zu- und abnehmender ätherischer Spannung, welche Welle eine elektrische Welle genannt werden kann. Ihre Länge ist gleich 60 000 deutschen Meilen, dividirt durch die Zeitdauer der innigen Berührung zweier Atome, während des gegenseitigen Zusammenstosses derselben. Dieses Zeitmaass kennen wir nicht, wäre dasselbe aber selbst nur eine Hundert Millionstel Sekunde, dann würde die Länge der erzeugten Welle doch noch 4 ½ Meter betragen. Bei den durch Dynamomaschinen erzeugten Wechselströmen jagen zahllose Wellen erst in einer Richtung hinter einander her, um gleich darauf die Richtung der fortschreitenden Bewegung zu wechseln und entgegengesetzt zu eilen. Wiewohl nun die

Stromrichtung im Wechselstrom häufig in einer Minute 3600mal und in einer Sekunde 60mal wechselt, durchlaufen die Wellen einer Richtung 1000 deutsche Meilen Wegesstrecke, bevor die Richtungsänderung erfolgt, d. h. es durcheilen die elektrischen Wellen einen Stromkreis von einer deutschen Meile Gesammtlänge 1000mal in gleicher Richtung, eben so oft die Dynamomaschine und alle Lampen passirend, bis der nächste Wechsel in der Stromrichtung erfolgt.

Ist d der Durchmesser eines Metallatoms und drückt sich dasselbe im Anprall an ein Sauerstoff-Atom um $\frac{d}{100}$ zusammen, dann ist die Zeitdauer der Berührung $\frac{2 \,.\, d}{100} \,.\, \frac{2}{v}$, darin v die Anfangsgeschwindigkeit der Atome relativer Bewegung und $\frac{v}{2}$ die mittlere Geschwindigkeit bedeutet. Aus der Verbrennungswärme sei v zu 6000 Meter ermittelt, dann ergiebt sich die Länge der durch diesen Zusammenstoss erzeugten elektrischen Welle zu $60\,000 \,.\, 7\,500 \,.\, \frac{2d}{100} \,.\, \frac{2}{6000} = 3000\ d.$ Unter diesen Umständen würde sich die bei kalter Vereinigung zweier Atome im galvanischen Element erzeugte elektrische Spannung im Leitungsdraht über 3000 Atome, in der Länge desselben gemessen, vertheilen und in der Quere über so viel Atome als der Leiter Atome im Querschnitt aufweist. Auf jedes einzelne Atom dieses Zahlenproduktes verfällt mithin nur ein sehr kleiner Antheil der ganzen elektrischen Kraftdifferenz, so dass jedes Atom nur eine sehr geringe Wärmebewegung bei dem Durchgang einer einzelnen elektrischen Welle erleidet, soweit diese durch die kalte Verbrennung nur je zweier Atome in jedem Augenblick im galvanischen Element veranlasst ist. Es müssen mithin schon viele Atome im Element gleichzeitig zur kalten Vereinigung gelangen, wenn der Leitungsdraht bis zur Glühhitze erwärmt werden soll.

Im galvanischen Element wird um so mehr Stoff zur kalten Vereinigung gelangen, desto erfolgreicher die innere Erzitterung der Atome, d. h. die elektrische Energie vernichtet wird; vor allem darf dieselbe nicht in dem gleichen Draht dem Element wieder zueilen, durch welchen die Ableitung erfolgte, welcher Zustand eintritt, wenn die Leitung unterbrochen wird oder das Drahtmaterial sich gar zu stark erhitzt, ohne dass für Ableitung der Wärme gesorgt wird. Das galvanische Element wird dem entgegen einen starken Verbrauch an Chemikalien zeigen, wenn der Strom kräftig arbeitet, mithin thunlichst viel ätherische Erzitterung vernichtet wird, welche der kalten Vereinigung der Atome im Element hindernd entgegen steht.

Wir haben bis jetzt nur den Weg derjenigen Bewegungs-Grösse in's Auge gefasst, welche Energie vorwärts überträgt und Druckwellen in den Draht entsendet; die Bewegungsvorgänge sind aber noch verwickelterer Art. Am Verbrennungspol wird Energie erzeugt, welche nach derjenigen Richtung abströmt, dahin die bequemste Ableitung statt hat, d. h. in Richtung des kleineren Widerstandes. So treibt auch das explodirende Pulver die Massen vor- und rückwärts. Auf das Geschoss wird nur darum die grössere Energie übertragen, weil es leichter ist als die Kanone nebst der Lafette. Soll in einer Richtung Energie fortgeleitet werden, dann ist dorthin Bewegungsgrösse zu übertragen und dies ist nur durch einen Druck möglich, welcher einen Gegendruck, einen Widerstand, zur Voraussetzung hat. Den erforderlichen Widerstand bietet die Flüssigkeit des Elementes, die Masse desselben ist mit dem Gewicht der Kanone und der Lafette vergleichbar. Am Verbrennungspol scheidet sich die Energie in zwei Ströme, derart, dass in beiden die Bewegungsmengen mv und $m, v,$ oder, was dasselbe sagen will, die Werthe $+ P . z$ und $\div P . z$, d. h. Druck bezw. Gegendruck mal Zeit einander gleich, dagegen die nach links und rechts gesandten Energie-Mengen verschieden sind. Es liegen Gründe vor anzunehmen, dass der negative Strom, welcher von dem Verbrennungspol auf den Leitungsdraht übergeht, derjenige sei, welcher die meiste Energie zur Fortleitung bringt, weil derselbe erstens von der Energiequelle ausgeht und weil derselbe weiter überall dort die stärkste Glühhitze erzeugt, dahin er trifft. Dieser Punkt bedarf jedoch noch der eingehendsten Prüfung.

Die Energie kann nur so lange im Leiter strömen, als derselbe einen vollständig geschlossenen Kreis bildet, denn nur in diesem Fall gelangen fortschreitende Wellen zur Ausbildung. Woselbst sich eine Lücke im Leiter befindet, welche der Strom nicht überspringen kann, schwingt das Atom-Material des Leiters in den freien Raum hinein, überschreitet die Gleichgewichtslage und bedingt hinter sich Zugspannung. Es läuft als Echo der Druckwelle eine Welle im Draht zurück, welche Energie rückwärts überträgt und saugend die vollzogene kalte Vereinigung zweier Atome im Element wieder aufhebt. Die rückläufigen Wellen sind mithin störend, sie erzeugen in Gemeinschaft mit den ankommenden Wellen stehende Wellen, welche keine Energie in die Ferne übertragen, keinen elektrischen Strom, sondern nur Spannung bedeuten, den umgebenden Aether nicht in Rotationsschwingung versetzen, also auch keinen Magnetismus hervorrufen, vergl. hier *c*, *d* u. *e*.

Bei der Fortpflanzung der Schallwelle unterscheiden wir als Träger der Kraft das Luftatom, welches, vermöge seiner Wärmebewegung von 612 m bei Null Grad Temperatur, die Druckdifferenzen mit 332 m Geschwindigkeit in die Ferne überträgt; ausserdem haben wir noch die Schwingungs-Geschwindigkeit der Luft zu berücksichtigen. Letztere wird im elektrischen Strom als Wärme-Bewegung empfunden, während an Stelle der Zahl 332 hier die Zahl 450 Millionen Meter, als Fortpflanzungs-Geschwindigkeit der elektrischen Welle auftritt und die Zahl 612 durch den Werth 825 Millionen Meter zu ersetzen ist, welcher die Geschwindigkeit der inneren unter dem Druck ätherischer Kräfte sich vollziehenden Bewegung des Atom-Materiales selbst angiebt.

Im Abschnitt 18 ist der Elastizitäts-Modul des Wassers aus der Wärme-Bewegung desselben angenähert errechnet.

In gleicher Weise muss das Material des Atoms, z. B. des Eisenatoms, auch einen ätherischen Elastizitätsmodul besitzen, welcher sich aus der fortschreitenden Geschwindigkeit der Elektrizität ermitteln lässt. Der ätherische Elastizitätsmodul ist gleich dem äusseren Aetherdruck, vermehrt um den inneren Druck des Atommateriales, welcher durch die innere Erzitterung erzeugt und durch die Massenanziehung im Zaume gehalten wird. Bei dem Wasser war der innere Druck bei 100 Grad Temperatur schon 20000mal so gross als der bezügliche Dampfdruck; hiernach vermag man schon zu ahnen, dass der innere Druck im Atom einen riesenhaften Werth besitzen muss, welcher ausserordentlich viel grösser ist als der an sich schon so grosse Druck des freien Aethers.

Die Rechnung ergiebt nach den Gleichungen Abschnitt 6 und 18

$$E_{\prime\prime} = \frac{1}{10\,333} \cdot \frac{\rho_{\prime\prime}}{g} (c_{\prime\prime})^2. \quad \rho = 7800 \text{ kg } g = 9{,}81 \; c_{\prime\prime} =$$

60 Tausend Meilen = 450 Millionen Meter

$$E_{\prime\prime} = 15 \text{ Tausend Billionen Atmosphären}$$

$$E_{\prime\prime} = 15\,000\,000\,000\,000\,000 \text{ Atmosphären.}$$

Obiger Werth giebt angenähert den ätherischen Elastizitäts-Modul des Eisen-Atoms an. Werden wir aber an die Möglichkeit des Auftretens so grosser innerer Pressungen glauben? Wird es nicht bequemer sein, zu sagen, wir kennen den Zusammenhang nicht, als sich die Grossartigkeit der Natur vor Augen zu führen! Und wenn der Leser mich fragt, ob dieses denn die höchste denkbare Spannung sei, so kann ich nur antworten: „Es ist eine der höchsten erkannten Spannungen, welche sich, gestützt auf beobachtete Erfahrungswerthe, ebenso genau errechnen lässt, wie die Entfernung der nächsten Sonnensysteme von unserem Planetensystem ermittelt ist. Aber was hinter den Sternen wohnt, kein Astronom vermag dieses zu sagen und gleichfalls kann kein Physiker uns die Grenze des Druckes errechnen, dessen Werthe sich in die Unendlichkeit verlieren. Unser Wissen bleibt nach Zeit, Raum und Tiefe des Erkennens unbedingt Stückwerk und nur der Schüler, welcher etwas experimentirte und die Hauptgesetze der Naturwissenschaft erlernte, glaubt das Meiste zu wissen.

b) Reibungs-Elektrizität.

Der Zusammenstoss zweier Atome erzeugt Elektrizität, d. h. Materialschwingungen im Atom, welche unter dem Druck ätherischer Kräfte sich vollziehen. Die Erregung der Elektrizität setzt zunächst die Herbeiführung von Atom-Zusammenstössen voraus, wie solche im galvanischen Element gelegentlich der chemischen Vereinigung von Sauerstoff und Metall-Atomen erreicht ist. Der Zusammenstoss der Atome kann natürlich auch durch heftige Schläge oder durch Reibung hervorgerufen werden; in beiden Fällen entsteht Elektrizität und wird es sich ferner nur darum handeln, die einzelnen Erzitterungen zu sammeln.

Ich bin bis jetzt noch nicht auf zwingende Gründe gestossen, welche die Entscheidung der Frage herbeiführen könnten, was positive und was negative Elektrizität sei. Ueber den Gegensatz der Elektrizitäten habe ich mir daher auch noch kein abschliessendes Urtheil gebildet.

c) Elektrische Wellen im Aether.

Wir haben uns bis jetzt nur mit der elektrischen Longitudinalwelle befasst, welche den Leitungsdraht durcheilt; aber auch in dem freien Aether wird eine jede Druckschwankung in den Raum hinein als Welle übertragen. Die Erregung einer Aetherwelle von Bedeutung durch bewegte Materie setzt grosse Geschwindigkeit der letzteren voraus, da der Aether so sehr leicht ist und nur bei sehr grossen Beschleunigungen einen merklichen Druckwiderstand leistet. Wir wissen, dass die mit einigen Hundert bezw. Tausenden Metern Geschwindigkeit sich vollziehenden Wärmeschwingungen der Moleküle und Atome den Wärmestrahl im Aether erzeugen, wir glauben dass ein Erklingen zusammenschlagender Atome die Lichtwelle entsendet, welche chemische Eigenschaften besitzt. Die Wellen selbst sind und bleiben unsichtbar, wir können sie nur an ihren Wirkungen erkennen und werden aus diesen die Beschaffenheit der Welle zu folgern vermögen. Aber auch hier haben wir zwischen der Erforschung der Erfahrungs-Thatsachen und denjenigen Beziehungen zu unterscheiden, welche Selbstfolge sind, also durch unser Denkvermögen auch ohne die messende Beobachtung errechnet werden können. Ohne das Experiment, die sinnliche Wahrnehmung der Erscheinungen, lernen wir den Gegenstand und die Aufgabe nicht kennen, über welche wir nachdenken möchten. Das genaue Anschauen der Wirklichkeit bildet also unbedingt die Basis der angewendeten Philosophie oder Forschung; aber wir dürfen darum unser Denkvermögen nicht geringer anschlagen, weil dasselbe nur zu arbeiten beginnt, wenn eine Aufgabe gestellt ist. Wo zwei Personen zu verschiedenen Resultaten gelangen, sind nur ihre Voraussetzungen und Vorstellungen über das Wesen der Dinge und der Verhältnisse verschieden, ihre einzelnen Schlussfolgerungen sind identisch. Die Vernunft ist etwas Einheitliches, Untheilbares wie der Begriff der Wahrheit. Wir können zwar eine Reihe richtiger Schlussfolgerungen machen ohne ein Bild der Wirklichkeit zu gewinnen; alsdann sind aber unsere Voraussetzungen nicht richtig gewesen. Selten wird es gelingen alle Voraussetzungen genau festzulegen, bevor das Nachdenken beginnt; häufig können die Voraussetzungen nur durch praktische Vergleiche gewonnen, also errathen werden. Ob nun die Voraussetzungen dann richtig sind oder nicht, erkennen wir am Resultat der Ueberlegung; stimmt dieses in keinem Punkte mit der Wirklichkeit überein, dann waren unsere Voraussetzungen ganz falsch. Je umfassender die Uebereinstimmung zwischen Resultat und Wirklichkeit sich ergiebt, desto zutreffender waren unsere Voraussetzungen. Der Forscher darf mithin nicht nur ein Denker, ein Philosoph sein, sondern er muss auch Fertigkeit im Errathen richtiger Voraussetzungen besitzen, d. h. die Bedeutung des praktischen Glaubens erkannt haben. Ein Gelehrter kann ein noch so scharfer Denker sein, er wird niemals forschend wirken können, wenn ihm jeder Glaube als eine ungerechtfertigte Vorspiegelung der Phantasie erscheint. Der Glaube ist die Knospe aller Erkenntniss, aber der Glaube soll rein sein, nicht heidnisch; er soll sich nur auf die Richtung der Gedanken, die Erkenntniss der Richtung der Beziehungen erstrecken und durchaus nur bis zu derjenigen Grenze das Einzelne ermalen, als zwingende Gründe der Erkenntniss vorliegen. Diese Selbstbeherrschung im Denken unterscheidet das Denken des Mannes von dem Glauben des Kindes. Es zeigt sich aber, dass ein ausschliessliches Erlernen bewiesener Thatsachen die Fähigkeit „zu glauben“ ausserordentlich beeinträchtigt. Die Berechtigung des Glaubens wird schliesslich abgesprochen und nur der Unterschied zwischen dem Wissen und dem Nichtwissen gemacht. Es wird im Lehren nicht genügend darauf hingewiesen, dass alles Wissen den Glauben als Vorstufe besitzt. Das Kind sieht einen Gegenstand vor sich, glaubt dort sei etwas, und greift danach mit den Händen. Erst dann ist der Beweis erbracht und die Wirklichkeit erkannt. Wo der Glaube fehlt, ist man blind gegen die Wahrheit und aus Eigensinn und Dünkel träge im Erkennen. Wer die Wirklichkeit in all ihren Erscheinungen zu berücksichtigen sich bemühte, daneben beachtet, dass die Erkenntnisse an den Grenzen des Wissens in ein Glauben übergehen, und nun bestrebt ist, zunächst die Forderungen der erkannten Wirklichkeit und dann diejenigen der Glaubensrichtung in seinen Handlungen und seinem Denken zu beachten, ist ein praktischer Philosoph.

Nachdem wir erkannt haben, dass im Leitungsdraht elektrische Wellen sich bewegen und die Bewegungs-Vorgänge im Aether, als einem elastischen Mittel, an gewisse Bedingungen hinsichtlich des Raumes und des Volumens wie der Kraftwirkungen geknüpft sind, hindert uns nichts die elektrischen Wellen zu skizziren, um uns als ersten Anhalt ein Bild vor Augen zu führen, daran sich das Einzelne bequemer besprechen lässt. Die genauere Konstruktion ist dann eine weitere, nicht schwierigere, wohl aber mühevollere und zeitraubendere Arbeit. Die erste Skizze ist der versinnlichte Glaube. Eine Darstellung elektrischer Wellen wurde von mir zum erstenmal am 29. Dec. 1889 in Karlsruhe versucht, einigen Freunden vorgeführt und als photographisches Bild an mehrere Herren Physiker versandt. Die zweite Darstellung erfolgte im Mai 1891 für die elektrische Ausstellung in Frankfurt a. M. Der dort im Saal für Med. und Wissenschaft ausgehängten Zeichnung sind die hier gegebenen Figuren 1 bis 5 entnommen.

Je nach der Art der Erzeugung giebt es im Aether die verschiedensten Wellenformen. Wie in der Luft die Schallwelle als Geräusch, als Flüstern, als grollender Donner und in der Musik vieltausend gestaltig unser Ohr trifft, so variirt auch die Aetherwelle bis in's Unendliche. Unsere Organe empfinden aber nur einige dieser Aetherwellen als Licht, Wärmestrahl oder elektrische Beeinflussung durch das Gefühl. Die Aetherwelle ist durchaus abhängig von der Art ihrer Erzeugung; aber auch von ihren Erlebnissen nach ihrer Entstehung.

Eine Welle, welche eine Reflexion erlitten hat, ist vor der spiegelnden Fläche, daselbst Wellen hin und zurückgehen, zu einer stehenden Welle geworden, welche nach Abschnitt 26 d keine Energie leitet, keinem Energie-Strom entspricht.

Eine Welle erfährt, wofern sie sich ausbreitet eine Abschwächung. Es ist nun die Frage, ob dabei die Bewegungs-Grösse oder die Energie Ausbreitung und Vertheilung über grössere Wellenkreise erleidet. In dem Abscnitt 27 wird dargethan, dass nicht, wie die Physik bisher lehrte, die Energie $\frac{mv^2}{2}$, sondern die Bewegungsgrösse $m\,v$ sich ausbreitet. Die Energie-Uebertragung ist nur eine Folge der zufälligen Arbeitsleistung der Kräfte, welche mit dem Gesetz der Erhaltung der Energie in so fern in Beziehung steht, als der Restbetrag einer Energiefülle, welche nicht zur Uebertragung gelangt, am Ausgangsorte verharrt. Die Annahme, welcher man häufig begegnet, es müsse auch in den sich ausbreitenden Wellen von Welle zu Welle die gesammte Energie übertreten, welche in einer Welle angehäuft ist, kann nur als eine willkürliche Annahme hingestellt werden, welcher jede Begründung zunächst fehlt. Im Abschnitt 27 wird gezeigt, dass die von einem Centrum aus auf grössere Kugelräume sich ausbreitende radiale Schwingung schliesslich an den grossen Massen grosser Kugelschalen reflektirt und daher stehende Wellen entwickelt, welche keine Energie mehr radial in die Ferne entsenden. Von derartigen stehenden Kugelschalwellen ist jeder elektrisch erregte Körper umgeben. Nur im Moment der Erregung eilen die Wellen radial in den Raum hinein, somit Energie in die Ferne übertragend. Nach Erfüllung des Raumes mit radialer Schwingung findet kein Energie-Verlust durch Ausbreitung derartiger Wellen statt; es haben sich radial schwingende stehende Wellen gebildet. Der Raum ist mit bezüglicher Centralenergie gesättigt. Nur dort, wo eine Richtung bevorzugt ist, wie bei dem elektrischen Strom und dem Blitz, vermag die Energie den Ort der Erregung zu verlassen und als Energie-Strom dauernd von der Quelle der Erregung in die Ferne zu fliessen.

Diese Vorstellungen über die Art der Energie-Ausbreitung und Energie-Uebertragung sind neu und werden der angewendeten Mathematik reichhaltigen Stoff für interessante theoretische Untersuchungen bieten.

Für die Konstruction der Aetherwellen ist des ferneren der Umstand zu beachten, dass jede Verdichtung oder Verdünnung elastischer Mittel nicht allein in Richtung der ursprünglichen Verschiebung der Massen, sondern auch quer zu dieser Richtung Bewegungen veranlasst, welche in einzelnen Fällen von der gleichen, in anderen Fällen von einer anderen Ordnung sind als die Hauptbewegung oder Schwingung. Die Schallwelle weist z. B. Längsschwingungen auf, welche eine messbare Amplitude besitzen und daneben quer zur Fortpflanzungs-Richtung des Schalles eine Umlagerung der Luftatome oder Moleküle, welche der Wärmebewegung entspricht. Die Wasserwelle zeigt deutlich eine in Richtung des Wellenlaufes schwingende Bahn der Wasserelemente und ausserdem eine auf- und abwärts gerichtete Bewegung derselben. Durch den Wind werden an der Wasseroberfläche Wellenberge und Wellenthäler erregt, wodurch ein Wechsel der Pressung in gleichem Niveau veranlasst wird. Nach der Tiefe zu gleichen sich die Pressungs-Unterschiede aber aus; sie verlieren sich, so dass jedes Wassertheilchen unter sich mehr gleichmässigen Druck, über sich aber stärkere Druckschwankungen verspürt, mithin abwechselnd in vertikaler Richtung Beschleunigung und nachfolgend Verzögeruug seiner Bewegung erleidet. Diese Vertikalcomponente der Schwingungsbahn des Wasserelementes vollzieht sich quer zur Fortpflanzungs-Richtung, dem Lauf oder der Strahlrichtung der Welle. Bei dieser Untersuchung ist die Art des schwingenden Materiales Nebensache, die Hauptsache bleibt, dass die an der Oberfläche, dem Ort der Wellenerregung, entstehenden Pressungsdifferenzen in einer Richtung fortschreiten und dass dieselben mit Entfernung von der Oberfläche, senkrecht zur Strahlrichtung, dem Lauf der Wellen, gemessen, an Stärke abnehmen. Aus Erfahrung wissen wir, dass diese beiden Faktoren, das Fortschreiten einer Welle in Gemeinschaft mit der Abschwächung der Pressungs-Unterschiede nach einer Richtung quer zum Strahl Kreisschwingungen oder elliptische Schwingungen der Material-Elemente veranlassen. Beide Bedingungen finden sich bei der Aetherwelle erfüllt, welche am Leitungsdraht aussen dahin huscht, wenn ein elektrischer Strom den Draht durcheilt. Der Strom im Leitungsdraht ist der Wind, welcher den Ocean des Aethers mit Wellen erfüllt. Die Oberfläche, daselbst die Erregung statthat, ist die Umfläche des Drahtes, die Tiefe des Oceans die Unendlichkeit des Raumes, von der Drahtoberfläche ausgehend, senkrecht zur Drahtachse nach allen Richtungen radial auseinander strahlend gedacht. — Vergl. Figur 1 Seite 114.

Die Aetherwelle im Augenblick beginnenden elektrischen Stromes. Nach den voraufgegangenen Vergleichen hält es nicht mehr schwer die ausserhalb des Leitungsdrahtes im Aether dahineilende Welle in ihrer wesentlichsten Form zu skizziren, während über die Grösse und die genauere Gestalt der Welle im Einzelfall nur nach mühevollen und scharfsinnigen Untersuchungen Erkenntnisse gewonnen werden können.

Im Leitungsdraht gleiten, wie hier unter *a* angegeben ist, die Wellen wahrscheinlich in Richtung des negativen Stromes vorwärts. Es folgen einander Verdichtungen und Verdünnungen des Atommateriales, d. h. Vermehrung und Verminderung des Aetherdruckes. Wie aus der Wellenlehre bekannt und im Abschnitt 26 auch erörtert ist, bewegt sich das Material im Wellenberg oder der Druckleitung vorwärts in Richtung des Laufes der Wellen, im Wellenthal dagegen ist rückläufige Bewegung vorhanden. Bei dem Durchgang einer Verdichtung erhält der die Drahtoberfläche umhüllende Aether einen Antrieb, einen Schlag in Richtung der Strombahn der Wellen und gleichzeitig einen Druck in senkrechter Richtung, indem das Material unter der Einwirkung der Pressung auch seitlich auseinander zuckt. Es entsteht im Aether neben dem Draht, durch welchen der elektrische Wellenberg läuft, eine Verdichtung, welche sich nun nach allen Seiten auszubreiten sucht, daselbst keine gleiche Verdichtung besteht. Der Vorgang ist derselbe als ob ich mein Ohr in die Nähe einer Eisenbahnschiene bringe, auf welcher in der Ferne ein Zug rollt. Der Ton läuft als Welle im Eisen fort und überträgt sich, dem Unterschiede in den spezifischen Gewichten entsprechend, nur um ein Geringes auf die umgebende Luft. Auch die Aetherwelle zeigt gegenüber der Stromwelle im Draht nur eine äusserst kleine Energiefülle, welche durch Summation der Wirkungen aber doch ausreicht, den Induktionsstrom zu erzeugen und die Elektromotoren zu treiben. Wir werden alsbald erkennen, wie die Elektrotechnik jene Stromwelle im Draht ausnutzt, indem sie sich als Zwischenglied der Bewegung des Aethers, nicht eigentlich der elektrischen Welle selbst, sondern der elliptischen kreisenden Schwingung des Aethers bedient, welche durch die Welle erzeugt wird.

Zunächst ist darauf zu verweisen, dass die Schwingungsbahnen der Aethertheilchen grösser sind, als die elektrischen Erzitterungen des Atommateriales im Leitungsdraht, sie verhalten sich zu letzteren umgekehrt proportional den 3. Wurzeln aus den spezifischen Gewichten des Metallatoms und des Aethers, dürften also mehr denn hundertfach grösser sein als die Wegeslängen der elektrischen Erzitterungen im Leitungsdraht. Diese ausserordentliche Uebersetzung ins Grosse kommt der Technik natürlich sehr zu Gute. Ferner ordnen sich im Aether die Schwingungen nach einheitlichen Gesetzen, während im Atom des Leitungsdrahtes die elektrische Erregung als eine nach allen Seiten wirr hin und her jagende Bewegung auftritt, welche der Wärmebewegung vergleichbar ist. Es kommt jetzt darauf an, die Schwingungsbahnen des Aethers bei dem Vorübergang einer Welle zu konstruiren. In der umstehenden Figur 1 ist die Aetherwelle dargestellt, wie sie sich in demjenigen Augenblick zeigt, wenn der Strom beginnt. Der Raum im Umkreis des Drahtes ist noch nicht mit stehenden Wellen gesättigt, vielmehr strahlt der Draht senkrecht zu seiner Achse noch elektrische Energie in den Raum hinein, d. h. es eilen die Aetherwellen etwa mit der Geschwindigkeit des Lichtes vom Draht radial auseinander; sie schwächen sich dabei, auf grössere Kreise übertretend, ab. Durch die Art der Schattirung ist in der Figur die Abnahme der Wellenhöhe oder Pressungs-Differenz hervorgehoben. Auch die Verminderung der Aetherspannung in den sogenannten Wellenthälern verschwindet nach aussen hin mehr und mehr, sie ist im Wellenthal am Draht am stärksten und durch die weiss belassenen Flächen angedeutet. Nach aussen geht die Druckabnahme im Wellenthal verloren, um in der Unendlichkeit den mittleren Aether-Druck ungestört zu belassen.

Der Ort grösserer Materialpressung im Draht, der Wellenberg des elektrischen Stromes eilt nun mit der Geschwindigkeit von 60000 deutschen Meilen im Leitungsdrahte entlang; folglich beschreibt der Ausgangspunkt unserer Aetherwellen am Orte grösster Erregung auch jenen Weg, dem Drahte folgend. Gleichzeitig breitet sich die Welle senkrecht zum Draht aus und es finden sich daher Orte grösster Aetherpressung gleichzeitig in schräge gelagerten Linien, welche in ihrer Gesammtheit räumlich Kegelmantel-Flächen bilden. Im Längenschnitt erscheint der Aether gefurcht, als ob ein schnell fahrendes Schiff Wellen durch das Wasser zieht, welche vorne am Bug entstehen und hinten nach Art der Seiten eines Keiles verlaufen. Aehnliche Wellengebilde erscheinen in der Luft, wenn ein Geschoss die Atmosphäre durcheilt. Hier übt jeder Wellenberg im Leitungsdraht eine solche Wirkung aus, so dass die Aetherwellen durch die Aufeinanderfolge der Antriebe verstärkt werden. In der Zeichnung bilden die Wellen zum Leitungsdraht einen Winkel von 45 Grad. Diese Annahme ist nur schematisch; wahrscheinlich ist der Winkel kleiner, denn die seitliche Ausbreitungs-Geschwindigkeit der Wellen dürfte derjenigen des Lichtes entsprechen, welche kleiner ist als die Geschwindigkeit der elektrischen Welle im

Fig. 1. Elektrische Wellen im Aether.

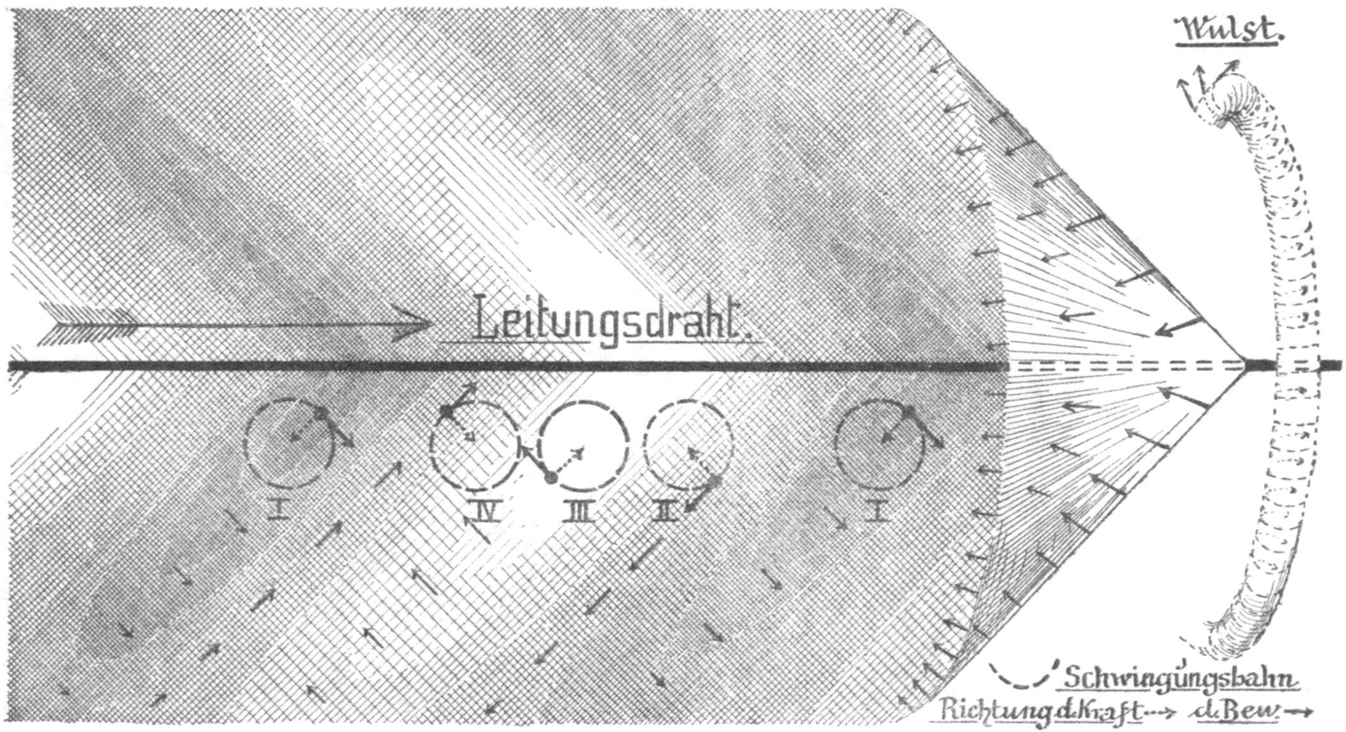

Draht. Es bleibt ähnlichen Experimenten, wie dieselben von Herrn Professor Dr. Hertz angestellt sind, vorbehalten, die genauere Gestalt der Wellen festzulegen.

In der Figur 1 giebt die dicke schwarze Linie den Leitungsdraht an, der lange grosse Pfeil neben derselben die Richtung der Energie-Uebertragung im Strom, d. h. die Bewegungsrichtung des Materiales bei dem Durchgang einer Pressung, d. h. eines Wellenberges; während in den Wellenthälern das Material zurückzuckt. Der Pfeil steht wahrscheinlich, wie hier unter *a* erörtert ist, mit der Richtung des negativen Stromes in Uebereinstimmung.

Am Draht huschen also zahllose Wellen entlang, welche wie ineinandergeschobene Kegelflächen im Raume sich darstellen, deren Spitzen den Draht berühren. Bei dem Vorübergang einer Welle gelangt ein jedes Aetherkorn der Reihe nach in die Positionen I, II, III und IV, um darauf wieder, von einem Wellenberge erreicht, mit der Position I zu beginnen. Durch Pfeile, deren Richtungslinien punktirt sind, giebt Figur 1 die jeweilig wirkenden Kräfte an; dieselben entsprechen dem Gefälle im Aetherdruck, ich meine der jeweiligen Richtung der Druckabnahme. Z. B. weist in Position I der Kraftpfeil darum schräg abwärts, weil in dieser Richtung der Rücken des Wellenberges sich nach aussen abdacht. In Position II befindet sich das als Punkt gezeichnete Aetherkorn auf dem Hang zwischen dem vorwärts enteilenden Wellenberge und dem nahenden Wellenthal, welchem die Kraftrichtung zugekehrt ist. In Position III hat das Wellenthal unser Aetherkorn erreicht, die Kraftrichtung folgt nun der Thalsohle, ist mithin schräg vorwärts gegen den Draht gerichtet. In Position IV befindet sich der Aether hinter dem Wellenthal und vor dem folgenden Wellenberge auf einem Hang, dessen Gefälle vorwärts gegen das Wellenthal und schräg nach auswärts gekehrt ist.

Wir haben nun zuvor schon erkannt, dass der Aether in den Verdichtungen, den Wellenbergen, durch die Atome des Leitungsdrahtes einen zugleich vorwärts und auswärts gekehrten Schlag erhält, so dass der Aether in Position I die durch einen Pfeil mit voll ausgezogener Richtungslinie dargestellte Geschwindigkeit annimmt. In Position I steht die Richtung der zur Zeit wirkenden Kraft senkrecht dieser Bahn, so dass eine Ablenkung eintritt. Der Aether beschreibt ein Kreisviertel, seine Bahnrichtung hat bald die in Position II durch den voll ausgezogenen Pfeil angedeutete Richtung angenommen und abermals wirkt die anders verlaufende Kraft angenähert senkrecht zur Aetherbahn.

Der Vorgang der Ablenkung setzt sich fort. In Position III angelangt, wendet sich der Aether wieder nach innen auf den Draht zu, um in Position IV die grösste Annäherung zu erstreben.

In dieser Weise bewegen sich alle Elemente des Aethers gleicher Position in gleicher Richtung; nur mit dem Unterschiede, dass die Kräfte sich nach aussen abschwächen und darum die Schwingungsbahnen und Schwingungs-Geschwindigkeiten nach aussen abnehmen. Die entstehenden Wellen sind hier durchaus nur schematisch gezeichnet, sie können im einzelnen Fall die mannigfachsten Formen annehmen. Das allen elektrischen Stromwellen der Aetherhülle gemeinsame ist die Rotationsschwingung und die Abnahme der Amplituden nach aussen.

Das Bild bietet links einen Längenschnitt, daran sich die räumliche Darstellung der Welle und zwar eines Wellenthales als Kegelmantel schliesst; die ausgezogenen Pfeile bedeuten die gleichzeitigen Geschwindigkeiten. Von aussen betrachtet, würden sich die Kegelflächen dicht hinter einander reihen. Weiter zeigt die Figur 1 noch einen Wulst, d. h. die Darstellung derjenigen Aetherbahnen, welche in gleichem Abstande vom Draht gleichzeitig Schwingungen gleicher Periode vollziehen. Diese Aufzeichnung der bezüglichen Bahnen giebt durch die Aufeinanderfolge das Bild des Wulstes.

P o l a r i s a t i o n. Die Physik nennt Wellenstrahlen polarisirt, deren Querschwingungen einander sämmtlich parallel gerichtet sind, so dass sich durch die Richtung der Transversal- oder Querschwingung und die Strahlrichtung eine Ebene legen lässt, welche die Polarisationsebene genannt wird.

In unserer Figur 1 ist die Bildebene des Längenschnittes eine Polarisationsebene. Aber nur die Schwingungsbahnen dieser Aethertheilchen gleicher durch die Drahtachse gelegter Ebene sind der Bildebene parallel, alle übrigen Schwingungsbahnen im Raume ordnen sich zu Polarisationsebenen an, welche sämmtlich durch die Achse des Drahtes gelegt sind und in einer senkrecht zur Drahtachse gezeichneten Querschnittsfläche sich als Radien darstellen. Die Wellen sind also central zum Draht polarisirt. Von aussen betrachtet, weichen die Ebenen wie die vom Draht ausgehenden Radien strahlenförmig auseinander. Die vollständige Polarisation lässt sich nun zwar leicht erreichen, es ist nur nöthig, den Draht in die Brennachse des parabolischen Hohlspiegels des Herrn Professor Dr. Hertz zu bringen, dann eilen die vom Draht radial ausgehenden Wellenstrahlen, nach Reflexion am Spiegel zu einander parallel gerichtet, in den Raum hinein. Sämmtliche Schwingungsbahnen dieser reflektirten Strahlen sind nun einander parallel; die Strahlen selbst also polarisirt. Dass die Polarisation auch im Experiment wirklich glückt, soll Herr Professor Dr. Hertz schon durch Versuche gezeigt haben.

d) Induktion der Ströme.

In einem geschlossenen Leiter entsteht ein elektrischer Strom, wenn das Drahtmaterial Stösse durch den Aether erleidet, welche einige Zeit hindurch Energie in gleicher Richtung dem Drahte zuführen. Nachdem wir erkannt haben, dass der Aether im Umkreis eines Stromes kreisende Schwingungen ausführt, wird es uns nicht schwer fallen, die

Fig. 2.

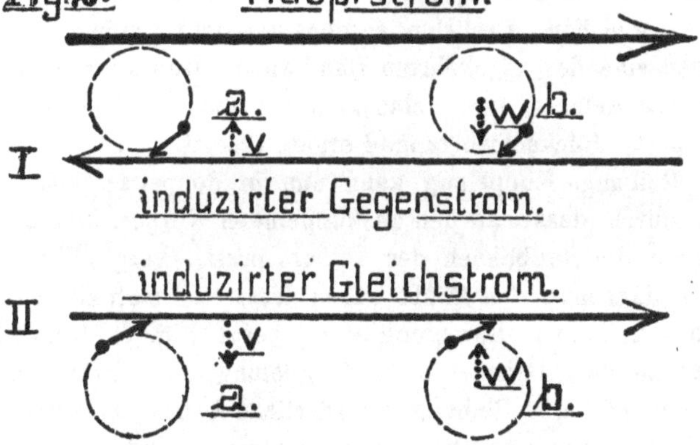

Bedingungen zu erkennen, unter welchen Energie vom Aether auf einen Nebenkreis übertragen wird. Zunächst ist der Aether durch einen Hauptstrom zu erregen, damit überhaupt die kreisenden Aetherschwingungen entstehen. Es ist nun zu beachten, dass die ganze Aetherfülle kreisende Bewegung besitzt, wobei das Aethermaterial sich einmal vom Hauptleiter etwas entfernt, um in der Position IV sich dem Hauptleiter wieder zu nähern. Wofern nun die Mittelpunkte der Aetherbahnen in Ruhe verharren und parallel zum Hauptdraht ein geschlossener Nebendraht gelegt wird, empfängt dessen Material abwechselnd von beiden Seiten Aetherstösse entgegengesetzter Richtung. Auf der dem Hauptdraht zugekehrten Seite trifft der Aether den Nebendraht mit einem dem äusseren rückläufigen Ast seiner kreisenden Bewegung, vergl. Fig. 2 Ia, und auf der abgewendeten Seite, eine halbe Wellenperiode später, mit einem dem Hauptdraht zugekehrten Bahntheil, woselbst die Bewegungsgeschwindigkeit der Richtung der fortschreitenden Energie des Hauptstromes entspricht, vergl. Fig. 2 II a. Unter diesen Umständen entsteht im Nebenkreis kein Strom.

Die Induktion erfordert das Vorhandensein einer relativen Bewegung zwischen der Aetherbahn als Ganzes und dem Nebenkreis, wodurch eine Reibungs-Kuppelung entsteht. Das Drahtmaterial befindet sich gleichsam zwischen Rädern, welche in gleichem Sinne sich drehen, an den Rändern sich also nicht berühren dürfen. Eine Verschiebung aufwärts lässt das eine, eine Verschiebung abwärts das andere Rad in Eingriff gelangen und dementsprechend wird dann auf den zu kuppelnden Körper in dem einen oder anderen Sinn Bewegung und Energie übertragen. Der bei unseren Reibungs-Kuppelungsrädern erforderliche Spielraum zwischen den Radrändern, welcher erforderlich ist, damit die Räder von gleichem Drehsinn entgegengesetzte Umfangsgeschwindigkeit an den einander zugekehrten Rändern besitzen können, ist bei der Rollbahn des Aethers durch eine zeitliche oder seitliche Verschiebung der Hin- bezw. Rückschwingungs-Periode ersetzt.

Die Reibungs-Kuppelung kann nun in doppelter Weise erfolgen. Einmal dadurch, dass man den zu kuppelnden Körper, hier den Nebendraht gegen die Rollbahnen des Aethers presst, vergl. Fig. 2, I a und II a, oder dass man den Draht ruhen lässt und statt dessen die Rollbahnen des Aethers in Bewegung setzt; vergl. Fig. 2 I b und II b. Im Gegensatz zu dem Beispiel fester Kuppelungsräder kann der für Erzeugung der nöthigen Reibung erforderliche Druck im zurückweichenden Aether kein ruhender Druck sein, sondern es findet zwischen Aether und Draht nur so lange Reibung statt als unausgesetzt sich das Material des Drahtes den Rollbahnen des Aethers nähert oder umgekehrt, also nur im Zustand relativer Bewegung.

Gegenstrom entsteht, wenn der Draht des Nebenkreises gegen den Hauptstrom bewegt, oder der Hauptstrom dem Nebenkreis genähert wird. In beiden Fällen trifft der Rücken der Rollbahnen gegen den Nebendraht, woselbst eine der Energie-Uebertragung des Hauptstromes entgegengesetzte Bewegungsrichtung herrscht. Vergl. Fig. 2 I a.

Derselbe Vorgang stellt sich ein, wenn bei Beginn oder Verstärkung des Hauptstromes, der Aether sich mit Schwingung erfüllt, sich ausdehnt und die Rollbahnen eine den Hauptstrom fliehende Bewegung besitzen. Auch dann erfolgt der Anprall mit dem Rücken der Schwingungsbahn, Gegenstrom im Nebendraht induzirend; vergl. I b. Diese relative Bewegung ist jedoch nur von kurzer Dauer, da der Raum sich bald mit stehenden Wellen sättigt und dann die Reibung aufhört. Vergl. hier c und Abschnitt 27, Centralschwingung. Durch konstanten Strom kann man also keine Induktionsströme von Dauer unterhalten. Transformatoren setzen Stromschwankungen bezw. Wechselstrom voraus.

Gleichstrom entsteht bei einer Entfernung der Drähte von einander, weil dann der Anschlag auf jener dem Hauptstrom abgewendeten Seite des Nebenleiters mit der dem Hauptstrom zugekehrten Seite der Aetherbahnen erfolgt, woselbst die Bewegung des Aetherkornes in ihrer Richtung der Energie-Uebertragung des Hauptstromes entspricht. Fig. 2, II a.

In ähnlicher Weise entsteht Gleichstrom bei dem Verschwinden oder der Schwächung des Hauptstromes im ruhenden Nebendraht, weil dann die den Raum erfüllenden Centralschwingungen auf den Draht zurückeilen, hier Ableitung erfahrend. Dabei zieht sich der Aether zusammen, weil die innere Schwingung nachlässt, mithin treffen die in Folge der Trägheit des Aethers noch rollenden Aetherbahnen mit ihrer dem Hauptstrom zugekehrten Seite, daselbst die Bewegung der Richtung der Energieübertragung des Hauptstromes entspricht, von aussen gegen den Nebenkreis. Vergl. Fig. 2 II b.

Die in der Fig. 2 punktirt gezeichneten Pfeile geben die relative Bewegung an, welche jeweilig zwischen dem Nebenkreis und dem Aether auftritt.

Aetherwellen bei konstantem Strom. Ausserhalb eines Leitungsdrahtes bilden sich im Aether ganz andere Wellen, als in der Fig. 1 dargestellt sind, wenn die elektrische Strömung nicht beginnt, sondern sich nach Sättigung des Raumes mit senkrecht zum Draht stehenden Wellen, konstant erhält. Es huschen dann aussen am Draht Wellenbilder entlang, in deren Bergen sich der Aether parallel vorwärts und in deren Thälern sich der Aether parallel rückwärts bewegt. Die quer zum Draht stehenden Componenten der rotirenden Schwingungs-Bahnen werden zu solchen Zeitperioden zurückgelegt, wann im Aether mittlerer Druck herrscht, so dass diese Schwingungen dann keine Energie in die Ferne übertragen. Ich glaube, dass diese Wellen keine Kegelflächen bilden, sondern Ebenen, welche zur Drahtachse senkrecht stehen. Hoffentlich wird es durch Spiegelung solcher Wellen gelingen, die Gestalt derselben zu erkennen.

e) Magnetische Erscheinungen.

Nachdem wir erkannt haben, dass wahrscheinlich die Massenanziehung auf Aetherdruck-Differenzen 1ster bis xter Ordnung zurückzuführen ist, können wir begreifen, wie stark erregter Aether die Materie zu stossen und zu verschieben befähigt sein wird, wofern die Erregung des Aethers nur einseitig erfolgt und auf der anderen Seite der Aether keine oder geschwächte Schwingungsbewegung vollführt. In den Figuren 3, 4 und 5 wird nun gezeigt, dass überall dort, wo elektrische Ströme Anziehungskräfte äussern, zwischen den Drähten die Bewegung des Aethers gestört ist, wohingegen ausserhalb, in der Verlängerung der Verbindungslinien der Drähte erhöhte Erregung des Aethers besteht.

Anziehung.

Zwischen zwei parallel und gleich gerichteten Strömen a und b, Fig. 3 a, wird der Aether durch die Ströme a und b zu entgegengesetzten Rotationen angeregt. Daselbst gelangt der Aether in Folge

Fig.3. a.Anziehung. b.Abstossung.

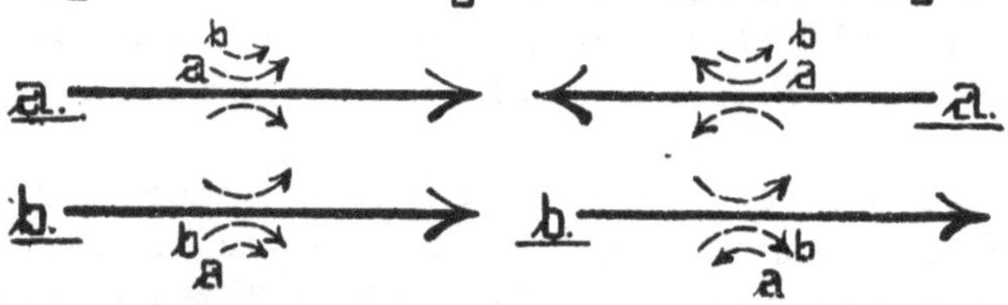

des Widerspruches zur Ruhe. Ausserhalb der Drähte befindet sich der Aether aber oben links, unten rechts von beiden Strömen, erleidet zweimal Erregung in gleichem Sinne, so dass derselbe eine verstärkte Rotationsschwingung eingeht. Damit ist aber ein heftiger Anprall des Aethers an das Material des Leiters verbunden, so dass dieser dorthin ausweicht, woselbst geringfügige Aetherbewegung sich einstellt. Die Leiter ziehen einander mithin an, d. h. sie werden durch den Aether gegen einander gedrängt.

Abstossung.

In Fig. 3 b sind diejenigen Antriebe dargestellt, welche der Aether erfährt, wenn zwei entgegengesetzt gerichtete Ströme einander beeinflussen. Zwischen den Drähten erleidet der Aether Antrieb mit gleichem

Drehsinn durch beide Ströme, wodurch seine Rotations-Schwingung verstärkt wird. Ausserhalb der Drähte erfährt der Aether durch die Componenten a bezw. b entgegengesetzten Antrieb, so dass derselbe aussen beruhigt wird. Die heftige Rotationsschwingung zwischen den Drähten erzeugt von innen nach aussen starken Anprall des Aethers gegen das Drahtmaterial, so dass die Leiter das Bestreben zeigen, sich voneinander zu entfernen, also gegenseitige Abstossung äussern.

Weiteren Untersuchungen wird es vorbehalten bleiben, die räumlichen Bewegungserscheinungen im Aether noch genauer zu verfolgen.

Drehung der Leiter.

Einander kreuzende Ströme rufen gleichzeitig in zwei einander gegenüber liegenden Quadranten Verminderung und in den beiden anderen Vermehrung der Rotationsschwingung des Aethers hervor. Eine Drehung der Leiter ist die Folge.

In Fig. 4 sind zwei Ströme gezeichnet, welche nach a und b gerichtet sind. Der im Quadranten III vorhandene Aether befindet sich

Fig. 4. Drehung der Leiter.

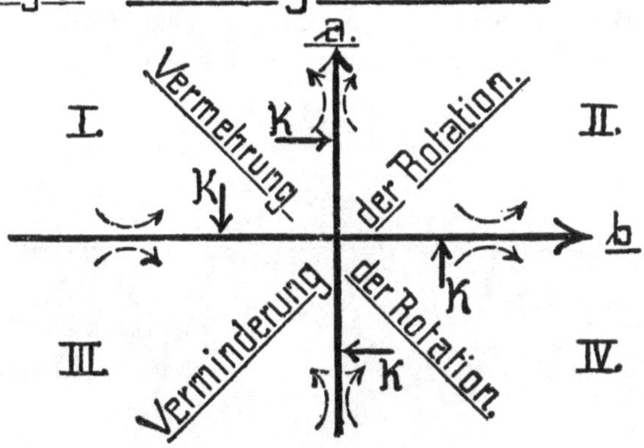

links vom Strom a und rechts vom Strom b, empfängt Antrieb links herum und rechts herum, daraus relative Ruhe folgt. Im Quadranten II befindet sich der Aether rechts von a und links von b, auch hier ist ein Widerspruch im Drehsinn des Antriebes und Abschwächung der kreisenden Schwingung vorhanden.

In den anderen Quadranten erleidet der Aether dagegen gleichen Antrieb von beiden Seiten, derselbe befindet sich einmal in I links von

Strom a und Strom b und in IV rechts von a und b. In jedem dieser beiden Quadranten addiren sich also die Antriebe, so dass hier verstärkte Aetherschwingung auftritt und die Drähte nun vermehrte Stösse in Richtung der Kräfte K erleiden. Die Drähte zeigen das Bestreben, eine einander parallele Lage einzunehmen, sie drehen sich. Folgen die Drähte dieser Bewegung, dann arbeiten die Ströme und schwächen einander, indem sie sich gegenseitig Energie entziehen, weil mit Annäherung zweier Drähte jeder Strom in dem anderen Draht einen Gegenstrom induzirt, der den Hauptstrom jenes Leiters vermindert.

Secundäre Bewegungen. Ausser der Rotationsschwingung vollführt das Aetherkorn noch Drehschwingungen um seine eigene Achse, deren Beziehung zu den anderen Erscheinungen noch kaum erkannt ist. Am Aetherkorn greift in Position II ein kleines Kräftepaar an, dessen Componente vorn der Bewegungsrichtung des Aetherkornes parallel und hinten entgegengesetzt gerichtet ist. In Position IV wiederholt sich die Sache, aber bei umgekehrtem Drehsinn.

Magnete. Die Physik lehrt, dass der Magnet sich in einem solchen inneren Bewegungszustand befindet, als ob derselbe von einem elektrischen Strom umkreist sei. Harter Stahl vermag die in Fig. 1 gezeichneten Kreiswulst-Schwingungen in sich aufzunehmen und festzuhalten. Was den Stahl dazu befähigt, ist eine Materialfrage, welche nur bei gleichzeitiger Ausführung eingehender experimenteller und

Fig. 5. Magnete und Kraftlinien.

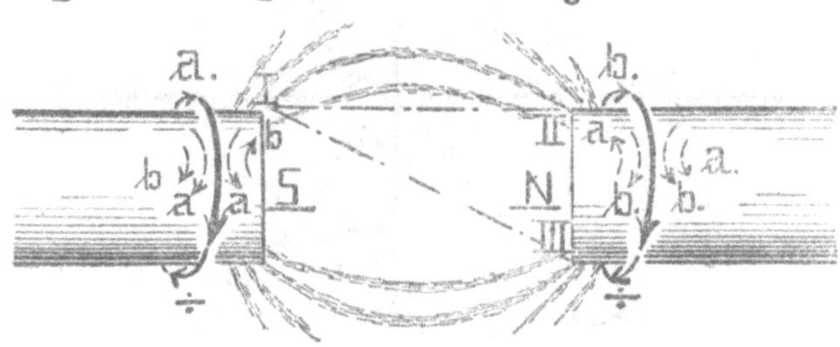

theoretischer Untersuchungen erkannt werden kann. Stellen wir nun zwei Magnete einander gegenüber, so dass die entgegengesetzten Pole sich zugekehrt sind, die gleichen Pole aber nach der nämlichen Himmelsrichtung weisen, dann befindet sich das Material der Magnete in einem Bewegungszustand, als würde es im gleichen Sinne von elektrischen Strömen a und b (Fig. 5) umkreist. Wie zuvor ermittelt und in Fig. 3 dargestellt ist, tritt zwischen je zwei gleichgerichteten Strömen eine

Beruhigung des Aethers ein, daselbst sich Material aufhalten kann und sich gegenseitig anziehen wird. Das Bestreben der Anziehung tritt also z. B. in der Richtung I—II, Fig. 5, auf. In der schrägen Richtung I—III lässt sich keine Linie ziehen, welche nur gleichgerichtete Ströme mit einander verbindet, denn bei I tritt der Strom von unten nach oben durch die Bildebene und bei III verschwindet derselbe umgekehrt von oben nach unten. Die Ströme a und b müssen wir uns nun, aufgelöst in viele Einzelströme oder Rotationsschwingungen im Innern der Magnete denken. Die Linien II—III und I—III schneiden also abwechselnd und wiederholt entgegengesetzt gerichtete Ströme, in welchen Richtungen das Material sich gegenseitig flieht. Das Bestreben der Anziehung in Richtung I—II und dasjenige der Abstossung in allen dazu quer verlaufenden Richtungen gelangt durch die Kraftlinien zum Ausdruck, welche durch Eisenfeilspähne an Magneten sichtbar gemacht werden können. Die in Fig. 5 eingetragenen gebogenen Striche sollen solche Eisenfeillinien darstellen. Die ganze Aethermasse befindet sich im Umkreis der Magnete im Zustand der Rotationsschwingung.

Eine genauere Untersuchung der Kraftwirkung im Aether selbst kann erst statthaben, nachdem die Gesetze der Centralschwingung durch Theorie und Experiment klar gelegt sind. Haben wir es hier doch mit vielen Systemen radialer Schwingung zu thun, welche den Aether nur nach aussen hin in eine kräftige Centralschwingung versetzen, zwischen einander denselben aber beruhigen. Dies ist die Ursache der gegenseitigen Beeinflussung.

25. Kraft- und Energie-Begriffe.

Der Druck ist die sekundlich empfangene und wieder zurückgesandte Bewegungsgrösse.

Die Temperatur ist das Maass für die von aussen empfundene Energie $\frac{mv^2}{2}$ des Nachbaratoms.

Die latente Wärme ist die Energiefülle zweier Atome, welche diese unmittelbar vor einem erfolgenden Zusammenstoss besitzen; dieselbe ist gleich der äusseren Energie, welche der Temperatur entspricht, vermehrt um den hohen Betrag einer durch gegenseitige Anziehung der Atome gesteigerten Energie. Letzterer Werth wird von Clausius das Ergal genannt.

Verbrennungs-Wärme ist die durch momentane Steigerung des äusseren Druckes von aussen empfundene, und darum in Form äusserer Wärme-Bewegung abgeleitete, zuvor latente Wärme-Energie.

Galvanische Elektrizität ist die aus dem Inneren des Atoms abgeleitete Erzitterung der Masse, in welche sich bei dem Zusammenstoss zweier Atome die zuvor als latente Wärme auftretende Energie verwandelt hat.

26. Arbeit und Energie-Uebertragung.

Die Wissenschaft des Maschinen-Ingenieurs beschäftigt sich im Wesentlichsten mit der Frage der Arbeitsleistung oder Energie-Uebertragung. Das in dieser Richtung vorhandene Wissen ist zum kleineren Theil durch die Vertreter der Physik als Fachgelehrte gefördert, weil die Vorgänge der Arbeitsübertragung ein Sonderstudium bilden. Die Erforschung und die zweckmässigste Verwerthung irgend einer Arbeitsleistung erfordert seitens des Erfinders weitgehendere und tiefer in das Einzelne eindringende philosophische Erwägungen, als zur Erzielung eines Erfolges auf dem Gebiet der Experimentalphysik erforderlich sind. Die Konstruktion einer neuen Maschine ist eine Kunst, eine Leistung, bei welcher der Zufall nicht besonders mitwirkt. Schöpferische Thätigkeit liegt zu Grunde und das Mittel ist angewandte Philosophie. Durch das Studium des Maschinenwesens gewinnt man ein tiefgehenderes Verständniss der Energie-Uebertragung als durch das Studium der Physik bisher erreicht ist. Nun bildet aber Energie-Uebertragung und Arbeitsleistung das ganze Fundament der Natur, der anorganischen, wie organischen und geistigen Welt und darum wird das sorgfältige Studium der Energie-Uebertragung allgemein bildenden Werth besitzen. Grösseren Fortschritt in der Erkenntniss haben wir von der Auffindung verknüpfender Beziehungen zu erwarten, als von der Vermehrung des Wissensstoffes im Einzelnen. Das ist für die Lehrthätigkeit von besonderer Bedeutung, während die Erweiterung des Wissens nach der Breite und dessen Anwendung die Aufgaben der Technik bilden wird. Der Student, welcher sich zum Lehrer der Naturwissenschaften vorbereitet, soll sein Studium nicht durch die Aneignung zu vieler Resultate der Experimentalforschung belasten, aber die verknüpfenden Beziehungen zu erforschen, das ist seine besondere Aufgabe. Das Mittel bietet die angewandte Mathematik. Zumal wird auch mit der Zeit hervortreten, dass das philosophische Studium der Naturwissenschaften und der

Technik einen hohen, den Geist bildenden Werth besitzt. Ja die Fragen, was Recht, was Unrecht sei, lassen sich sachgemäss zutreffender beantworten, wenn man das Weltgetriebe in seinem geheimen Wirken kennt, als wenn man abirrenden Vorstellungen nachhängt, welche der verschleierte Blick der Alten sich in der Vorzeit ermalte.

a) Ausbreitung von Energie durch Volumen-Vermehrung.

In ein und demselben Raum werden verschiedene Energie-Arten einander durchdringen. Der Ton, die Wärme, die Elektrizität, der Magnetismus sind Bewegungs- oder Energieformen der Materie, welche gleichzeitig in einem Raum angehäuft, denselben Stoff zum Träger haben können. Jedoch nicht jede der Energieformen wird an den Raum gefesselt sein, manche derselben werden die Raumwandungen durchdringen und den Raum verlassen können. Eingeschlossen erscheinen nur diejenigen Energiearten, welche bei dem Versuch, nach aussen zu dringen, an den Umschliessungen zurückgeworfen werden, reflektiren. Der Rückprall findet selten vollständig statt, meistens kann ein Theil der Bewegung die Umschliessung durchdringen und jenseits zur Ableitung gelangen. Der Stoss gegen die Wandungen wird von einem äusseren Widerstande aufgenommen. Ist der Widerstand zu schwach, weicht derselbe zurück, dann dehnt sich die treibende Energie über einen grösseren Raum aus, sie hat gearbeitet und entsprechend an Fülle verloren. Die gegen einen zurückweichenden Widerstand ausgeführten Schläge innerer Schwingung treffen denselben mit verminderter relativer Geschwindigkeit und reflektiren geschwächt.

Das z. B. auf den Kolben einer Maschine eindrängende Dampfmolekül habe die Masse m und die Geschwindigkeit v vor dem Stoss. Der Kolben weiche mit der Geschwindigkeit u zurück, dann geschieht der Rückprall mit der Geschwindigkeit $v - u$ (vergl. aber zur event. Berichtigung auch Abschnitt 10a, S. 42). Die Energie ist von $\frac{mv^2}{2}$ auf den Betrag $\frac{m(v-u)^2}{2}$, also um den Werth $\frac{mv^2}{2} - \frac{m(v-u)^2}{2}$ $= mu\left(v - \frac{u}{2}\right)$ zurückgegangen. Die der treibenden comprimirten Luft entzogene Energie ist durch das Zurückweichen des Kolbens in diesen hinüber geflossen, hat gearbeitet.

Eine Arbeitsleistung, durch Volumenvermehrung veranlasst, vermindert die innere den Raum erfüllende Energie, hier die Wärmemenge, bezw. die Temperatur der Luft.

Die Arbeitsleistung ist durch Expansion erfolgt.

b) Energie-Uebertragung durch Volumen-Verschiebung.

α) Druckleitungen.

Beträgt in einer Eisenstange oder Druckrohrleitung die Pressung gegenüber dem äusseren Druck, für die ganze Querschnittsfläche berechnet, den Mehrbetrag P und die Geschwindigkeit der Masse den Werth v, dann besitzt die sekundlich übertragene Energie den Werth $P.v$, soweit der Druck in Frage kommt. Am Ende der Bahn wird aber das Wasser oder das Metall, nachdem es arbeitend den Ueberdruck verloren hat, noch die Geschwindigkeit v besitzen und, weiter schwingend, noch die Energie $\frac{mv^2}{2}$ nach vorwärts übertragen, wenn m die Masse des sekundlich zur Ruhe gelangenden Materials, bezw. die sekundliche Menge strömender Masse bedeutet.

Die ganze hinübergeleitete Energiefülle beträgt

$$E = Pv + \frac{mv^2}{2}.$$

β) Saugleitungen.

In einer Eisenstange, bezw. einer Wasser- oder Luftleitung sei Zugspannung. Der Minderdruck gegenüber den äusseren Druckwerthen des freien Raumes betrage, auf die ganze Querschnittsfläche berechnet, P Kilogramm. Die Geschwindigkeit der strömenden Masse v. Durch die Strömung oder Volumenverschiebung wird mithin sekundlich von A nach B der Betrag $P.v$ Meterkilogramm Arbeitsleistung übertragen. Die Energie der strömenden Masse überführt aber andererseits stets Energie in Richtung des Stromes, hier also von B nach A, mithin ist noch der Betrag $\frac{mv^2}{2}$ für die Richtung AB in Abzug zu bringen.

$$E = Pv - \frac{mv^2}{2}.$$

Es bietet z. B. der Druck, welcher zur Beschleunigung des Dampfes von der Maschine zum Condensator erforderlich ist, einen Energie-Verlust. Um diesen Betrag erleidet die vom Condensator der Maschine zugeführte Saugarbeit eine Einbusse.

c) Schwingungsbewegung.

Durch abwechselnd drückende Vorwärts- und ziehende, bezw. saugende Rückwärtsbewegung einer Masse wird als Summe während einer ganzen Periode, P und v konstant gedacht, in der Zeit einer Sekunde im Mittel übertragen:

$$E = \frac{E' + E''}{2} = \frac{Pv + \frac{mv^2}{2} + Pv - \frac{mv^2}{2}}{2}$$

$$E = P \cdot v.$$

Nennen wir die Schwingung vorwärts den positiven, die Schwingung rückwärts den negativen Strom, dann gewinnen wir den Satz, dass die Energieübertragung im positiven Strom um den Betrag $\frac{1}{2}\left(\frac{mv^2}{2} + \frac{mv^2}{2}\right)$, also um $\frac{mv^2}{2}$ grösser ist als im negativen Strom. Die Summe der durch den Wechsel der Ströme übertragenen Energie, oder die mittlere Energie-Uebertragung, ist von der Grösse der schwingenden Energie ganz unabhängig und einzig aus dem Produkt von Druckdifferenz mal Geschwindigkeit der Masse abzuleiten.

Die Masse schwingender Eisentheile an den Maschinen bewirkt eine Unregelmässigkeit bezüglich der Energie-Uebertragung, welche an den Triebrädern der Lokomotive und an den Schwungrädern der stehenden Maschinen durch Gegengewichte zum Ausgleich gebracht wird. Die schwingende Masse dient nur der Energie-Uebertragung indirekt. Durch den Hin- und Rückgang der Masse wird in Form lebendiger Kraft oder Schwingungs-Energie im Mittel keine Arbeit vorwärts übertragen.

d) Wellenbewegung.

Man dürfte erwarten, dass diese in der Technik klar zu Tage tretenden Erwägungen allgemein bekannt sein möchten; dem aber ist doch nicht ganz so. Die Physik hat in letzter Zeit zumal anderen Fragen gesteigertes Interesse zugewendet; mit der Energie-Uebertragung sich jedoch weniger befasst. Recht deutlich tritt hier hervor, wie werthvoll sich die Anlehnung an praktische einfache Fälle für die Lösung schwierigerer Aufgaben gestaltet, weil erstere das Auffassungsvermögen schulen und für die Behandlung schwieriger Fälle vorbereiten.

Wie oft habe ich den ungenauen Ausspruch gehört, dass die Schwingung der Luft den Schall und die Schwingung des Wassers die Wasserwoge fortpflanze. Die Darstellung war so gefasst, als ob die ganze in dem Wasser angehäufte lebendige Kraft die Energie-Uebertragung bewerkstellige; dies aber ist Irrthum. Vor 15 Jahren schrieb ich eine diesbezügliche kleine Abhandlung über die fortschreitende Bewegung von Wellengruppen, welche ungedruckt blieb. Kurze Zeit darauf ward in „the nature“ die Ansicht verfochten, dass in der Wasserwelle nicht die Vertikalschwingung, sondern nur die Horizontalschwingung eine in die Ferne wirkende Energie enthalte und die Fortpflanzung der Wasserwellen herbeiführe. Nach jener Auffassung soll die Fortpflanzungsgeschwindigkeit der Wellengruppe nur halbmal so gross sein, als die Fortpflanzungsgeschwindigkeit des einzelnen Wellenbildes zu erkennen giebt.

Es mag dies in gewissen Fällen richtig sein; ich weiss es zur Zeit ohne Ausführung mühsamer Rechnungen nicht, doch lehrt die Betrachtung der Wasserwelle daran zweifeln. Wo Wasserwellen in ruhiges Wasser z. B. in den blanken Wasserstreifen eindringen, welcher sich hinter einem fahrenden Schiff im Kielwasser bildet, läuft eine Welle nach der anderen sich im ruhigen Wasser todt und es hat nicht den Anschein, als ob jede Welle die Hälfte der in ihr enthaltenen Energie vorwärts übertrüge.

Die Antwort ist diese. Weder die Vertikalschwingung noch die horizontale Bewegung der Wassermassen bedingt vermöge einer Uebertragung lebendiger Kraft in einer symmetrisch gebauten Welle nach vorn Energie. Wie hier unter a, b und c auseinandergesetzt ist, überträgt die Hinschwingung Energie vorwärts, die Rückschwingung Energie rückwärts. Beide Werthe heben einander auf.

Die Energie-Uebertragung erfolgt einzig durch den Transport gepresster Masse, also durch Volumen-Verschiebung. Der Wellenberg wirkt als Druckwasserleitung, das Wellenthal wie eine Saugeleitung. Das Produkt aus der wahren Wassergeschwindigkeit, multiplizirt mit der Fläche des Stromes, multiplizirt mit der Pressungs-Differenz gegen den mittleren oder äusseren Druck ist das Maass der Energie-Uebertragung.

Bei **stehenden Wellen** ist im Moment grösster Wassergeschwindigkeit die Pressungsdifferenz gegen das Mittel Null, mithin findet dann keine Energie-Uebertragung statt. Im Scheitel des Wellenberges dagegen wie im tiefsten Punkt des Wellenthales, wo die Pressungsdifferenzen am grössten ausfallen, sind wieder die Wassergeschwindigkeiten Null. Auch hier wird also keine Energie übertragen. An den Zwischenpunkten tritt Energie-Uebertragung gleicher Grösse, aber entgegengesetzter Richtung auf, welche Wirkungen einander aufheben. Trotz lebhafter horizontaler und vertikaler Schwingung findet bei stehenden Wellen keine Energie-Uebertragung statt.

In der fortschreitenden Welle wird Energie vorwärts geführt, weil im Wellenberg Wasserbewegung oder Strom vorwärts und im Wellenthal Wasserbewegung rückwärts besteht, vergl. a bezw. b. Die Grösse der sekundlichen Energie-Uebertragung nimmt bei gleicher Wellenhöhe pro Flächeneinheit Stromquerschnitt oder Wellenstrahlquerschnitt mit der Länge der Wellen ab, da in der langen Welle sich eine geringe horizontale Geschwindigkeit der schwingenden Wassertheilchen ergiebt. Wir sehen, dass die Frage der Energie-Uebertragung keineswegs mit der Errechnung der lebendigen Kraft horizontaler Schwingung gelöst ist, sondern einer umfassenderen Behandlung bedarf.

Der Rechnungsgang ist folgender:

Gegeben ist die Gleichung der Oberflächen-Gestaltung der Welle, die Gleichung der Wellenkurve. Der Horizont liege in mittlerer Höhe. Die Ordinaten der Kurve heissen $+h$, bezw. für die Wellenthäler $-h$. Die horizontalen Komponenten der wahren Wassergeschwindigkeit sind v im Wellenberg, vorwärts gerichtet, und $-v$ im Wellenthal, entgegengesetzt gekehrt. Das Differential der Wassertiefe ist dt, dasjenige der Zeit dz. Die Untersuchung erstrecke sich auf die Breite b. Die während der Dauer einer viertel Welle geleistete Arbeit, bezw. nach vorwärts übertragene Energie ist dann

$$E' = \int\int h \, \rho \, b \, v \, . \, dt \, . \, dz.$$

Der Werth h entspricht nur für die Schicht nahe der Wasseroberfläche einer Ordinate der Wellenkurve; mit der Tiefe nimmt die Pressungs-Differenz $h\rho$ bis gegen Null ab. Die Integration erfolgt nach der Zeit z und der Wassertiefe t; h und v sind Funktionen von t und z.

Die Vertikalschwingung überträgt keine Energie, da die grösste Geschwindigkeit sich in dem Augenblick einstellt, wo die Pressungsdifferenz Null ist und die Energie-Uebertragungen, welche in Höhe des halben Wellenberges und halben Wellenthales geleistet werden, vor und nachher einander aufheben.

Beträgt nun die ganze in einer viertel Welle durch Hebung wie durch Zusammenpressung und an bewegter Masse in Summa angehäufte Energie den Werth E'', und ist die Länge der viertel Welle gleich l Meter, die Zeitdauer der viertel Periode t Sekunden, dann ergiebt sich, dass sekundlich $\frac{E'}{t}$ Energiefülle durch die Welle vorwärts übertragen, pro laufenden Meter Wellenlänge aber $\frac{E''}{l}$ Energiefülle gebraucht wird, um die Wellenbewegung zu erhalten, bezw. in zuvor ruhendem Wasser zu erzeugen. Die Fortpflanzungsgeschwindigkeit der Wellengruppe w bererechnet sich nun zu:

$$w = \frac{\frac{E'}{t}}{\frac{E''}{l}} = \frac{E'}{E''} \cdot \frac{l}{t} \text{ m pro Sekunde.}$$

Für $\frac{l}{t}$ können wir auch u, die Geschwindigkeit des einzelnen Wellenbildes einrücken, und erhalten:

$$w = \frac{E'}{E''} \cdot u.$$

Fast erscheint uns die Fortpflanzungs-Geschwindigkeit der Energie in Wellen wieder eine besondere aber langsamere Energiewelle zu erzeugen; es wird z. B. der Luftdruck mv (vergl. Abschnitt 5) bei Null Grad Temperatur durch das Atom mit 612 und durch die Schallwelle mit nur 332 Meter Geschwindigkeit fortgetragen, so dass sich der Schall zur Wärme verhält, wie eine Wellengruppe zur Einzelwelle. Die Wellengruppe schreitet langsamer fort als die Einzelwelle, der Schall langsamer als das Atom.

Es ist wünschenswerth, dass vorstehende Rechnung für einige Wasserwellen zur Durchführung gelange; diesseits ist die verfügbare Zeit anderen, dem engeren Beruf näher liegenden Aufgaben nicht zu entziehen.

Bei gegebener Energie-Uebertragung E' muss eine in seichtes Wasser eintretende Welle viel höher auflaufen als im tieferen Wasser sich zeigte. Es nehmen nach der Tiefe zu nicht soviel Wassermassen an der Energie-Uebertragung theil, der Stromquerschnitt wird nach der

Tiefe geringer, daher müssen die Pressungsdifferenzen wachsen, wenn die Energie weiter geleitet werden soll. Bevor die Erhöhung der Welle eintritt, besteht ein Zustand fortgesetzter örtlicher Energie-Anhäufung, welcher das höhere Emporschwingen der Wassermassen veranlasst. Gleiches erfolgt bei einer seitlichen Verengung des Bettes oder bei Uebertritt von Wellenschlag aus ruhigem Wasser in eine Gegenströmung; letztere trägt unter Umständen die Wellen ebenso schnell zurück, wie diese vorwärts laufen wollen, so dass die anlaufenden Wellen über eine gewisse Linie nicht hinauskommen, sich hier häufen und zu grösserer Amplitude erheben.

(Vergl. auch Exners Repertorium der Physik, Band XXII).

Die transversale Energie-Uebertragung durch rotirende Achsen bedarf für die Erklärung magnetischer Erscheinungen einer genaueren Untersuchung, sind doch die Magnete durch Kreisströme oder Rotations-Schwingungen zu ersetzen.

Uebertragungen der Bewegungsgrösse durch Reibung sind in der vorn angeführten Abhandlung der Verhandlungen des Vereins zur Beförderung des Gewerbfleisses Heft V, 1890, für feste und flüssige wie luftförmige Körper besprochen.

Fortpflanzung von Licht, Wärmestrahl und Elektrizität.

Wir haben im Allgemeinen keinen Grund anzunehmen, dass die Fortpflanzung der ätherischen Kräfte im Prinzip anders geschehe als in der Materie. Expansion, Volumen-Verschiebung, Wellenbewegung und Rotations-Erscheinungen werden auch dort neben einander bestehen.

Die Erkenntniss, dass die Schwerpunktsbewegung der Materie Wärme bedeutet, und die Erkenntniss, dass diese Schwerpunktsbewegung höchstens zu einigen Tausend Metern Geschwindigkeit sich errechnet und nur im Stande ist Schallgeschwindigkeit zu erzeugen, schliesst jede Möglichkeit aus, die Fortpflanzung der ätherischen Kräfte auf eine Schwerpunktsbewegung der kleinsten Theile der Materie zurückzuführen. Für alle ätherischen Wellen mögen sie lang oder kurz sein, steht die Materie trotz ihrer Wärmeschwingung doch fast wie still. Die Aetherwelle trifft das Atom, comprimirt dasselbe und geht hinten zum Atom wieder hinaus, sie wird dort auf Aether übergeleitet. Die Energie durchmisst den Raum von Atom zu Atom, durch Aether übertragen. Wir müssen uns die Atome nicht als sich innig berührend denken, sondern dieselben vielmehr als durch die Amplitude der Wärmeschwingung von einander getrennt vorstellen. Die Zeit, welche verstreicht, bis ein schwingendes Atom durch Wärmeschwingung getrieben, den Nachbar erreicht, ist von viel zu langer Dauer, als dass die elektrische Kraft sich dieser Stafette bedienen könnte. Die elektrische Kraft hat grössere Eile, sie durchmisst den Weg in kaum Einhundert Tausendstel dieser Zeit. Ihre Geschwindigkeit verhält sich zur Geschwindigkeit des Atoms wie die dreifache Geschwindigkeit des Eilzuges zur kriechenden Bewegung der Schnecke. Wie überspringt, das ist die Frage, der elektrische Strom den Spalt von Atom zu Atom?

Eine ungefähre Vorstellung können wir uns an dem Bilde der Druck- und Saugeleitungen *a* bezw. *b* formen. Durch das Atom pflanzt sich der Druck oder der Zug der ätherischen Welle so bequem fort, wie sich materieller Druck und Zug durch die Kolbenstange und andere Eisentheile als Schall übertragen. Aber der Uebergang auf den Aether bereitet Schwierigkeiten. Nur in dem besonderen Fall, dass dem Aether die freie Bewegung geraubt ist, vermag derselbe mit wesentlichem Erfolg als ein Energieträger zu dienen. Der in den Räumen zwischen den Atomen befindliche Aether wird bei einer Erzitterung des Atoms hin- und hergeschoben, wie die Luft in einer Druck- bezw. Saugeleitung strömt. Und wie die Luft die Pressungsschwankungen mit der Geschwindigkeit des Schalles überträgt, so führt der Aether dieselben mit der Fortpflanzungs-Geschwindigkeit ätherischer Kraft an das jenseitige Ende des Spaltes. Mit der wechselnden Kompression und Expansion des Aethers im Spalt zwischen zwei Atomen, sind kleine Schwerpunkts-Bewegungen der Atome verbunden, welche Bewegungen sich als Erwärmung zu erkennen geben und einen Energie-Verlust durch Wärmeausstrahlung veranlassen.

Im Gegensatz zu vorstehenden Vorgängen, bei welchen es sich um eine Volumen-Verschiebung des ganzen Aetherdruckes, eines Ueberdruckes hin- und eines Unterdruckes zurück handelt, steht das Ausströmen ätherischer Energie in Form von Licht oder anderen Aetherwellen. Hier wird, wie bei dem Schall, an die flüchtige äussere Materie nur so viel Energie abgegeben, als diese, durch eigene Trägheit veranlasst, der Beschleunigung Widerstand entgegen zu setzen versucht. Die Atom-Oberfläche muss schon äusserst stark erzittern, wenn Aetherschall in Form von Licht ausströmen soll, da der Aether so sehr wenig Masse besitzt. Bei der Leitung der Energie in Form von Druckverschiebungen durch den Spalt von Atom zu Atom kommt die Dichte des Aethers nicht in Frage, wohl aber die Grösse der Compression und

Expansion im Spalt zwischen den Atomen, welche bei einer zitternd pumpenden Bewegung des Atommateriales entsteht.

Keinenfalls dürfen wir aus dem Umstande, dass Lichtwellen und andere elektrische Wellen von Transversalschwingungen begleitet sind, auf die Annahme verfallen, dass der Aetherwelle die longitudinale Schwingung ganz fehle. Wie die transversale Schwingung bei dem Schall in einer momentanen Steigerung der Wärmebewegung enthalten ist, bei der Wasserwoge vertikale und horizontale Schwingungsbahnen sich ergänzen, so wird auch bei der strömenden Elektrizität, wie bei den Licht- und Wärme-Wellen eine Schwingung, bezw. Verschiebung der Materie im Raum nach verschiedenen Richtungen statthaben.

e) Die Stafette der Elektrizität.

Das Gewicht eines Telegraphenkabels, welches zwei Welttheile mit einander verbindet, entspricht einer grossen Schiffsladung Drahtlast. Mit der geringfügigsten Kraft wird ein elektrischer Strom durch den Draht gesendet. Es erreicht die elektrische Welle die Endstationen in Bruchtheilen einer Sekunde. Wir kennen diese Thatsache nun schon so lange, dass wir über den Vorgang nicht mehr staunen, aber philosophisch verarbeitet haben wir das Wunder noch nicht.

Man vergegenwärtige sich doch einmal das Gewicht einer langen Drahtleitung und versuche zu begreifen, dass je dicker der Draht, je grösser die Masse desselben ist, die elektrische Kraft, um so ungeschwächter den weiten Weg durcheilt. Das Metall der Leitung setzt mithin dem elektrischen Strom keinen Trägheitswiderstand entgegen, sondern es übermittelt die Bewegung. Wo in der Welt kommt es aber vor, dass Bewegung durch Trägheit fortgeleitet wird? Gewiss nicht! Das Material besitzt die Bewegung. Eine innere Erzitterung der Masse ist beständig vorhanden und der elektrische Strom ist nur eine örtliche Vermehrung, bezw. eine geringfügige Aenderung der Pressung, welche durch das Zusammenprallen der in einer inneren Grundschwingung befindlichen Masse fort und fort von Punkt zu Punkt übertragen wird. Den Wechsel der Pressung nennen wir elektrische Spannung oder Elektrizität; für die Grundschwingung selbst besitzen wir noch keinen Namen, weil die Physik das Vorhandensein derselben noch nicht lehrte. Die Grundschwingung verhält sich zur Elektrizität, wie Wärme zum Ton. Wie die Wärmebewegung bildet auch die ätherische Grundschwingung, d. h. die Bewegung des Aetherkornes ein Bild des Chaos.

Nach allen Seiten rast im freien Aether das Aetherkorn hin und her, es bildet den Sendboten ätherischer Kraft. Wie das Atom im chemisch einfachen Gase beständig bereit ist, die Botschaft des Tones als Schall in die Ferne zu tragen, so übermittelt das Aetherkorn sofort den Eindruck ätherischer Kraft als Licht, Wärmestrahl oder elektrische Welle hinaus in den Raum. Die als Ton in dem Wärmechaos der Luft oder als Licht in dem Schwingungschaos des Aethers geordnete Bewegung bildet den Anfang der Schöpfung.

In dem elektrischen Leiter ist das Aetherkorn nicht frei, es bildet die Bestandtheile der Atome. Die gegenseitige Anziehung dieser Materialpunkte im Atom bedingt latente ätherische Geschwindigkeit, welche die Eilfertigkeit unserer ätherischen Stafette vermehrt. Das Zusammenhalten der Atome ist aber nur denkbar, wenn wir ausser dem Aetherdruck erster Ordnung einen Aetherdruck zweiter Ordnung voraussetzen, denn der innere Expansionsdruck der Atome zählt ja nach Tausend Billionen Atmosphären. (Vergl. 24 a). — Die ätherischen Strahlen 2. Ordnung aber, welche durch das im eigenen Innern zitternde Aetherkorn des materiellen Atoms in den Raum entsendet werden, sind für unser Auge nicht sichtbar, ihre Wirkung kennen wir nicht. Aber die Fortpflanzungs-Geschwindigkeit dieser Strahlen, das wissen wir, muss Millionen oder Billionen oder gar um ein Weiteres grösser sein als die Geschwindigkeit des Lichtes.

Die über die materielle Bewegung in den Abschnitten 4 bis 9 angestellten Rechnungen haben auch für den Aether beliebiger Ordnung allgemeine Bedeutung, denn die gewonnenen Beziehungen sind nur auf dem Wege logischer Schlussfolgerung gewonnen und haben mit der sinnlichen Wahrnehmung der Materie nichts gemein. Nur die Zahlenwerthe sind durch das Experiment zu gewinnen, damit die Betrachtung sich nicht auf eine mögliche, sondern die wirkliche Welt erstrecke.

In dem folgenden Abschnitt wird gezeigt, wie durch geordnete Bewegung aus dem Chaos nicht allein die flüchtige Welle, sondern auch ruhende Gebilde von Bestand entstehen.

27. Gebundene Energie und Centralschwingung.

Alle vorstehenden Betrachtungen erscheinen gegenüber den Untersuchungen über das Wesen der Centralschwingung geringfügig, wiewohl letztere diesseits noch nicht weit gefördert worden sind, da die Behandlung der Sache so sehr schwer und zeitraubend ist. Studien über das

Wesen der Centralschwingung führen zum Verständniss der Massenanziehung und bilden die Grundlage für die richtige Auffassung elektrischer Erscheinungen.

Die Physik berührte bislang kaum die Frage, ob durch Wellen, welche sich von einem Centrum über grössere Kugelschalen ausbreiten, die Energie anders fortgeleitet werde, als durch Wellen, welche sich nicht ausbreiten. Die Physik nahm einfach an, dass auch bei Kugelwellen der ganze Energie-Antheil von Welle auf Welle übertragen werde. Durch die Ausbreitung der Wellen über grössere Kugelschalen soll auf jeden Quadratmeter Oberfläche natürlich weniger Wellen-Energie bei grösserer Entfernung vom Centrum entfallen. Hieraus wurde bisher geschlussfolgert, dass in Kugelwellen die Wellenenergie pro Flächeneinheit, entsprechend der erfolgten Ausbreitung, nach dem Quadrat des Radius abnehmen müsse, also dem Quadrat des Radius umgekehrt proportional sei.

Eine einfache Ueberlegung zeigt, Obigem entgegen, dass die Energie-Uebertragung in die Ferne durch sich ausbreitende Wellen in weitaus beschränkterer Weise erfolgt. Sehr entfernte Wellen zeigen einen so kleinen Schwingungs-Ausschlag, dass dieselben nur noch äusserst wenig Energie fortzuleiten vermögen. Es tritt eine Sättigung des Raumes mit Schwingungsenergie bezüglichen Systems ein, stehende oder sich kreuzende Wellenarten gelangen zur Ausbildung, sodass vom Centrum aus nunmehr keine Schwingungsenergie in die Ferne übertragen wird, sondern dort nur derjenige Betrag zur weiteren Fortleitung gelangt, welcher durch Reibung oder anderweitige Störung in feinere Energieformen übergeführt oder abgeleitet wird.

Das Gesetz über die Erhaltung der Energie wird häufig in mündlicher Unterhaltung dort verwendet, wo dasselbe nicht unmittelbar Aufschluss über das zu errechnende Resultat giebt, nämlich bei der Frage der Energie-Uebertragung. Statt zunächst den Vorgang der Energie-Uebertragung ins Auge zu fassen und sich zu fragen, ob und zwischen welchen Grenzen denn überhaupt die Energie-Uebertragung stattfinde, wird von vorn herein angenommen, dass die Energie voll und ganz von einer Masse auf die andere übergehe oder einer Masse, welche den Ort ändert, erhalten bleibe. Die Resultate der Rechnung, welche aus solch' willkürlichen Voraussetzungen erwachsen, entsprechen natürlich keineswegs der Wahrheit. So wurde z. B. von mehreren Physikern, welche die Frage des allgemeinen Kreislaufes der Luft zwischen Aequator und Pol rechnerisch verfolgten, die falsche Voraussetzung gemacht, es könne

Luft grosse Ortsveränderung erfahren, ohne dass eine bedeutende treibende Kraft vorhanden sei. Es werden z. B. bisweilen für die oberen Luftregionen von 5000 oder 10000 Meter Höhe Windgeschwindigkeiten von einigen 100 Metern errechnet. Diese Geschwindigkeit ergiebt sich aus der Theorie für den Fall, dass Luft von niederer auf höhere geographische Breite übertritt. Sobald diese Voraussetzung gemacht ist, ergiebt sich jene hohe Zahl; aber der Umstand, dass für jene Ueberführung der Luft sehr grosse Kräfte und Arbeitsleistungen erforderlich sind, wie die Natur solche in Wirklichkeit nicht bietet, dieser Umstand wird nicht genügend hervorgehoben und darum trübt dann das nur in seinen Beziehungen richtige Resultat unsere Vorstellung über die Dinge der Wirklichkeit. Der Theoretiker vergisst gar zu leicht, dass seine Rechnung nichts ist, als eine genaue Festlegung der Wechselbeziehungen nach Maass und Zahl. Das Resultat ist nur das optische Bild der Voraussetzungen, deren Strahlen durch die Linse der Rechnung harmonisch geordnet sind. Diesseits wurde bezüglich vorstehenden Beispiels versucht, darzuthun, bis zu welchen Grenzen in oberen Regionen der Atmosphäre Kräfte vorhanden sind, die auf eine Verschiebung von Luftmassen hinwirken. In der Arbeit „Ueber den Kreislauf der atmosphärischen Luft“ — Archiv der deutschen Seewarte 1887 — wird dann weiter dargethan, dass zu grosse obere Luft-Geschwindigkeiten Fliehkräfte entwickeln, welche den vorhandenen, durch Temperatur-Unterschiede veranlassten Kräften entgegenwirken. Dadurch entstehen Stauungen und fallende Ströme, welche die Trockenzonen und das Wüstenklima daselbst erzeugen. Weiter wird gezeigt, dass die Oberwinde, wenn die Kraft nicht mehr arbeitet, sich durch Reibung todtlaufen, nun an Fliehkraft verlieren, und dann erst endlich wieder ein wenig weiter durch die vorhandenen Druck-Unterschiede der Höhe polwärts verschoben werden können. Diese allgemeine Luftzirkulation erleidet nun Störungen durch den Wechsel der Temperatur-Vertheilung nach den Jahreszeiten. Die Vorgänge, welche sich daraus nun wieder ergeben, ermalt uns sicher nicht der reine Theoretiker, welcher darum grobe Vernachlässigungen in den Voraussetzungen zulässt, um ein elegantes Integral ansetzen zu können. Der praktische Theoretiker denkt eingehender über den richtigen Ansatz nach, bevor derselbe die Rechnung beginnt. Der Ansatz ist die Kunst, welche das Verständniss des Vorganges zur Voraussetzung hat, die Rechnung ist höheres Handwerk.

Dem Mathematiker fehlt oft das praktische Gefühl für die Auffindung des richtigen Rechnungs-Ansatzes und dieses zwar besonders dort, wo Arbeitsleistungen und Energie-Uebertragungen in Frage kommen. Die Leistungen der Universität leiden unter einer Trennung von unserer Technik, der Anwendung des Wissens. Eine Annäherung zwischen reiner Philosophie und technischem Denken ist zu erstreben. Z. B. wird eine Beschäftigung mit den Prinzipien der Maschinenlehre unbedingt unser praktisches Gefühl für ein schnelles Erfassen der Arbeitsvorgänge steigern.

Wie können wir eine vorhandene, zugeleitete Energie zur Arbeit zwingen? Wie können wir erreichen, dass zugeleitete Energie, z. B. Wärme, die Erscheinungsform ändert, sich ableiten, und zu Kraftleistungen verwerthen lässt? Dazu ist die Expansion der zugeleiteten Energie Grundbedingung, die Energie muss eine Arbeit leisten. Das Maass der abgeleiteten Energie ist gleich Kraft mal Weg. Diese Thatsache hat allgemeine Gültigkeit, sie ist auch auf die Energie-Uebertragung durch Wellen auszudehnen. Wir müssen jedoch, wie im Abschnitt 26 unter d ausgeführt ist, beachten, dass die Geschwindigkeit des Wellenbildes nur mit der Fortpflanzungs-Geschwindigkeit der Energie in Beziehung zu setzen, jedoch nicht der Grösse der Energie-Uebertragung zu Grunde zu legen ist. Im elektrischen Strom bewegt sich z. B. eine Energiefülle, deren Werth sich aus der elektrischen Spannung und den Zuckungen errechnet, welche das Material erleidet, wenn der Strom den Draht durcheilt. Diese Erzitterungen werden als Wärmebewegung des Drahtes empfunden. Bei gleicher Energie-Uebertragung fallen die Wegeslängen der materiellen Erzitterung klein aus, wenn mit grossen elektrischen Spannungen gearbeitet wird, d. h. der Draht erwärmt sich trotz gleicher Energie-Uebertragung weniger, wenn die Pressungen bedeutend sind.

Wenden wir uns nach diesen Betrachtungen nun der **Centralschwingung** zu. Von einem Centrum läuft eine Welle radial in den Raum hinein, sich über grössere Kugelräume verbreitend. Betrachten wir die Vorgänge an der Grenze zweier Wellen. Die innere Welle bildet eine Kugelschale der Masse m, die Geschwindigkeit schwingender Bewegung erreiche im Höchstbetrage den Werth v. Die äussere Welle, welche einem grösseren Radius entspricht, besitzt die Masse $m_{,}$ und als Schwingungs-Geschwindigkeit im Höchstbetrage den Werth $v_{,}$. Die Wellen beeinflussen einander in der Weise, dass durch den Widerstand der vorderen Massen die äussere Bewegung des Materials der inneren Welle vorübergehend verzehrt und in innere Energie verwandelt wird, wodurch eine Pressung entsteht, welche nach allen Richtungen hin

Arbeit zu leisten bereit ist, wofern nur der Widerstand überwunden wird. In Richtung der Rückenlinie unserer Welle ist überall die gleiche Pressung vorhanden, dorthin arbeitet der Druck nicht; derselbe wirkt nur vorwärts und rückwärts. Vorn ist dem Wellenberge die Masse grösserer Kreise vorgelagert, während nach innen die geringere Masse des kleineren Kreises der Pressung weniger Widerstand leistet. Es arbeitet mithin die angesammelte Energie nach vorn mit geringem Erfolg, während nach rückwärts die geringere Masse der inneren Ringe eine stärkere Beschleunigung erleidet und in der für beide Theile gleich langen zur Verfügung stehenden Zeit einer viertel Wellenperiode längere Wegesstrecken zurücklegt.

Während die Physik bisher lehrte, dass in den sich ausbreitenden Wellen die Gleichung: $\frac{mv^2}{2} = \frac{m_, v_,^2}{2}$ Gültigkeit besitze, wird hier gezeigt, dass von der Masse m nur ein Theil der Energie auf die Masse $m_,$ übergehe. Die Gleichung der Erhaltung der Bewegungsgrösse lehrt: $mv = m_, v_,$ und da bei Ausbreitung nach einer Kugel die einzelnen Wellen Kugelschalen gleicher Dicke bilden, deren Massen dem Quadrat ihrer mittleren Radien r und $r_,$ proportional sind, so folgt die Gleichung *):

$$\frac{v}{v_,} = \frac{m_,}{m} = \left(\frac{r_,}{r}\right)^2$$

und

$$\frac{m v^2}{m_, v_,^2} = \left(\frac{r}{r_,}\right)^2 \cdot \left(\frac{r_,}{r}\right)^4 = \left(\frac{r_,}{r}\right)^2$$

S a t z: In einem System radial schwingender Massen nimmt die in den Wellen ganzer Kugelschalen angehäufte Energie nach aussen mit dem Quadrat des Radius ab, d. h. sie ist umgekehrt proportional dem Quadrat des Radius. — Die Physik erkannte diese Abnahme bisher nicht, sondern betrachtete die Energie ganzer Wellen als constant und lehrte nur die Ausbreitung über grössere Massen. Die Physik lehrte, dass die Energie pro Flächeneinheit der Wellen dem Quadrat des Radius umgekehrt proportional sei, während thatsächlich pro Einheit der Fläche die Abnahme der Wellen-Energie nach der 4. Potenz statthat.

Wir erkennen aus Vorstehendem die Unmöglichkeit einer räumlichen Energieausbreitung von Bedeutung durch central sich ausbreitende Wellen. Wo die Energie auf zu grosse Kreise übergeht, tritt ein

---

*) Vergl. Centralschwingung Heft V d. Verh. des Vereins zur Beförderung des Gewerbfleisses, Jahrgang 1890 — Bewegungsgrösse etc. — Berlin.

Zurückprallen, eine Spiegelung ein. Die Kraft reicht nicht hin, um von einem kleinen Centrum aus in weiter Ferne die umlagernden Massen des Umkreises erfolgreich in Bewegung zu setzen. Die äusseren Massen verhalten sich wie eine feste Wand, an denen die Energie der Wellen, wiewohl wahrscheinlich in veränderter Form einen Anprall erleidet. Das Echo trägt Energie zurück.

Ein elektrisch geladener Konduktor vermag z. B. nur im Moment der Ladung Elektrizität auf den Aether abzugeben, deren Energiefülle gleich ist der Energiemenge E der ersten Welle nahe dem Konduktor, plus $\frac{E}{4}$, plus $\frac{E}{16}$ und so fort, im Ganzen also kleiner ist als $2\,E$. Die Physik lehrt zur Zeit statt dessen $E + E + E + E$ etc. gleich unendlich.

Ein Leitungsdraht sendet nur in dem Augenblick beginnenden elektrischen Stromes Aetherwellen senkrecht zum Draht in den Raum hinaus. Die Wellen verbreiten sich hier nicht über einen Kugelraum, sondern in einer senkrecht zum Draht stehenden Ebene. Die Energieabnahme ganzer Wellen findet dabei nach einem linearen Gesetz statt. Die Summe der ausgesandten Energie beträgt nach erfolgter Sättigung des Raumes $E + \frac{E}{2} + \frac{E}{4} + \ldots$ zusammen gleich $2\,E$, darin E die Energie-Menge jener ersten, dem Draht am nächsten belegenen Welle bedeutet.

Wäre diese Sättigung des Raumes mit centraler Schwingungs-Energie nicht vorhanden, dann könnte das Telegraphiren und Telephoniren nicht stattfinden. Die Elektrizität würde von dem Leiter einfach auf den Aether übergehen und nicht an das Ende des Drahtes gelangen.

Durch die Vermehrung der Kraft auf den 4fachen Betrag am Centrum des Systems, erreicht man für das ganze System 4fache Beschleunigungen, mithin 4fache Geschwindigkeiten und 16fache Energie-Mengen. Erfolgt die Kraftvermehrung durch Vergrösserung der Oberfläche des die Centralschwingung erregenden Centrums, dann ist in unmittelbarer Nähe des Centrums die Schwingungsenergie pro Flächeneinheit nicht vergrössert worden. Dieser Umstand ist für die Errechnung von Anziehungskräften wohl zu beachten.

Der **Strahl.** Woselbst Energie mit Erfolg in die Ferne geleitet werden soll, muss sich die Energie auf einem seitlich begrenzten Pfade bewegen. Die Ausbreitung der Energie nach Art der Kugelwellen führt zu Reflexionserscheinungen. Daher nimmt der Blitz seinen Weg als Strahl; wie auch unser Wille ein einheitlicher sein muss, wenn wir Energie in die Ferne übertragen wollen. Wir sehen, wie der elektrische Funke, auf eine photographische lichtempfindliche Platte geleitet, nicht als zusammenhängende Fläche sich ausbreitet, sondern sich in viele Linien-Züge verästelt, um schliesslich als Hauptstrahl eine Sonderrichtung zu bevorzugen. So wird auch wahrscheinlich das Licht aus einzelnen Strahlen, also nicht aus zusammenhängenden Kreiswellen bestehen, damit dasselbe Energie in die Ferne zu leiten vermag, anderenfalls die Energie-Uebertragung durch Licht eine sehr begrenzte sein würde.

Für den Energiestrahl kommt noch hinzu, dass in seinem Umkreise der Aether kreisende Schwingungen vollführen muss. Ein zweiter Strahl in Nähe des ersteren wird den zwischen gelagerten Aether in entgegengesetztem Drehsinn beeinflussen, die beiden Strahlen würden um die Herrschaft kämpfen und, wenn sie einander zu nahe kämen, sich zu einem einzigen Strahl vereinigen; im Umkreis des letzteren wird dann nur ein Wille herrschen, nach dessen Kraft der Aether seine Rotationsschwingungen ordnet.

Massenanziehung. Von jeder Masse, d. h. einem Aether, welchem die freie Eigenbewegung geraubt ist, gehen Centralschwingungen aus, da die von aussen kommenden Aetherstösse an der Masse reflektiren und sich radial ordnen. Es ist nun die Aufgabe der Experimentalphysik und der theoretischen Betrachtung zu erweisen, wie sich zwei derartige Systeme beeinflussen. Die Bewegungsformen des zwischen gelagerten beweglichen Materiales, Wasser, Luft oder Aether müssen erforscht werden. Es ist zu untersuchen, wie der Aether, bezw. die Luft im System der Centralschwingung arbeitet und Bewegungsgrösse auf solche feste Körper über leitet, welche der bezüglichen Schwingungsbewegung der Luft oder des Aethers nicht folgen können. Dabei ist zu beachten, dass vom Schwingungscentrum aus nach aussen die Energie der Wellen so schnell abnimmt, wie zuvor hier errechnet ist. Zahllose Versuche werden sich ausdenken lassen, welche uns im Erkennen des Wesens der Naturkraft weiterführen.

Das Studium der Centralschwingung wird uns Aufschlüsse geben über das Wesen der Atome, denn diese gehorchen in ihren Bewegungen und chemischen Verwandtschaften den Gesetzen der Centralschwingung.

Wir sehen, dass nicht allein die ruhende Masse in Folge eigener Trägheit an den Ort gefesselt ist, sondern auch die bewegte Masse in ihrer Ortsveränderung Beschränkung erleidet; so reflektirt z. B. die sich ausbreitende Energie an den unendlichen Massen des äusseren Raumes und strahlt auf den Ausgangspunkt zurück; oder es reflektirt die im Innern dichter Massen fortschreitende Welle an den äusseren Grenzen fester Körper, diese durch innere Spannungen zu Krystallen formend.

Nur durch gemeinsames Zusammenwirken der Fachmänner verschiedener Fakultäten werden wir weitgehende Aufschlüsse über das Wesen der Materie und der Naturkraft zu erwarten haben.

28. Festigkeit.

Schon im Abschnitt 15 und 16 ist der Begriff Festigkeit besprochen. Wir wissen, dass selbst im härtesten Stahl die Atome Wärmeschwingung vollführen, dass sie sich nicht dauernd berühren. Von einer innigen Vereinigung der Materie ist mithin keine Rede. Es ist einzig die Massenanziehung, welche die Materie zusammen zu halten vermag. Und die gegenseitige Anziehung der Massen muss, da sie Bewegungs-Erscheinungen veranlasst, einer Zuleitung von Bewegungsgrösse entsprechen. Ist es nun logischer die Bewegungsgrösse, als in der Masse ruhend, anzunehmen, in der Masse, welche keine Neigung zu expandiren zeigt, oder im Aether, dessen Beweglichkeit jeder Vorstellung sich entzieht; denn mit der Zahl allein ist die Vorstellung noch nicht gewonnen. Wenn im Mittelpunkt der Erde zwei Atome verbrennend sich vereinigen, sind sie nicht im Stande in einer Sekunde aus dem weiten Raum der Kugel, welche der Mond um die Erde kreisend beschreibt, die erforderliche Energie sich zuzuleiten? Widerspricht die gegentheilige Auffassung, dass todte Masse durch einen leeren Spalt hindurch anziehend wirken solle, nicht jeder Logik, nicht der praktischen Vernunft! Woselbst durch einen scheinbar leeren Raum Zugspannungen übertragen werden, erwies uns die Physik diese Wirkungen als saugende Kräfte, als Folgen des äusseren Ueberdrucks. Die grösste Zugkraft einer Lokomotive beträgt etwa 5000 Kilogramm, die ganze saugende Wirkung eines Quadratmeters Luftdruck ist das doppelte dieser Zahl; warum sollte dann nicht der Aether, dessen Elastizität nach Millionen oder Billionen Atmosphären zählt, Saugwirkung oder Festigkeit von einigen Tausend Atmosphären erzeugen? Ausserhalb der Materie erfüllt den Weltenraum ein Stoff, welcher mit 300 Millionen Meter Geschwindigkeit uns den wärmenden Strahl der Sonne und eine Fülle des Lichtes zuträgt. Alles Leben und Gedeihen auf der Erde verdanken wir ausser der

Sonne dem Träger der Strahlen, dem Aether. Den Weltenraum durcheilen die Strahlen als Wellen oder Pressungs-Differenzen. Diese sind es, welche arbeitend, die Wärme übermitteln. Und wie klein sind diese Pressungs-Differenzen, sie bilden doch nur den Schall im Aether, wie die Luftwellen den Ton. Man bedenke, wie geringfügig die Pressungs-Differenzen der Schallwellen sich dem ganzen Luftdruck gegenüber ausnehmen. Da vibrirt ein kleiner Stift von wenigen Gramm Gewicht auf der Trommel des Phonographen, setzt eine Membran in Bewegung und zwanzig Personen hören einen Ton. In unmittelbarer Nähe des Schallapparates beträgt die Druckschwankung der Schallwelle nur etwa $^1/_{50\,000}$stel Atmosphäre und bis der Schall unser Ohr erreicht, dürfte derselbe sich so abgeschwächt haben, dass seine Druckschwankungen nur nach Millionstel des Betrages einer Atmosphäre zu schätzen sind.

Und wie die Pressungs-Differenzen des Schalles nur den winzig kleinen Werth des atmosphärischen Druckes betragen, so werden in gesteigertem Maass die Pressungs-Unterschiede der Licht- und Wärmewellen nur äusserst verschwindend kleine Werthe gegenüber dem ganzen Aetherdruck ausmachen. Die Wärmewellen aber überführen in wenigen Sekunden hohe Arbeitsbeträge, indem sie die beschienenen Stoffe erwärmen. Wir erkennen, dass die Aetherwellen Pressungs-Differenzen aufweisen, welche grösser sein werden, als diejenigen des Schalls und da andererseits die Kluft zwischen der ganzen Aetherpressung und der in Wärmewellen auftretenden Differenz weit grösser ist am Aether, als für den Atmosphärendruck, bezw. die Schallwelle, so drängt sich uns immer auf's Neue die Vorstellung von der ausserordentlichen Grösse des Aetherdrucks auf.

Dürfen wir nun erwarten, dass in einem Spalt zwischen Materie eingeschlossen, der volle Aetherdruck fortbesteht? Wird die Materie, wie sie Wärme an den Weltenraum ausstrahlt, nicht auch ätherische Spannkraft von der Oberfläche der Atome in den Weltenraum entsenden und muss daher zwischen den Atomen nicht verminderter Aetherdruck sich einstellen? Ueberdruck aussen bedingt aber das Bestreben der Annäherung und erklärt im Hauptprinzip die Anziehung der Massen.

Wir haben gesehen, dass Festigkeit die Leichtbeweglichkeit der Moleküle ausschliesst. Im Abschnitt 16 ward gezeigt, dass die Zugfestigkeit erst eintreten kann, wenn das Fliessen der Materie verhindert ist, d. h. wenn der innere Druck, unterstützt durch äusseren Druck, nicht mehr ausreicht, ein Molekül von der Seite her in die Kette auseinander gerückter Moleküle zu treiben. Die Festigkeit ist überwunden, das heisst die Trennung, das Fliessen im Innern erreicht. Der Bruch erfolgt, wenn an der Trennungsstelle der Spalt grösser wird als der Durchmesser des Nachbar-Moleküls bemisst. Nun ist hervorzuheben, dass die Spaltgrösse zwischen den Molekülen mit der Wärme zunimmt, dass mithin der Vorgang des Fliessens bei höherer Temperatur leichter erfolgt als bei geringerer Wärme. Andererseits ist die Molekülgrösse und die Beschaffenheit des Moleküls von Bedeutung. Ein kleines Molekül schwingt bequemer in einen Spalt als ein grosses Molekül. Stoffe, aus groben Molekülen bestehend, werden mithin selbst bei höheren Temperaturen noch den festen Aggregatzustand erweisen. Hierher gehören die Salze. Aber die Festigkeit braucht darum nicht bedeutend zu sein, denn die Kraft, welche den Bruch veranlasst, soll ja nur die Differenz überwinden, welche zwischen der Wirkung molekularer Anziehung und der Gegenkraft, inneren Druckes besteht.

Wir begreifen jetzt, weshalb die Stoffe bei der Erkaltung krystallisiren; es müssen die Schwingungsbahnen sich besonders ordnen, damit ein Gleichgewicht und eine Harmonie zwischen der molekularen Anziehung und den inneren Druckkräften besteht; während im flüssigen Zustand alles durcheinander schwingt.

29. Ueber die Theilbarkeit der Materie.

Mögen wir einen Stoff zermalmen oder zerschneiden, der Stoff bleibt in den kleinsten Theilen von gleicher Beschaffenheit wie das Ganze. War es ein fester Körper, dann sind auch die kleinsten Theilchen fest, liegt Flüssigkeit oder Gas vor, die mechanische Zerkleinerung ergiebt Materie desselben Aggregatzustandes. Und doch wissen wir, dass das Stäubchen in seinem Innern Wärmebewegung vollzieht, kennen die Temperatur, bei welcher dasselbe zu schmelzen oder zu verdampfen beginnt. Dabei löst sich das Körnchen in äusserst feine Theilchen auf, welche leichte Beweglichkeit besitzen und, wofern sie dem luftförmigen Aggregatzustand angehören, frei im Raume sich bewegen, von der Anziehungskraft des Nachbars nur vorübergehend berührt.

Und welche Kräfte sind dazu angethan die Materie so zu verändern, noch weiter zu zertheilen, nachdem alle mechanischen Hülfsmittel zuvor schon erschöpfend benutzt waren? Das schafft die Wärme. Wenn unter dem Dampfkessel die Flamme prasselt und die Feuerrohre bestreicht, dann schlagen und hämmern die kleinen Moleküle und Atome der erhitzten Gase gegen das Blech des Kessels. Das Eisenatom weicht vor dem heftigen Anprall zurück, erzittert nach innen und leitet die Bewegung dem Wasser zu. Wie elastische Körper so tanzen die Wassermoleküle auf und gegen einander, halten sich aber noch am Bande gegenseitiger Anziehung gefangen. Doch die Erschütterung steigt, die Temperatur nimmt zu, da hebt sich ein Molekül in den Raum hinein, im Moment des Abhebens heftig erkaltend. Wärme strahlt zu, der Verlust wird gedeckt und weiter schwingt es als Gas in den Dampfraum hinein.

Mit der Geschwindigkeit der Geschützkugeln, oder höherer Wucht treffen die Moleküle auf einander. Sie zerschellen nicht, ihre Festigkeit erscheint uns grösser als diejenige des Stahls und doch sind sie zerbrechlich, sind theilbar. Es muss der Stoss erhitzter Atome nur hinreichend wachsen, dann zerlegt sich selbst das Molekül noch in seine Atome. An glühender Kohle vorbei streichend, empfängt das Molekül Schläge, welche mit etwa 4000 oder mehr Meter Geschwindigkeit in der Sekunde, in Form latenter Wärme geführt sind. Diese Wucht ist zu gross, das Molekül zerschellt, denn ausser der spaltenden Kraft des Anpralls, zieht das fremde Atom, die Kohle den Sauerstoff des Dampfes zu sich heran. Der Wasserstoff wird frei.

Welch' eine unendliche Perspektive eröffnet sich hier in der Welt des Kleinen. Das feinste Staubkörnchen wird durch Wärme in viele Moleküle gespalten, und jedes Molekül erscheint wieder in seine Elemente zerlegbar. Und das alles ist die Folge heftiger Bewegung der Materie, einer Erzitterung kleinster Theilchen derselben. Wie nun benimmt sich das Atom gegenüber der Wucht der ertheilten Schläge, bleibt es beisammen oder spaltet auch dieses? Die Chemie lehrt, dass alle auf der Erde bislang hervorgerufenen Pressungsdifferenzen, Hitzegrade und inneren Erschütterungen nicht hinreichten, ein Atom zu zerstören. Aus allen Umwandlungen der Stoffe geht das Atom, als unveränderlich, hervor. Wie aber müssen wir uns ein so winzig Materialtheilchen denken, welches mit Tausenden Metern Geschwindigkeit gegen einen Nachbar stösst, ohne den inneren Zusammenhalt zu verlieren? Etwa untheilbar, als eine Einheit? Mit Nichten! Das Atom ist elastisch, es prallt vom Gegner zurück. Elastizität aber setzt Formveränderung, innere Schwingung voraus, also eine weitere Theilbarkeit der Materie. Die Kraft aber, welche das Atom beisammen hält, so dass dessen Material nicht in alle Richtungen auseinander zerstiebt, kann dies etwas anderes sein als äusserer Druck? als Aetherpressung erster und zweiter Ordnung?

Wir erkannten, dass die ätherischen Kräfte, Licht, Wärmestrahl, Elektrizität und Magnetismus sich nicht der Wärme oder Atomschwerpunkts-Bewegung als Träger ihrer Fortpflanzungs-Geschwindigkeit, sondern einer Erzitterung feinerer, äusserst schnell erfolgender Art bedienen, deren Bestand durch die Experimentalphysik durchaus erwiesen ist. Die Atome aber leiten diese ätherischen Schwingungen, sie erzittern also im eigenen Material, d. h. sie sind theilbar.

Forschen wir nun weiter, fragen uns was Aether bedeutet, so müssen wir uns gestehen, dass eine Masse, welche mit über 600 Millionen Meter Geschwindigkeit in dem Raume hin und her jagt und beständigen Anprall gegen andere Massen erleidet, entweder in kurzer Zeit vollständig zermahlen sein muss oder aber Festigkeitswerthe aufzuweisen vermag, von deren Grösse uns jede Vorstellung fehlt. Und auch der Aether ist elastisch, also theilbar und doch fest, wer hält diesen zusammen? Ist abermals ausser dem Aether noch ein anderer äusserer Druck vorhanden, ein Aetherdruck höherer Ordnung? Oder ist das Aetherkorn nur eine Welle im Aether dieser Ordnung?

Denken wir uns es fehlte der Aether, was dann? Denken wir uns es fehlte der Erde die Luft, was dann? Wir wissen die Folge. Sofort würden die Oceane zu kochen beginnen und, Dämpfe bildend, die Atmosphäre ersetzen. Es kann der flüssige und zugleich warme Stoff nicht ohne den Druck der Gase bestehen. Bei jedem Zusammenstoss der Materie verwandelt sich die Wucht des Schlages in innere Schwingung, der Körper zerspritzt, wenn der Druck der inneren Schwingung, die Materialfestigkeit überwindend, die Fesseln sprengt. Durch den heftigen Anprall der in starker Wärmeschwingung sich treffenden Atome würde einfach Atomstaub, Aether, entstehen. Und dass die Geschwindigkeit dieses feinen Weltenstaubes viel grösser sein muss, als diejenige der sich treffenden Atome, das lehrt uns die Wirkung des hydraulischen Widders.

Bei der Betrachtung des Weltalls richtet sich der Blick nicht allein in die Ferne, die Unendlichkeit des Raumes ermessend, nicht allein in die Zukunft, die Ewigkeit vor Augen führend, sondern es leitet uns auch die Zergliederung des materiellen Stoffes und seiner wechselnden Kräfte in ein Reich des Unendlichen, Ewigen. Statt todten Stoffs erkennt der forschende Verstand eine Urfülle unfassbar grosser Bewegung. Unser Geist erkennt keine Grenzen der Theilbarkeit, immer neue Welten eröffnen sich dem denkenden Blick. Und gerade dort, wo die

Materie am wesenlosesten erscheint, ist dieselbe mit gigantischer Kraftfülle ausgestattet, dort findet sich die gewaltigste Energie im Reich des unsichtbaren Weltalls.

30. Schlussbetrachtung.

Aus vorstehenden Darlegungen ergiebt sich, dass die Bewegungslehre dem Forscher einen Einblick in das geheimste Wirken der materiellen Naturgewalten erlaubt. Aus gegebenen Vorbedingungen baut sich in logischer Weise langsam das Naturgesetz auf, dessen innerstes Wesen die Bedingungen zum Ausdruck bringt, unter welchen die Bewegung der Materie sich in ihren verschiedenen Erscheinungsformen vollzieht.

Die Logik ist unser geistiges Auge, die Mathematik sein schärfster Strahl, wir erfassen die Natur und begreifen rechnend dieselbe. Bevor aber der Geist die Natur zu beschauen vermag, muss unser materielles Auge durch die Mittel der Experimentalwissenschaft dem Geiste die Aussenwelt offenbart haben. Wir können einen Gegenstand nur begreifen, welcher vor uns steht. Er mag versteckt sein, wir müssen ihn suchen, aber der Wirklichkeit muss er angehören, sonst ist ein Begreifen nicht möglich. Erst wenn die beschreibende und messende Forschung uns über so viele Einzelheiten der Natur berichtet hat, dass die forschende Kunst ein Gemälde erschaut, formt sich die Vorstellung zum klaren Verständniss.

An der Hand des Experimentes deckt die Wissenschaft fortwährend neue Beziehungen auf, aus deren gegenseitiger Verknüpfung sich nach und nach das Wesen der Naturkräfte und ihres Trägers der Masse genauer errechnen lässt. Wir erkennen die zwingenden Gründe im Sein und Werden der Welt. Die Gesetze der Natur sind unerbittlich streng, denn sie sind logisch, sie sind Selbstfolge. Nur durch die richtige Wahl der Voraussetzung vermag geistiger Wille die an jene starren Gesetze gebundene Materie zu beherrschen, zu bilden; während jede wesentliche Aenderung der Voraussetzungen eine gänzliche Vernichtung der Materie zur Folge haben würde. Nur in diesem Fall wanken auch die Gesetze der Natur.

Wichtiger, als der Gewinn einiger physikalischen Anschauungen, erscheint mir an der vorgeführten Darlegung die verwendete Methode der Schlussfolgerung. Es werden keine Hypothesen aufgestellt, sondern Beziehungen errechnet und der Blick in das Unsichtbare auf diese Weise langsam erweitert. Dabei ergeben sich manche Erwägungen, welche der Experimentalphysik als Anhaltspunkte für weitere Forschung dienen können. Von dem Atom wird zunächst nur angenommen, dass es einen Schwerpunkt, ein Gewicht, bezw. eine Masse und eine Geschwindigkeit besitze. Ueber die Beschaffenheit der Atome und Moleküle, wie deren Schwerpunktsbahnen wird zunächst nichts vorausgesetzt. Alles Weitere ist durch vergleichende Betrachtung und logische Schlussfolgerung aus den Erscheinungsformen der Aussenwelt zu errechnen, bezw. abzuleiten.

Die Experimentalphysik dürfte bemüht sein, die spezifische Wärme der festen und flüssigen wie gasförmigen Körper genau zu erforschen. Besondere Beobachtungen sind in der Nähe des Schmelz- und Siedepunktes erforderlich. Dabei ist das Verhalten der Stoffe unter Druck bez. ihrer spezifischen Wärme und ihrer Volumenänderung von besonderer Bedeutung. Ausser der eingehendsten Untersuchung des Wassers und einzelner anderer Körper, unter allen erreichbaren Temperaturen, sind Reihen von Werthzahlen mit einander zu vergleichen, welche für eine besondere kritische Temperatur von Stoffen gleicher chemischer Eigenschaft gewonnen wurden. Z. B. gelangt das verschiedene Verhalten des Sauerstoffs in Säuren und Basen wahrscheinlich in den Werthzahlen der spezifischen Wärme zum Ausdruck, wenn man deren Bildung aus den spezifischen Wärmen der einfachen Körper versucht.

In der Hoffnung, durch die Eigenart der Behandlung des Stoffes, der Naturwissenschaft etwas zu dienen, drängte es mich die gewonnenen Vorstellungen zu einem Bilde zu vereinigen. Im Besonderen sollte auf die Erkenntniss verwiesen werden, dass durch die gleichzeitige Beachtung des Gesetzes einer Erhaltung der Bewegungsgrösse und einer Erhaltung der Energie die Anschauung über das Wesen der Naturkräfte sich erweitert. Nachdem wir die Kraft als den sekundlichen Uebergang von Bewegungsgrösse erkannt haben, ist für uns die Vorstellung, dass Kraft von ruhender Materie ausgehen könne, ausgeschlossen.

Möge die Naturwissenschaft sich einer Erforschung der Bewegungsgesetze der materiellen Welt mit Eifer annehmen und das Erkennen verbreiten, dass, weil das Leben der ganzen Welt im Grossen und Kleinen sich der Bewegung der Materie als Mittel bedient, darum auch die Welt des Geistes durch einen lebhaften Austausch der Ansichten an neuen Formen gewinnen wird. Die Schablone ist der geistige Tod. Die sich nach dem Wandel der Verhältnisse ändernde Form, die Bewegung, ist das Leben; Arbeit und Energie-Uebertragung sind die Mittel für das Sein und das Werden des Weltalls.

Nicht in die Vorurtheile geistiger Trägheit sollen wir uns vergraben, auch nicht über das Unerforschliche nutzlos streiten; d. h. wir sollen nicht unreife Früchte am Baum der Erkenntniss voreilig kosten wollen, sie sind von Nachtheil. Wir sollen prüfend das Ganze wie das Einzelne anschauen, und nicht nur an den Eindruck unserer Sinne, sondern auch an die Bedeutung der praktischen Vernunft glauben.

VI. Ueber die Begrenzung der Willkür in der organischen Welt.

Nachdem wir das ganze Werden in der Natur als eine nothwendige Folge gegebener Verhältnisse erkannt haben, begreifen wir, dass geistiges Wollen sich einer Auswahl der Vorbedingungen zu bedienen hat, um schöpferisch zu wirken. Geistigem Wollen ist das Unlogische, Widersinnige nicht möglich und nach diesen Richtungen ist selbst dem höchsten geistigen Wollen eine Grenze der Bethätigung gezogen. Die Grenze ist jedoch nur scheinbar vorhanden, sie ist nur eine Vorstellung des geistig Beschränkten, denn vernünftiger Wille kann nur das Mögliche wollen. Das Gut des religiösen Glaubens kann vernichtet werden, wenn der Begriff der Allmacht durch falsche Lehren auf das Gebiet des Widersinnigen ausgedehnt wird. Es ist z. B. unmöglich, alles Unglück in der Welt ganz zu meiden, so lange die lebenden und fühlenden Wesen auch nur die geringste Freiheit im Handeln besitzen. Mit der Freiheit ist stets Gefahr für sich und andere verbunden und nur die Erziehung zu praktischer Vernunft, die Ordnung der Verhältnisse und die Bekämpfung der Willkür können das Glück vermehren.

Wie im Bau der Lebewesen und ihrer Organe die Schöpfung sich der natürlichen Mittel und der Naturgesetze in hoher Vollkommenheit bedient und jeder Kraftwirkung das eingehendste Verständniss entgegenbringt, so sollen auch wir bereit sein, dieses Ringen nach Leben und Glück mit unseren schwachen Kräften durch die Anwendung der praktischen Vernunft zu unterstützen. Die Welt muss begreifen lernen, dass Wahnvorstellungen, Unkenntniss, Unordnung, Trägheit, Willkür und Selbstsucht die Wurzeln dauernden Unglücks sind, während alle Tugenden nach Verminderung des Unglücks trachten und zur Verbreitung und zum Genuss des Glückes erziehen.

Die richtige Auswahl der Vorbedingungen, das ist das Wesentliche des schaffenden Willens. So ist auch die Natur den Lebewesen dadurch dienstbar gemacht, dass der Organismus, nach den Naturkräften sich richtend, weise erschaffen ward; nämlich so, dass die Naturkräfte, wie sie nun eben an dem Wohnorte des Lebewesens im Mittel auftreten, das Gedeihen des Organismus fördern. Auch ist den Organismen die Fähigkeit gegeben, in begrenzter Ausdehnung sich veränderten Verhältnissen anzupassen.

Die Thätigkeit der Lebewesen zeigt sich zum Theil als eine unwillkürliche, zum Theil als eine willkürliche. Die unwillkürliche Lebensthätigkeit kann durch das Lebewesen nicht direkt verhindert, bezw. befördert werden, z. B. die Herzthätigkeit, die Verdauung und die Wirkung der Nerven, es sei denn, durch Anwendung äusserer Gewaltmittel. Die unwillkürliche Lebensthätigkeit bringt das Gedeihen und Wachsen des Organismus hervor. In dieser Richtung, für welche eine genaue Beachtung der organischen Gesetze der Natur gerade die nothwendigste Bedingung für das Gedeihen des Lebewesens bildet, ist die Thätigkeit der inneren Kräfte von dem Willen desselben unabhängig gestaltet und als unbewusste Lebensthätigkeit gegeben. So ist die gesunde, von dem Spiel des Zufalls und der Laune des freien Willens nicht abhängig gestaltete, regelmässige Herzthätigkeit ein Haupterforderniss für das Wohlbefinden des ganzen Organismus. Das Blut trägt, durch das Herz getrieben, den Baustoff dorthin, wo derselbe fehlt, gerade in diejenigen Glieder hinab, welche arbeitend, Material verbrauchen und des neuen Baustoffes bedürfen. Wie im gesunden Organismus der Blutumlauf der Laune der Willkür entzogen ist, so muss auch in der organisirten Gesellschaft das Blut, das Geld, in schnellem und regelmässigem Umlauf rollen.

Freier Wille und Spielraum im Handeln wird den Lebewesen nur in denjenigen Grenzen zugetheilt, als damit für dieselben nicht allzu grosse Gefahren verbunden sind. Durch die äusseren Reize der Genussmittel wird der thierische freie Wille zum Wohl des Lebewesens gelenkt und durch Schmerz vor nachtheiligen Einflüssen gewarnt.

Durch diese Art der Steuerung und Begrenzung des freien Willens ohne eine gänzliche Beugung und Vernichtung desselben, ist das thierische Leben über das Wesen des maschinellen Organismus empor gehoben.

Möchte die Welt auch noch so fein erdachte Organismen aufzuweisen haben, welche aber nur maschinelle Gesetze bethätigen könnten, dann gäbe es doch kein Fünkchen Glück, keine Freude, kein thierisches und seelisches Leben. Um solches zu erschaffen, dazu bedurfte es des

Werdens von Lebewesen, welche mit Empfindung ausgerüstet sind und sinnlichen, seelischen und höheren geistigen Genüssen nachstreben. Natürlich sind mit den ersteren, den thierischen Trieben, ausserordentliche Gefahren für die anderen Lebewesen verbunden und ist oft grausamer Kampf die Selbstfolge, um so mehr das Thier keine Moral besitzt und auch der Mensch zu höheren Stufen geistiger Entwickelung nur langsam erzogen werden kann. Unter unvernünftigen Wesen lässt sich der Kampf nicht beseitigen; unter denkenden Wesen kann aber der Kampf durch Vereinbarung auf das geistige Gebiet des Wettstreites der Verstandeskräfte hinüber geleitet werden. Um die Leiden des Kampfes zu mässigen, ist es den Thieren versagt, sich Machtmittel zu erwerben, wie der denkende Mensch dieselben besitzt; sonst würden thierische Tyrannen entstehen, deren Lust es wäre, die Welt zu verwüsten.

Mit wachsender geistiger Kraft muss auch der Wille erzogen werden, die Kraft nützlich zu verwerthen. Das Geschenk geistiger Ueberlegenheit, welches den Menschen über das Thier erheben soll, wirkt, an sich allein betrachtet, wie eine Naturkraft, welche Unheil bringt, wo sie sinnlos waltet, aber Segen spendet bei guter That.

Durch die Erkenntniss von Ursache und Wirkung und durch die Gabe geistiger Mittheilung gewinnt der Mensch die Herrschaft über den Erdkreis. Aber mit wachsender Kraft und Macht bedarf auch der Mensch unbedingt wieder der Leitung, wenn nicht die Kraft in blind willkürliche, nutzlose, oder gar schädliche Handlungen, zum Nachtheil der Welt entarten soll. Dies Etwas, welches uns leitet, ist wieder ein Genuss, es ist die Empfindung der Freude nach vollbrachter guter That, wobei unter „gut“ jede Handlung verstanden wird, welche das Wohlergehen und Glück der empfindenden Lebewesen in der Gegenwart und Zukunft erhöht. Diese Handlung ist gleichbedeutend mit dem Bestreben, die Summe des freien Willens in Zukunft zu mehren, die Erfüllung vernünftiger Wünsche herbeizuführen und jede Willkür zu beschränken. Gleichzeitig mit der Erweiterung des freien Willens ist die Grenze zwischen nachtheiliger und erlaubter Bethätigung des Willens zu erforschen, zu bezeichnen und durch Gesetze in das Leben zu verpflanzen, wo erwartet werden kann, dass die Selbstbeherrschung nicht ausreichen möchte, die natürliche Grenze zu beachten.

Da nun der Werth der Handlung nur durch das Urtheil, also durch Verstandes-Thätigkeit, erkannt werden kann, ist jenes Organ, welches den freien Willen des Menschen auf richtige Bahnen hinüber leitet, d. h.

das Gewissen, ein Verstandes-Organ. Der gewissenhafte Wille bildet einen Theil der entwickelten Vernunft. Es ist die Stimme des Gewissens, welche mit wachsender Einsicht des einzelnen Menschen und der ganzen Menschheit lauter und deutlicher spricht; es zeigen sich immer neue geistige Genüsse demjenigen, welcher mit seinem eigenen Lose leicht zufrieden, in seinen Wünschen die Grenzen des Egoismus oder schmal bemessenen Gemeinsinns überschreitet und ein grösseres Feld nützender Thätigkeit erstrebt.

Das höchste Gut, die Fähigkeit Glück zu empfinden, wird uns durch die gleichzeitige Gewährung erweiterter Freiheit und guter Erziehung zu theil; diese giebt uns den Willen, Selbstbeherrschung zu üben und erweckt in uns die Lust und die Kraft nutzbringend zu wirken. Ohne diese beiden Errungenschaften der Civilisation würde sich jegliche Freiheit in Willkür verkehren und zugleich in chaotischer Wirrniss oder durch Trägheit der Schatz aller menschlichen Glücksgüter der Zerstörung anheimfallen.

Zu höherer Freiheit wird die Menschheit durch Erziehung zu praktischer Vernunft befähigt; nur so kann, um allen Gliedern gerecht zu werden, die menschliche Gesellschaft sich in fortschreitender Entwickelung organisch formen.

VII. Das harmonische Urtheil und die Gefahren der Einseitigkeit.

1. Ueber das entscheidende Urtheil.

Nachdem wir erkannt haben, dass die ganze Schöpfung auf die Beherrschung der rohen Materie und ihrer Naturkräfte, wie auf die Steuerung des Willens der organischen Welt sich gründet, nachtheilige Willkür thunlichst zurückdrängend, ist es unsere Pflicht die Willkür im Keime zu ersticken und für Ordnung und Anwendung praktischer Vernunft einzutreten. Im Einzelnen ist es zwar Sache jeder Person, diesen Kampf aufzunehmen; im Besonderen kann aber durch nachtheilige Verhältnisse eine gewisse Willkür zum Erbtheil einer Berufsklasse oder eines Volkes werden. Von anderen verübte Willkür im Urtheil bemerken wir sofort, selbst verübte Willkür aber schwer. Wie der Forscher von Zeit zu Zeit nach einem Ueberblick ringt, um zielbewusstes Handeln zu ermöglichen; ebenso müssen alle Berufsklassen als Ganzes bisweilen Umschau halten, über das Wirken und die Erfolge des eigenen Berufs. Dazu gehört Sachkenntniss und Erfahrung, welche nur mühsam und bei offenem Auge gewonnen werden kann. Bei allen Entscheidungen ist ausser dem Ueberblick die genaue Sachkenntniss im Einzelfalle die Hauptvorbedingung. Wo Sachkenntniss fehlt, ist das Urtheil durch die praktische Vernunft verboten. Daher sind die Entscheidungen immer nur in die Hände derer zu legen, welche durch ein bereitwilliges Eindringen in die Einzelheiten und die Schwierigkeiten einer Sache befähigt sind, aus allen in Mitleidenschaft gezogenen Kreisen praktische Erfahrungen sich zu erfragen und andererseits geneigt sind, auch die etwaigen nachtheiligen Folgen selbst getroffener Entscheidungen mit Fleiss zu ergründen. Dies ist eine grosse Arbeit und kann daher nur derjenige praktisch brauchbare Entscheidungen fällen, welcher es versteht, seine Zeit beisammen zu halten und es vermeidet, auf Formsachen und andere Nebendinge das Hauptgewicht zu legen. Wer für den wichtigen Sonderfall, die Musse findet, das Einzelne genau zu studiren wird Tüchtiges leisten. Dieselbe Person wird dann auch Minderwichtiges nicht selbst zur Entscheidung bringen, dazu fehlt die Zeit und die Sachkenntniss. „Wie“ die Entscheidung getroffen wird, das ist wichtiger, als „wer“ dieselbe trifft. Durch diese Art der Arbeitsvertheilung fällt dann auch die Freiheit der Entschliessung in einfacheren Dingen der richtigen Person zu, hüben und drüben wird an Arbeit gespart und die jüngere Generation allmählig und rechtzeitig zur Selbstständigkeit des Urtheils erzogen.

Die Förderung des Gemeinwohls setzt technisches Denken voraus, Kenntniss und Kritik bestehender Einrichtungen, ein unbefangenes Urtheil, welches nicht nur seine Entscheidungen auf erlernte ältere Erfahrungen stützt, sondern auch die veränderten Verhältnisse der Gegenwart wie die zukünftig erreichbare Verwirklichung berechtigter Wünsche berücksichtigt. Die Fähigkeit einer Erkennung der Vorbedingungen und Wege, welche auf vernünftige, sparsame und sichere Weise auf das erstrebte Ziel hinführen, erwächst aus der Anwendung praktischer Philosophie. Das Gegentheil der praktischen Vernunft ist die Einseitigkeit im Urtheil, welche aus Parteilichkeit, Gleichgültigkeit, Unkenntniss, Ueberhebung, Eigensinn oder Uebereilung hervorgeht und dort sich heranbildet, wo das Gleichgewicht zwischen philosophischer Erkenntniss und sachlicher Erfahrung fehlt.

2. Philosophen, Theoretiker und Praktiker.

Die Gabe der Philosophie ist die Fähigkeit einer logischen Verkettung der Gedanken. Die Philosophie deutet uns die zwischen Ursache und Wirkung bestehenden Beziehungen an, sie lehrt uns richtigen Glauben. Die genaue und zumal die zahlenmässige Feststellung einer gegenseitigen Abhängigkeit der Erscheinungen ist Sache geschulter Fach-Philosophen, welche nicht nur die Fähigkeit besitzen, gestützt auf sorgfältige und feine Beobachtungen, Erkenntnisse selbst zu bilden, sondern sich auch die Erkenntnisse und Erfahrungen anderer Fachmänner angeeignet haben und darauf weiter zu bauen vermögen.

Eine in sich abgeschlossene Gedankenfolge, welche eine Erscheinung auf ihre Ursachen untersucht, indem sie zunächst, einem praktischen Glauben folgend, die vorhandene Beziehung findet, um alsdann rückwärts aus der gefundenen Thatsache die Erscheinung beweiskräftig abzuleiten, nennen wir eine **Theorie.**

Die Theorie ist für die Folge ein Wegweiser, welcher den Gedankengang zu einem gewünschten Ziele auch dann führt, wenn der Wandernde noch nicht gerade ein gereifter Philosoph geworden ist. Der Weg ist gebahnt und der Wanderer braucht nur die verschiedenen Zeichen der Wegweiser zu beachten und selbst einen sicheren Gedankengang zu besitzen, dann gelangt auch er durch Fleiss an das Ziel. Wer die Theorien der Philosophen mit Geschick zu benutzen versteht, wird ein **Theoretiker** genannt.

Wofern ein Theoretiker nur ein sogenannter reiner Theoretiker, d. h. nicht zugleich Philosoph ist, muss man sich hüten, den Ableitungen und Behauptungen desselben zu leicht vollen Glauben beizumessen, da nicht selten philosophisch minder beanlagte Theoretiker auf eine falsche Spur gerathen und trotz richtiger Multiplikations-Exempel oder fein ersonnener Integrationen sich irren.

Bisweilen beginnen Theoretiker, welche schwache Philosophen sind, Theorien neu aufzustellen, während sie froh sein sollten, wenn sie gelernt hätten, einen guten Gedanken in den Grenzen seiner Richtigkeit zu erkennen, oder vorhandene Theorien fleissig und mit Vortheil zu verwerthen. In diesem Fall entsteht, durch den Unvorsichtigen ins Leben gerufen, die graue Theorie, welche neben einigen richtigen Erkenntnissen falsche Voraussetzungen enthält. Um überhaupt rechnen zu können werden schwerwiegende Vernachlässigungen geduldet und auf diese Weise ein Resultat erzielt, welches trotz eines grossen Aufwandes in der Entwickelung keineswegs der Wirklichkeit entsprechen wird. Theorien dieser Art können die Erkenntniss der wahren Beziehungen verzögern; nachträglich ist es nicht leicht die verbreiteten Vorstellungen auf den Kern der Wahrheit zurückzuführen.

Eine jede Theorie soll niemals etwas anderes sein als ein Wegweiser, ihre Anwendung ist nur zwischen gewissen Grenzen und unter gegebenen Voraussetzungen richtig. Nur derjenige, welcher jene Grenzen kennt, wird die Theorie mit Vortheil für seinen Gedankengang verwerthen können.

Praktiker können geschulte oder ungeschulte Philosophen sein, deren Rathschläge sich nicht allein auf die Verkettung der Gedanken beziehen, sondern Ausführungen und Handlungen betreffen, die, nach ihren Anordnungen vollendet, den gewünschten Gegenstand in zweckmässiger Weise ergeben.

Der Praktiker verliert durch Schulung niemals die Eigenschaft, Praktiker zu sein, sich leicht in praktischen Dingen zurecht zu finden; jedoch muss man von demselben nicht praktische Fertigkeiten und Kenntnisse in Dingen erwarten, welche von ihm nicht geübt worden sind. Für jede Fertigkeit ist etwas Handwerk Vorbedingung.

Der reine Handwerker verhält sich zum Praktiker, wie der reine Theoretiker zum geschulten Philosophen. Ihm fehlt die Meisterschaft.

Der Meister im Handwerk soll der Philosoph im Handwerk sein, alle Anordnungen desselben sollen zu einer richtigen Verkettung der Handlungen führen. In den freien Berufszweigen erzielt der Philosoph gewöhnlich die höheren Erfolge; derselbe schwingt sich oft aus kleinen Verhältnissen zu herrschender Stellung empor, so dass nach seinen Anordnungen viele sich richten und gemeinsam Bedeutendes leisten. Nicht so günstig liegen die Verhältnisse im Beamtenthum. Der Einfluss des Einzelnen steigt nicht so schnell mit den erzielten Erfolgen. Es gelingt nicht so leicht, die Verhältnisse so zu ordnen, wie für die Erzielung einer erhöht fruchtbaren Thätigkeit der Einzelperson erforderlich sein würde; dafür bietet der Staat aber andererseits die Mittel, einen Rückgang der Entwickelung durch seine Macht zu hindern und durch das Zusammenfassen vieler Kräfte grosse Aufgaben einheitlich zur Ausführung zu bringen.

In allen Berufsklassen bedürfen wir der Philosophen, in höheren der geschulten Philosophen, in manchen Berufsklassen nur ungeschulter Philosophen; in allen Fällen bedarf der Philosoph, wenn er etwas Tüchtiges leisten will, eingehender Sachkenntniss, sonst fehlt das Fundament des Urtheils.

Ausserdem bedarf jeder Beruf einer Anzahl ausführender Personen, welche durch Schulung gelernt haben, die Erkenntnisse der Philosophen oder Meister richtig und mit Vortheil zu verwerthen. Diese bedürfen der Gewandtheit und Sicherheit in Ausführung ihrer Geschäfte, welche Fertigkeiten uns Schaffensfreude bereiten und bei häufiger Anwendung durch Fleiss und Gewissenhaftigkeit zu erwerben sind. Das gilt sowohl für geistige Arbeit als auch für Handarbeit. Die ausführenden Kräfte bedürfen im Rahmen ihrer beschränkten Einflusssphäre auch wieder eingehendster Sachkenntniss, welche sich jedoch hier durch die Gleichartigkeit der Beschäftigung verhältnissmässig mühelos erwirbt.

Häufig werden die Eigenschaften und die einander ergänzenden Leistungen der Philosophen, Theoretiker und Praktiker unrichtig beurtheilt. Ein jeder Mensch muss in seinem Beruf zeitweilig ein Philosoph sein, wo neue Aufgaben an ihn herantreten; derselbe wird ein guter Praktiker werden können, bei wiederholter Anwendung gleicher oder mit einander nahe verwandter Ausführungen, mögen dieselben der Theorie oder dem Handwerk entnommen sein. Wer keine philosophische Begabung besitzt, erringt auch in praktischen Dingen keine Meisterschaft.

Der Philosoph, welcher gewohnt ist, in grossen Dingen das Richtige aus dem Chaos der Möglichkeiten heraus zu finden, wird dies auch dann vermögen, wenn ihm ein Auftrag wird, dessen Erledigung nur in wenigen Punkten ernstliches Nachdenken erfordert, während das Uebrige nach bekanntem Schema gemacht werden kann. Ein Mann, welcher diese Punkte, wo das selbstständige Nachdenken einzusetzen hat, übersieht, ist kein Meister.

Einen Gegensatz zu den praktischen Philosophen bilden diejenigen Philosophen, welche keine Sachkenntniss in bezüglichen Dingen besitzen. Diese Personen können im Sonderfall zwar auch nützend wirken, wenn sie durch Meinungs-Austausch ihren Gesichtskreis entsprechend erweitern, dieser Geschäftsgang aber ist umständlich, nur ein Nothbehelf. Der Philosoph muss selbst die Sachkenntniss besitzen, oder der Sachkundige Philosoph sein, das ist besser.

Einen weiteren Gegensatz zu den praktischen Philosophen bilden Personen, deren gutes Gedächtniss dieselben im Fluge durch die Schulklassen führt. Sprachliche Fähigkeiten sind aber meistens gerade auf ein gutes Gedächtniss zurück zu führen und bieten daher die sprachlichen Erfolge nicht den mindesten Anhalt für die Tiefe des philosophischen Verständnisses, anders der Aufsatz, welcher eigene Gedanken wiederspiegelt. Bezüglich der sprachlichen Erfolge schreibt z. B. der berühmte Chemiker Justus Liebig in seinem Tagebuch: „Dass ich bei dieser Geistesrichtung die Schule sehr kläglich bestand, begreift sich leicht; ich hatte kein Gehörgedächtniss, und nichts oder sehr wenig von dem, was man durch diesen Sinn lernt, blieb bei mir haften; ich befand mich in der unbehaglichsten Lage, in der ein Knabe nur sein kann; die Sprachen und Alles, was man damit aufnimmt und in der Schule an Lob und Ehre erwirbt, waren mir so gut wie verschlossen."

Naturgemäss wird derjenige Schüler zu einem besseren Philosophen erzogen, welcher, ausser einer Neigung zu sinnendem und schauendem Denken, ein minder starkes Gedächtniss in Dingen besitzt, welche dem Reich seiner Betrachtungen nicht angehören. Derselbe wird sehr oft in die Lage gebracht durch selbstständiges Denken wieder Beziehungen neu abzuleiten, welche bei ihm schon halb der Vergessenheit anheim gefallen waren, wodurch eine Uebung im Denken sich ergiebt.

Den mit ausgebildetem Gedächtniss ausgestatteten Personen darf man von vornherein nicht ohne Weiteres eine grosse philosophische Tiefe zutrauen. Hierin liegt ja auch die zweischneidige Kraft der Beredsamkeit, dass leider die fliessendste Rede bisweilen nicht gesunde Gedanken birgt und gar die Hörer zu falschen Schlüssen verleitet. Auch die Methoden der Mathematik lassen sich gedächtnissmässig erlernen, so dass selbst hier die Erziehung im Denken bei flüchtigen, mit gutem Gedächtniss begabten Schülern versagt, wofern nicht Vorsicht geübt wird. Ein sprachlich gut gebildeter Mensch, welcher in der Schule keine Widerstände zu überwinden hatte, kann ein recht unbedeutender Philosoph geworden sein; derselbe kann im späteren Leben in dienender Stellung, wegen seiner Gewandtheit, viel nützen, in entscheidender Stellung, wegen seines oberflächlichen und unselbstständigen Urtheils aber der Sache schaden.

Eine Entscheidung darüber, ob Gewandtheit in der Anwendung umfangreichen Wissens oder Schärfe des Urtheils von höherer Bedeutung sind, bedarf keiner Erörterung, da die Vereinigung beider Fähigkeiten zu den besten Leistungen führt und nach Kräften erstrebt werden muss. Wo aber die Vereinigung von philosophischem Denken und ausreichendem Wissen in einer Person nicht frühzeitig glückt, kann im späteren Leben, nach der Seite des Wissens hin, sehr wohl nachgeholfen werden. In diesem Fall genügt die Gewinnung einer minder ausgebreiteten, aber in sich abgeschlossenen Wissensgrundlage vollkommen. Ganz verkehrt bleibt es stets, Vielwisserei höher anzuschlagen, als die Denkkraft. Dass letzteres leider durch die Philologen auch heute noch vielfach geschieht, ist für die gesunde Enwickelung der Verhältnisse sehr gefährlich. Die Philologen verwechseln z. B. nur zu oft den Ausdruck des Gedankens mit dem Gedanken selbst. Auch die Mathematik ist eine Sprache und auch hier tritt der Unterschied zwischen dem Aufbau der Gedanken, das ist die Auffindung der Rechnungsansätze und dem Ausdruck der Gedanken, das ist die genauere Formulirung des Ansatzes und die Durchführung der Rechnung, deutlich hervor. Es giebt Personen, welche die Sprache der Mathematik vorzüglich verstehen, ja zu lehren und zu erweitern vermögen, die aber nur sehr schwer einen Rechnungsansatz finden können. „Sage mir, was ich rechnen soll und ich will Dir die Welt errechnen, als vollzöge sich alles nach einer grossen Formel“ ist deren Vorstellung. Die Formel soll natürlich gegegeben sein, denn darin gelangt ja der Wunsch genau präzisirt zum Ausdruck, was errechnet werden soll. „Und ohne zu erfahren, was gewünscht wird, kann man doch keinen Wunsch erfüllen“, so ist die weitere Schlussfolgerung. Diejenigen, welche bisweilen glauben, am meisten mit ihrer Gewandtheit im Rechnen zu leisten, bedenken nicht, dass ein Erringen der klaren Vorstellung des Vorganges, welche Bemühung der Rechnung vorausgehen muss, oft mehr geistige Anstrengung kostet, als die scharfe Formulirung des mathematischen Ausdrucks. Andererseits glaubt der Mathematiker bisweilen, dass eine Erweiterung seiner Wissenschaft dort zu schärferen Erkenntnissen führen werde, wo nur die Gewinnung einer klaren Vorstellung des zu untersuchenden Vorganges zu erstreben ist. Wiederholt sind mir Aeusserungen von Mathematikern bekannt geworden, welche dahinaus zielten, zu behaupten, dass sich ein verwickelter Vorgang in der Meteorologie ja errechnen lasse, wohingegen den gleichen Personen der genaue Anhalt für die Voraussetzungen, welche der Rechnung zu unterstellen sind, fehlte. Wiederum hörte ich dahin gehende Aeusserungen, es sei die neuere höhere Mathematik noch in ihrer Entwickelung zu fördern, um die Elastizitäts-Erscheinungen der Körper einer genaueren Untersuchung zu unterziehen. Nun ist aber die Elastizität eine in der stofflichen Welt auftretende Eigenschaft der Körper, welche, wie im Abschnitt 18 gezeigt wurde, von der Molekül- und Atom-Bewegung, ihrer Wärmeschwingung, einer Verschiebung und Umlagerung der Schwingungsbahnen und den Eigenschaften des Aethers abhängt. Will man diese Vorgänge in der Sprache der Mathematik beschreiben, dann muss man dieselben, wie die fraglichen Eigenschaften der Materie, zuvor doch genau kennen. Hier liegt der Schwerpunkt. Einer Erweiterung der mathematischen Mittel bedarf es dazu aller Wahrscheinlichkeit nach nicht, wie denn überhaupt wohl nur ein Bruchtheil des mathematischen Apparats für die Lösung praktischer Aufgaben verwerthbar sein dürfte. Wer einen gesunden Gedanken gewonnen, eine Vorstellung sich gebildet hat, wird sicher die klare Form nicht gering achten, welche ihm gestattet, seine Ideen zum Ausdruck zu bringen. Wir Techniker gebrauchen auch die Mathematik und die Zeichnung zur Darstellung unserer Gedanken. Ja das Wort soll, wie jedes Mittel geistigen Verkehres, gepflegt werden, aber wir sollten in dem Kultus der Sprache auch nicht zu weit gehen. Durch die Aneignung der Regeln und Ausnahmen einer Sprache erlernt man nicht logisches Denken. Das Erlernen der Sprache ist wichtig, wofern sie bis zur Gebrauchsfertigkeit geübt wird. Der Nutzen liegt nur in der Anwendung der Sprache, nicht in dem Vorgang einer Erlernung derselben. Möge doch der Philologe die Sprache seines Landes ausbauen, sie vor der Fessel einer unphilosophischen Schablone schützen, ihr die Fähigkeit der allmäligen Umgestaltung verleihen und sie in einer Neubildung von Worten befähigen. Die anerkennenswerthen Versuche einer Beseitigung unnöthig verwendeter Fremdwörter zeigt deutlich gewisse Mängel der deutschen Sprache. Wie vielfach begegnen wir einem Ersatzausdruck, welcher an Stelle des Fremdwortes ein Doppelwort, aber nicht ein neues Wort bietet. Man bemühe sich, die deutsche Sprache zu befähigen, kurze neue Worte zu gewinnen, aus einem Eigenschaftswort oder einem Zeitwort ein Hauptwort zu erzeugen und umgekehrt! Fremde Sprachen bieten diese Möglichkeit in höherem Maass als die unserige, und darum übernimmt der Deutsche gern die Bezeichnungen des Ausländers. Was würde aus der Technik, wenn sie nur das Alte lehren wollte und von allem Fremden, Neuen sagen würde, jenes ist falsch! Möge die sprachliche Forschung auch in die Zukunft schauen, der Gegenwart dienen und dem idealen Streben huldigen, welches in der Sprache das Geistesband erkennt, welches den Geist aller Zeiten zu einem einigen Verständniss führt.

Gewiss bedarf der Philologe des Studiums der alten Sprache, gewiss müssen Personen aus allen Berufskreisen, welche beruflich vom Alterthum etwas lernen können, sich tüchtige Kenntnisse und Fertigkeiten in den alten Sprachen erwerben; dies eine aber ist ein Irrthum, dass das Studium alter Sprachen in philosophischer Beziehung den

Lernenden besonders hebt. Wie jedes andere Wissen und Können, so besitzt auch das Studium alter Sprachen einen bildenden Werth, aber der Gewinn ist nicht grösser als durch andere Wissenszweige erreicht werden kann.

Der Unterschied zwischen geschulten Philosophen und reinen Theoretikern wird selten hervorgehoben. Ein tüchtiger Praktiker, welcher eine Meisterschaft erreicht hat, besitzt philosophische Begabung, derselbe würde durch Schulung in der Theorie von seinen praktischen Eigenschaften nichts verloren haben; wiewohl eine Fertigkeit aber dort überhaupt nicht erwartet werden kann, wo die ausreichende Beschäftigung in der bezüglichen Sache fehlt. Ein praktisch beanlagter Mensch ist stets ein Philosoph; doch kann auch ein persönlich unpraktischer Mensch, durch handwerksmässige Erlernung praktischer Handlungen sehr wohl und zwar schon frühzeitig praktische Fertigkeiten erringen, welche denselben gut anstellig machen, während der praktische Philosoph nicht so früh bei dem Einzelnen stehen bleibt und mithin erst in etwas späterer Altersperiode praktische Fertigkeiten, dann aber in höheren Berufssphären sich erwirbt; seine Ausbildung schliesst eben später ab.

3. Die Schulfrage.

Zunächst sei in Dankbarkeit des Umstandes gedacht, dass in den letzten 25 Jahren vielerorts die Schule sehr gefördert wurde, und dass diese so wohlgemeinten Bestrebungen noch nicht zum Abschluss gebracht sind. Aber auch in dieser Frage begegnen wir gefahrbringenden Irrungen, ja leider einer Willkür im Urtheil.

Es tritt in einzelnen Kreisen die Neigung zu Tage, das Vorurtheil als Basis der weiteren Erwägungen zu wählen, anstatt, wie die praktische Vernunft dies fordert, die Verhältnisse so zu gestalten, dass eine Prüfung überhaupt möglich ist.

Die vorwiegend durch Schulung formal gebildete Welt erkennt nicht klar die Ursachen des grossen Fortschrittes unserer Zeit. Es ist die Neigung zum Hinschauen, der Wechsel zwischen philosophischer Erwägung und dem praktischen Versuch. Die Welt ist erwacht, während dieselbe früher traumhaften Ideen nachhing. Diesem Denken, welches sich mit praktischem Handeln paart, verdanken wir auch die Fortschritte der Technik. Aus dem genauen Hinschauen, dem Beobachten, dem Messen und Berechnen erwuchsen der Naturwissenschaft hohe Erfolge. Das Vorurtheil tritt zurück. Wo in einer Sache der Beweis nicht erbracht ist, wird der Versuch erstrebt und dadurch das fehlende Licht verbreitet. Das sogenannte „Urtheilen am grünen Tisch“ verschwindet.

Dieser Fortschritt macht sich jedoch nicht in allen Berufskreisen in gleicher Weise bemerkbar und manches Urtheil ist noch heute nichts, als ein persönlicher Traum. Und wo eine schmeichelhafte Idee als Vorurtheil gelehrt und verbreitet wird, da träumt gar mancher das Gleiche. Aber die Querschnittssumme aus Tausend Träumen bleibt doch nur ein Traum.

Als ein Irrthum ist die Vorstellung humanistisch gebildeter Personen zu bezeichnen, welche den Einfluss des sprachlichen Unterrichtes auf die Geistesbildung der Schüler überschätzen und die Bedeutung der Mathematik und der Naturwissenschaften zu gering veranschlagen. Nach jener Auffassung ist der sprachliche Unterricht das den Gedanken erweckende und schulende Element; die aus dem sprachlichen Unterricht erwachsenden Fertigkeiten sollen nur ganz in zweiter Linie in Frage kommen. Die Täuschung liegt in dem Vorurtheil, dass bei jedem Schüler die Mathematik oder die Sprache gleich vortheilhaft das Denken anrege. In Wirklichkeit verhält sich die Sache ganz anders.

Dem Unterricht in den Sprachen sollte in der Schule nur darum der Vortritt vor allen übrigen Lehrgegenständen belassen sein, weil die aus der Sprache erwachsenden Fertigkeiten den Austausch der Gedanken ermöglichen. Bei dem Kinde regen sich die Gedanken früher als das Wort für den Ausdruck der Gedanken gefunden wird.

Die Erlernung der Sprache setzt nur einen mässigen Aufwand an Urtheilskraft voraus. Die Sprache ist ein Geschenk des Schöpfers, welches keimt, wenn zwei oder mehrere Menschen trachten, ihre Gedanken untereinander zum Ausdruck zu bringen. Die geistige Blüthe entwickelt sich nur im Verkehr. Mit geschlossenem Munde erlernt sich angesichts einer Fülle gedruckter Regeln und Ausnahmen die Sprache sehr langsam. Die Sprache entsteht durch den Geist in dem Umfange, wie das Bedürfniss des Ausdruckes vorliegt, der Geist entsteht nicht durch die Sprache; auch erweitert sich der Geist sehr wenig durch die Erlernung einer Sprache und bei Erlernung derselben, sondern durch die Anwendung der Sprache. So Jemand meine ganze Zeit beansprucht, indem er mich zwingt, immer neue Sprachen, immer mehr Mittel für den Austausch der Gedanken zu erlernen und mir die Musse raubt, die Früchte zu sammeln, den Austausch der Gedanken zu erreichen, Lektüre zu treiben, der weiss nicht, was er thut. Der verfällt in den Fehler der Alten, in der Massenhaftigkeit die Grösse der Leistung zu suchen, Pyramiden zu errichten, als Grabstätte der geistigen Kraft, einen Thurmbau zu Babel, unter dessen Trümmern manches Leisten der Vernichtung anheimfällt.

Die Ausdehnung des Unterrichtes auf alte Sprachen ist vorwiegend nur für sprachlich begabte Schüler im Interesse allgemeiner Bildung von Vortheil, weil nur diese die alte Sprache so gründlich erlernen werden, dass ihnen dieselbe zur Brücke dient, welche das geistige Leben vergangener Zeiten mit der Gegenwart verbindet. In sehr beschränkter Weise ist der Unterricht in alten Sprachen dort von Vortheil, wo die alte Sprache nur zum Berufsstudium in dem Sinne gehört, dass sie die Erlernung von Fremdworten und internationalen Bezeichnungen erleichtert. Ausserberuflich mag ein Theologe, ein Jurist, ein Mediziner die alten Sprachen in erweitertem Umfange, im Interesse allgemeiner Bildung erlernen, gewiss ist dieses erwünscht, aber nur dann ein empfehlenswerthes Streben, wenn sprachliches Talent vorliegt. Anderenfalls tritt durch den zu weit geführten Unterricht in alten Sprachen eine Belastung ein, welche nach keiner Richtung bis zur Fertigkeit führt. „Nun, dann mögen doch solche Schüler dem Gymnasium fern bleiben“, so ist die weitere Schlussfolgerung der zu eifrigen Verfechter gymnasialer Bildung, „es bleibt ja die lateinlose Schule; mögen jene Schüler dann ein technisches Fach ergreifen“. Diese Worte sind leider gefallen und bezeichnen die Gefahr, in welcher das Schulwesen schwebt. Das Gymnasium bot eine Erziehung, welche allein den Forderungen und Fortschritten der Gegenwart nicht genügte, darum gründete man die Realschule. Man stattete die Realschule aber anfangs nicht gleich so aus, dass sie dem Gymnasium als gleichberechtigt und ergänzend zur Seite gestellt werden konnte. Das war ein Fehler, welcher sich nicht vererben darf, denn sonst erzieht man Einseitigkeit der Bildung in den Berufskreisen hüben und drüben. Die Ergänzung in der allgemeinen Bildung muss dadurch erzeugt werden, dass im gleichen Beruf die Anschauungen und Fähigkeiten sich kreuzend ergänzen.

Wer diese schwer wiegenden Fragen unbeachtet lässt und, durch die Selbstsucht des Kastengeistes veranlasst, die Kluft zwischen den Schwesteranstalten zu erweitern, statt sie zu schliessen trachtet, besitzt nicht die Tugend der Parteilosigkeit. Die allzu eifrigen Vertreter gymnasialer Vorbildung würden es fertig bringen, die Welt zu theilen, in eine Welt des nachahmenden Urtheils, des Dogmas, und eine Welt der praktischen Vernunft, welche beherrscht werden soll, statt selbstständig zu sein. Einige lateinische Citate sollen das Erkennungszeichen sein für die Mitglieder der leitenden Klassen.

Wer die Schule der Schablone ausliefert, nicht mit der Zeit im Unterricht fortschreitet und den Lehrstoff nicht in Beziehung bringt zu den Talenten und Bedürfnissen der Person ist wahrlich kein Philosoph.

Euch, die Ihr das technische Denken für geringer erachtet, als das entliehene Urtheil, und die Bildung von Verstand und Herz durch formale Schulung zu zwingen glaubt, rufe ich zu: „Quos ego"!

Heute strömt den Gymnasien die Jugend zu, weil die Schablone es heischt, nicht weil der einzelnen Person bezüglicher Unterricht von Vortheil ist. Die sprachlich minder begabten unter diesen Schülern drücken die Leistung des Gymnasium in den alten Sprachen unter dasjenige Maass hinab, oberhalb dessen die Fertigkeit der Sprache und der Nutzen derselben erst beginnt, die Schüler selbst werden geschädigt, ihnen die Zeit für bildende Lektüre geraubt, ihr Frohsinn genommen.

Andererseits wird denjenigen höheren Berufszweigen, welche heute gymnasiale Vorbildung durchaus fordern, eine Jugend zugeführt, welche in Richtung der Nachahmung und Aneignung eines Wissensschatzes Talente aufweist, denn das Gymnasium fordert ein leichtes Erlernen der Sprache und dies trifft nur für Schüler jener Geistesrichtung zu. Damit ist aber auch ausgesprochen, dass dieselben Schüler in Bezug auf die Selbstständigkeit des Denkens im Mittel zurückstehen, denn der Hang zum Philosophiren beansprucht den Geist und verzögert das gedächtnissmässige Erfassen des Lehrstoffes. Thatsächlich hat sich die Ansicht entwickelt, es müsse der Schüler, welchem die Erlernung der Sprachen leicht wird, auf das Gymnasium gegeben werden, wohingegen der praktische Philosoph für ungelehrig gilt und in der Jugend sehr oft zurück steht. So wird denn im Gymnasium, sobald dieses zu hohe sprachliche Anforderungen stellt und nach den in dieser Richtung erzielten Leistungen zumal die Schüler beurtheilt, eine philosophisch minder begabte Gruppe sich zusammen finden, und daneben nur eine Anzahl von der Natur aus besonders bevorzugter Köpfe vor Einseitigkeit dauernd geschützt bleiben.

Wir erkennen die Gefahr für die höheren Berufsklassen. Die zu scharfe Forderung gymnasialer Vorbildung entfremdet manche Berufsklassen der praktischen Philosophie, gewährt den Gedächtnissmenschen ein besseres Fortkommen, erzieht zum Dogma und zur Schablone. Die

Partei der vernünftigen Opposition gegen veraltete Formen wird im engeren Beruf selbst nicht zugelassen.

Realschule und Gymnasium. Wir haben im Vorstehenden das Material gewonnen, um die Stellung der Realschule gegenüber dem Gymnasium zu beurtheilen und um das richtige Verhältniss der beiden Schwesteranstalten zu erkennen.

Die höhere Realschule und das Gymnasium sind in so fern Rivalen, als dieselben auf gewisse Schülerkreise eine verschiedene Anziehungskraft ausüben, wiewohl auch der Zufall oft den Schüler in die eine oder andere Anstalt führt. Wir gelangen zu folgenden Forderungen:

Es darf die Spaltung der höheren Schulen nicht bedingen, dass gewissen höheren Berufskreisen die praktischen Philosophen entzogen werden, denen naturgemäss das Erlernen der Sprachen schwerer wird, und für welche daher die Realschule die bessere Vorbereitungs-Anstalt bietet. Die praktischen Philosophen bedürfen nicht des sprachlichen Unterrichtes um ihre Denkkraft zu bilden, diese ist schon erwacht und entwickelt sich aus eigenem Antriebe weiter, wobei zwar Gehörsinn und Gedächtniss bisweilen leiden. Aber gerade diese Schüler bedürfen einer Erlernung der Sprachen in hervorragendem Grade, um ihre Denkkraft später nutzbringend verwerthen zu können; sie wünschen die Sprache so schnell wie möglich zu lernen und sich in Anwendung derselben solche Fertigkeit zu erwerben, dass es ihnen gut gelinge mit der Gegenwart oder Vergangenheit in geistigen Verkehr zu treten.

Anstatt nun die Mittel und Wege zu erforschen, um auch den Schülern dieser Geistesrichtung gerecht zu werden, hat man bisher für dieselben den Sprachunterricht durch zu hohe Anforderungen in der Grammatik erschwert und bemühte sich den causalen Zusammenhang im Sprachgebrauch immer auf's Neue zu erklären, wo derselbe längst verstanden ist und nur die gedächtnissmässige Aneignung und die Erziehung des sprachlichen Gefühls noch nicht glückte. Der Schüler muss den Satz, dessen Bedeutung er genau versteht in der fremden Sprache häufig selbst sprechen und sprechen hören. Nicht das Verständniss, sondern das Gefühl thut hier die Hauptsache.

Da nun nicht zu erwarten steht, dass am Gymnasium der Unterricht in alten Sprachen auf das bescheidene Maass eingeschränkt wird, welches im Interesse der allgemeinen Bildung des Einzelnen erforderlich sein würde und man stets bereit ist, einen Theil der Kenntnisse in alten Sprachen, welche für einzelne Berufszweige Sondererforderniss sind, schon auf dem Gymnasium zu bieten, so behält auch die Realschule ihre Berechtigung; wiewohl der Name schlecht gewählt ist, denn sie soll genau so viel allgemeine Bildung bieten wie das Gymnasium, in einzelnen Richtungen mehr, als das Gymnasium bisher erreichte, und nur durch die Bevorzugung neuerer Sprachen sich von dem Gymnasium abheben. Die realen Wissenschaften brauchen auf der sogenannten Realschule keineswegs besonders bevorzugt zu werden, sie dürfen vielmehr auf dem Gymnasium nur nicht vernachlässigt werden. Dann wird die Kluft zwischen beiden Anstalten sich schliessen.

An Stelle der Freiheit und der geistigen Ergänzung der Kräfte möchte der Kastengeist nun gerne die Schablone derart setzen, dass die ältere Schwester, das Gymnasium, die Alleinherrschaft behält. Man trachtete von jener Seite nicht danach die Realschule zu heben, indem man bestehende Mängel beseitigte, sondern war nur bemüht der Realschule so viele Gerechtsame zu nehmen, dass sie verkümmern musste, zum Nachtheil der Universitäten und der vernünftigen Entwickelung sämmtlicher Berufszweige, welche das Recht ihrer Berufsthätigkeit aus einem Studium an der Universität ableiten. Die Kluft zwischen der Realschule und dem Gymnasium ist nur aus der langsamen und späten Entwickelung der ersteren, also historisch entstanden, berechtigt ist sie auf die Dauer nicht. Die Sorge der Eltern, wohin mit dem Sohn, auf das Gymnasium oder die Realschule ist leicht zu beseitigen. Es giebt ausser dem Beruf des Philologen keinen anderen Beruf, für welchen nicht an der Realschule eine vorzügliche Vorbildung gewonnen werden könnte. Und selbst den Philologen müsste die Realschule offen stehen, um der Gefahr der Einseitigkeit vorzubeugen. Mit demselben Recht, wie von uns nach dem 2. Studienjahre an technischer Hochschule der Kenntnissnachweis in manchen Nebenfächern gefordert wird, liesse sich ein Gleiches für das Universitäts-Studium vorschreiben, und zum Theil besteht ja auch ein Vorexamen schon dort. Dann lassen sich auch die Gerechtsame der Realschule erweitern.

Es wird einem Beruf nur zum Vortheil gereichen, wenn seine Glieder nicht alle eine gleiche Geistesrichtung und gleiche Kenntnisse besitzen. Die Natur selbst warnt vor Einseitigkeit und es wird auch in geistigem Leben aus Reisern anderer Bildungsformen manch' unerwartete Blüthe knospen.

Die Realschule wurde in's Leben gerufen, weil der einzelne Mensch nicht alles erlernen kann und weil daher mit dem wachsenden Wissen unseres Jahrhunderts eine Vorbildung am Gymnasium nach manchen Richtungen nicht ausreichte. Statt nun aber dafür zu sorgen, dass die erweiterte Quelle der Bildung alle Berufskreise in thunlichst umfangreicher Weise mit belebenden Elementen versorgen könne, baute man künstliche Grenzen. Aber kein Berufszweig thut daran gut, sich mit einer Umwallung zu umgeben, welche Persönlichkeiten bestimmter Begabungs-Richtung und erweiterten Kenntnissen fern hält. Die Kreuzung der Ansichten im engeren Beruf wirkt sicher befruchtend.

Nach Vorstehendem ist die Berechtigungsfrage überhaupt verfehlt. Es sollte nur die eine Sorge uns bewegen, wie es sich ohne Störung der Harmonie der Studien an den Hochschulen erreichen lässt, jedem Berufskreise, Elemente beider Bildungsrichtungen zuzuführen. Wir Techniker z. B., die wir auf der Hochschule die realen Wissenschaften studiren, brauchen auf der Vorschule kein grösseres Gewicht auf die Aneignung umfangreicher Kenntnisse in realen Wissenschaften zu legen, als im Interesse allgemeiner Bildung überhaupt erwünscht ist. Wohl aber würde der Philologe, Jurist und Theologe weite Lücken in seiner allgemeinen Bildung dauernd behalten, wenn nicht gerade ihm die Schule das Reich der realen Wissenschaften ausreichend erschlossen haben wird.

Nur durch Vorurtheile werden in die Schulfrage Schwierigkeiten hinein getragen, in Wirklichkeit ist ein Gegensatz in den Bedürfnissen kaum vorhanden. Die künstlich erdachten Schwierigkeiten gelangen in Fortfall, wenn das aufrichtige Bestreben in den Vordergrund tritt, allgemeine Bildung nach Kräften in jede Berufsklasse zu tragen.

Anstatt sich der Mühe zu unterziehen, sorgfältig die Leistungen der Schüler beider Anstalten im Berufsleben und ausserhalb desselben zu vergleichen, um dadurch die Vorzüge beider Anstalten in das rechte Licht zu setzen, wurde von vorne herein die Realschule in ihren Berechtigungen verkürzt, wodurch der Welt die Augen verbunden sind. Denn wie soll man sich über den relativen Werth der Anstalten ein Urtheil bilden, wenn die Schüler beider Anstalten einander nicht in gleichem Berufe begegnen? Das gerade ist ja die Aufgabe der Forschung, dass sie die verschiedenen einflussreichen Faktoren von einander zu trennen versucht, um klar das Wesen des einzelnen Faktors zu erkennen.

Haben die Realschulen von heute den Höhepunkt ihrer Entwickelung erreicht, wirken in ihrer Mitte im sprachlichen Unterricht überall Lehrer, welche die Bedürfnisse ihrer Schüler, ihre Geistesrichtung kennen und den Vorzügen und Mängeln derselben Rechnung tragen? oder haben diese Herren das Gymnasium früher sämmtlich besucht und ist ihnen die Realschule fremd? Wieviele Schulen sind erst in den letzten 20 Jahren zu tüchtigen Leistungen gelangt?

Wozu der Streit einander entgegenstehender Anschauungen, wo doch nur das Leben selbst und die Zeit die besten Formen zu schaffen vermag? Man gewähre jeder Schule ihre besonderen Berechtigungen in thunlichst weitherziger Weise und erleichtere ferner den Uebertritt von der Realschule zur Universität nach Kräften für alle Berufzweige.

Die Erziehung zum Denken setzt die Uebung im Denken, selbstständige Arbeit, die Ueberwindung von Widerständen voraus. Das Denken ist der Gang der Gedanken. Wer sich aber stets an ein Ziel heben oder fahren lässt, lernt nicht das Gehen.

Der Lehrer darf durch seine Erklärungen die Schüler niemals auf einmal so weit einführen in das Wesen einer Sache, dass dem Schüler nicht selbst noch Arbeit verbleibt. Die gegebenen Erklärungen dürfen sich nicht bis an die Grenze des Fassungs-Vermögens bezüglicher Altersklasse bewegen, andernfalls für das selbstständige Denken des Schülers kein Stoff sich findet. Ueber jene Grenzen hinaus kann der Schüler nicht kommen und bis dahin der Lehrer ihn führte, dachte er nicht selbst, er lernte nur wie andere denken und gedacht haben; erst die selbstständige Anwendung des Erlernten vertieft das Denken. Die zu ausführliche Erklärung benimmt dem Lernen seinen Reiz. Die Jugendfrische und der Drang nach Erkenntniss gehen verloren. Das selbstständige Studium ist durch Andeutungen anzuregen; dasselbe lenkt den Blick auf verwandte Beziehungen, welche sich nicht aufdrängen, wenn alles zu schnell bis in das Einzelne gelehrt wird.

Da nun später im engeren Beruf das langsame Eindringen in den Stoff und seine zwischen Ursache und Wirkung bestehenden Beziehungen nicht angängig ist, sondern hier die Fülle des Wissens, wie der Sonderberuf solches verlangt, in schneller Folge geboten werden muss, so verlege man die Uebung im selbstständigen Denken auf den vorbereitenden Unterricht und lasse die Schüler der höheren Schulen reif an Geist auf die Hochschule gelangen, nicht aber mit zu umfassendem Wissen und zu geringem Können ausgerüstet. In der Schule muss also der Stoff in einer Weise gebracht werden, dass nicht die Aneignung des Wissens in den Vordergrund tritt, sondern die selbstständige Geistesarbeit des Schülers. Wo aber ein schlagfertiges Wissen die grundlegende Bedingung für den weiteren Erfolg bildet, da gewähre man dem Schüler frühzeitig Raum und Musse, das Wissen zu erwerben. Dies gilt vor

Allem für die Sprachen und die Vokabeln derselben, während im Geschichtsunterricht Zahl und Name in den Hintergrund treten, weil hier eine vernünftige Auffassung des Zeitgeistes die Hauptsache bildet.

4. Religion und Wissenschaft.

Unter Religion haben wir das persönliche Bewusstsein einer Abhängigkeit des Geschöpfes vom Schöpfer zu verstehen und das daraus entspriessende Pflichtgefühl der Richtung zum Guten. In der Beachtung der Pflichten besteht das Wesentliche der Religion und ihr Segen, nicht in Aeusserlichkeiten.

Die Theologie ist nicht Religion, sondern eine Wissenschaft, welche die Religion zum Gegenstande ihrer Forschungen und ihrer Lehre gemacht hat. Die Theologie muss sich in dem Ausdruck ihrer Lehren der geistigen Reife ihres Zeitalters anpassen. Die Theologie trennte sich von den Schwesterwissenschaften nur darum, weil das Studium und die Lehre aller gesammelten Früchte menschlichen Erkennens und Wissens für den einzelnen Menschen zu umfangreich sich gestaltete.

Eine Reihe neuer Lehrzweige entstand, welche ausser dem Unterricht zumal auch die Forschung pflegten. So erwuchsen die Wissenschaften als einzelne weit reichende Sehstrahlen; dieselben liefern nur dort ein harmonisches Bild des Weltalls, woselbst sie sich in einem einzigen geistigen Auge einen. Wo aber ist dieses zu finden?

Durch die Zersplitterung der in sich einigen Wissenschaft in ihre verschiedenen Farben und Zweige ergiebt sich für den Einzelnen nur ein getrübtes Bild, welches der Wirklichkeit nicht entspricht. Mit wachsenden Kenntnissen gewinnt die Vorstellung an Klarheit, so weit unser Gesichtskreis reicht. Die Erweiterung des Gesichtskreises ist nur durch allgemeine Bildung möglich, wohingegen die ausschliessliche Bevorzugung eines einzelnen Wissenstrahles das geistige Auge blendet oder demselben gar ein Zerrbild zeigt, welches der Wahrheit spottet.

Vor allen Dingen muss sich diejenige Wissenschaft, welche der Menschheit die Richtung zu höheren Zielen erhalten und vor Augen führen will, die Theologie, ein harmonisches Urtheil sichern. Es ist nicht ihre Berufspflicht, das harmonische Urtheil durch eigene Leistungen auf den Gebieten der Einzelwissenschaften zu erweitern, sondern sie hat die wissenschaftlichen Erfolge der Fachgelehrten zu beachten; dies aber kann die Theologie nur, wenn der junge Student die Tiefen der

Wissenschaft versteht. Es ist Aufgabe der Theologie sich alle harmonischen Urtheile anzueignen, welche entstehen, wo allgemeine Bildung sich mit Fachwissen und Denkkraft paart.

Die Bildung des harmonischen Urtheils und die Uebermittelung der Resultate desselben an andere Personen ist nicht leicht und zwär gerade in unseren Tagen durch die auf geistigem Gebiet eingetretene Arbeitstheilung besonders erschwert. Der Begriff „allgemeine Bildung" wird verkannt. Die gymnasiale Vorbildung reichte in den letzten hundert Jahren nicht aus, die Errungenschaften der Naturwissenschaft mit den älteren Traditionen und Erkenntnissen, wie den religiösen Bedürfnissen in Einklang zu bringen. Die einzelnen Fakultäten verloren die gegenseitige Fühlung. Die Arbeit und die Erkenntniss ist in den einzelnen Richtungen nach den Berufsklassen zu sehr zertheilt. Es bildete sich die Meinung aus, dass nur der Fachgelehrte und dieser zwar nur in seinem Spezialfach mit Erfolg wissenschaftlich thätig sein könne und daher diente ein jeder fast ausschliesslich seiner Wissenschaft. Dieses ist aber bezüglich der grundlegenden Wissenschaften z. B. der Mathematik, der Physik und Chemie nicht ausreichend. Die Anwendung des Wissens auf Dinge der Wirklichkeit zur Erreichung einer Uebersicht und Kreuzung der Anschauungen ist vielmehr zu erstreben, anderenfalls die Bedeutung des harmonischen Urtheils und die Bedeutung der praktischen Vernunft verkannt werden würden.

Das Lehren ist eine Darreichung geistiger Speise und hat sich daher durchaus nach den Bedürfnissen des Empfängers zu richten. Die Aufspeicherung der geistigen Nahrung hat nicht in dem Kopf der Schüler zu erfolgen, sondern in den Büchern. Dem Schüler sind nur die Wege zu ebnen, seinem Geiste jederzeit thunlichst diejenige Nahrung zuzuführen, welche seiner Reife, den geforderten Leistungen und mit Beschränkung auch den Neigungen der Person entspricht. Der Unterricht hat durch die Anleitung zur Anschauung und zum Denken praktische Vernunft zu erziehen, Ueberblick über das Wissen und die Hülfsmittel zur Erweiterung desselben zu gewähren und zum Fleiss anzuregen, damit durch eigene Uebung die Fertigkeit des Könnens erreicht wird.

Am schwierigsten gestaltet sich diese Thätigkeit für den Lehrer der Religion. Hier birgt die Einseitigkeit des Urtheils besonders grosse Gefahren, weil dieselbe dazu verleitet, in der Glaubenslehre Wege einzuschlagen, welchen die praktische Vernunft nicht zu folgen vermag, und doch trifft nur das harmonische Urtheil den Kern der Wahrheit, erwärmt das Herz und richtet den Blick des Verstandes auf das geistige Leben und Wirken.

Die Theologie darf nicht nur die Vergangenheit als den Erkenntnissborn auffassen, sondern sie muss die Wahrheiten der Naturwissenschaften und die allgemein-philosophischen Erkenntnisse jüngerer Zeit im Prinzip voll und ganz beachten und darum auch verstehen. Hierzu reichte aber die gymnasiale Vorbildung nicht aus. Es ist wichtig, dass der Theologe die Grenze menschlichen Erkennens bewusst erschaut. Jenseits der Grenze beginnt der Glaube und nur in der Richtung des Glaubens schweift der Blick in die Ferne, nur in jener Richtung erschaut der denkende Mensch geistiges Wirken, während hinter und neben uns das Naturgesetz waltet, welches mit Erschaffung der Materie entstand.

Die Grenze zwischen Erkennen und Glauben verschiebt sich stetig; es erweitert sich der Gesichtskreis von Jahrhundert zu Jahrhundert. Diese Grenze darf von keiner Seite in der Lehre überschritten werden, darum haben sich sowohl die Theologen als die Naturforscher in ihren Schlussfolgerungen von dieser Grenze fernzuhalten. Die Theologen dürfen nicht persönlichen, oder übernommenen Anschauungen folgend, Dinge lehren, welche sich durch den praktischen Versuch als widerlegbar erweisen, und die Naturforscher dürfen nicht im Reiche des Glaubens ein Nichts ermalen wollen, weil dieses Reich ausserhalb des Gesichtskreises unserer leiblichen Augen liegt. Jede materielle Vorstellung geistigen Wesens nähert sich dem Heidenthum. Es entsteht das Dogma, welches zu Religions-Spaltungen und Kämpfen führt. Kirchliche Streitigkeiten sind das Gegentheil von religiöser Bethätigung und stürzen die Menschheit in Leidenschaft und Unglück.

Die Philosophie führt zur Religion und darum sollen die Theologen praktische Philosophen sein. Die einzelnen Wissenschaften führen, jede für sich allein betrachtet, nicht zur Religion, sie gewähren keinen Ueberblick, sondern nur durch Vereinigung aller Sehstrahlen entsteht ein klares Bild. Der Philosoph, welcher durch selbstständige Forschung einen Blick in das Weltall wirft, schaut einen Theil der Wirklichkeit im Zusammenhang; derselbe empfängt den Eindruck direkt, nicht aufgelöst durch das Prisma beruflicher Forschung in die Farben des Spektrums, sondern als Bild im Vereinigungspunkt der Strahlen. Dann ergreift uns die Grösse der Natur und zugleich sehen wir unser Fassungsvermögen so nahe vor Augen, dass eine Fülle des Raumes im Reiche des Glaubens verbleibt.

5. Krieg und Streit im Gegensatz zu Ordnung und Freiheit.

Unser Zeitalter ist von demjenigen früherer Jahrhunderte gänzlich verschieden. Das Denken der Menschen umspannt den Erdkreis, wir stehen unter der Herrschaft des Wortes, früher unter derjenigen des Schwertes. Es ziemt unserem Zeitalter nicht die Irrungen vergangener Zeiten als Vorbild zu wählen.

Bei der Entwickelung des Begriffes Freiheit erkannten wir die Ursache des Glückes in der vernünftigen Bethätigung der einzelnen Kraft innerhalb der Grenzen, welche das Gemeinwohl absteckt. Andererseits ist durch Stimmenmehrheit die allmählige Beseitigung jeder Schranke geboten, welche das vernünftige Zusammenwirken der Menschheit stört und der Organisation der Ordnung und Erkenntniss in einseitiger Weise hindernd in den Weg tritt. Diese Bestrebungen zu würdigen, lehrt uns das Gewissen, sie zu erfüllen, aber nur der Verstand. Die Stimme des Gewissens antwortet nur ja oder nein, sie räth nicht zu bestimmten Handlungen, wenn der Verstand nicht zuvor den Plan der Handlung erfunden und gut vorbereitet hat. Das Gewissen ist mithin ein Theil des Verstandes, die letzte Staffel, in welcher die Entscheidung ob nein, ob ja gefällt wird. Die Bedeutung des Gewissens wächst mithin durch die Ausbildung des Verstandes, indem die dem Gewissen zur Entscheidung vorgelegten Entschliessungen, sich auf besser vorbereitete und klarer ersonnene Handlungen beziehen. Die Macht des Gewissens gewinnt mit der wachsenden Bildung an Umfang, weil der verständige, gewissenhafte Mensch das Vernünftige und Gute will, und für die Einigung auch persönliche Opfer zu bringen bereit ist. Der Wille Vieler wird zu nützender That geeinigt, sobald nur der richtige Plan in einer Sache gefunden ist und von den herrschenden Kreisen in seiner Tragweite und in seinen Folgen als praktisch ausführbar erkannt ward.

Das Gegentheil von der Erstrebung der Freiheit und der Organisation der Ordnung veranlasst den Krieg.

Woselbst ein Nachbar dem anderen zu schaden trachtet, ein Volk dem anderen Freiheit raubt, die Regierung die Bedürfnisse der Beherrschten nicht erfragt und nur um eine Befestigung der eigenen Macht sich müht, dort sind Gewaltthat, Streit und Krieg vor der Thür, die allgemeine Bildung hingegen in weiter Ferne. Nur diese vermag den Willen auf die Einigung zu gemeinsamer, nützender Arbeit zu lenken und durch Organisation Freiheit zu schaffen. Niemals z. B. hat die einzelne Person in Deutschland soviel Freiheit im nützlichen Handeln genossen, wie seit der Einigung und der Bildung des deutschen Reiches geboten ist, und dass diese Errungenschaften erst so spät verwirklicht worden sind, ist in der zu geringen Bildung und dem mangelnden Verkehr früherer Zeiten zu suchen. Es gab keine praktischen Philosophen in hinreichender Anzahl. Die Geistesbildung erstreckte sich nur auf formale Bildung, Sprachkenntnisse und nachbildende Kunst, nicht auf die Erziehung zu technischem Denken.

Es wird mit der Zeit sich die Erkenntniss verbreiten, dass die Kriege vergangener Zeiten aus der Anwendung der Willkür meistens erwachsen sind, und dass eine irrige Definition des Begriffes Freiheit die Völker dazu verleitete. Mit Fortfall der Willkür und nach Erziehung zu praktischer Vernunft wird durch Vereinbarungen Ordnung geschaffen. Es bleibt nur erforderlich, dass sich die civilisirten Nachbarn einigen zum Schutz gegen die Willkür des Angriffes minder civilisirter Nationen, deren Sieg die Welt um Jahrhunderte zurückbringen könnte. Nur rohe Naturen trachten nach Unterdrückung und Schädigung des Nachbarn.

Bei uncivilisirten Völkern wird noch jetzt der Krieg als ein Sport betrieben, dort fehlt es den Menschen an Bethätigung nützender, geistiger Kraft. Die Eroberung wird Selbstzweck, sie geschieht nicht aus Nothwehr, zwecks Schwächung des nach Bethätigung seiner Willkür trachtenden Feindes, sondern aus eigener Habsucht.

Unter dem Druck veralteter Anschauungen erfocht z. B. noch Napoleon der Kaltherzige seine nutzlosen Siege, verwüstete unsere Städte, schlachtete die Menschen zu Hundert-Tausenden zwecklos dahin. Sein Planen war ziellose Willkür, nicht das Glück der Beherrschten zu gründen sein Wille, sondern Herrschen ein Selbstzweck.

Wie einseitig und der praktischen Vernunft widersprechend, wird uns Deutschen nun der blinde Eifer mancher Bewohner Frankreichs erscheinen, welche gar vermeinen, auch fernerhin über Deutschland Krieg und Unglück verbreiten zu müssen. Wie verkehrt ist es, aus den Kämpfen vergangener Zeiten und deren Folgen das Recht oder gar die Pflicht ableiten zu wollen, dass dem Wahnwitz des Völkerhasses ewig zu frönen sei. Sie, welche selbst die Gewaltthaten der Napoleoniden als unweise und gemeingefährlich erkannten, wollen uns zürnen, dass wir wiederholt willkürlichen Angriff, welcher unser Staats- und Volksleben bedrohte, zurückgeschlagen haben. Schuld an den Kriegen trug nicht Frankreich, nicht Deutschland, sondern der Umstand, dass nicht die praktische Vernunft die Völker gemeinsam beseelte.

An einem rauhen Novembertage gedachte ich auf den Gräbern bei Metz der Geschicke der Völker und alsbald hatte ich Gelegenheit zu erfahren, wie der Funke des Wahnsinnes, welcher zur Willkür des nutzlosen Krieges treibt, im Dunkel der Unwissenheit Nahrung findet. In Gravelotte und Ste. Marie aux Chênes sagten mir die französisch redenden Bewohner, wie arg man sie über die Deutschen getäuscht habe, sie seien vor diesen zwecklos geflüchtet und hätten zuvor von den eigenen Soldaten viel zu leiden gehabt, aber nichts von den der Ordnung sich fügenden Deutschen.

Der Hass, welcher nicht aus Nothwehr kämpft, sondern sinnlos nutzlosen Streit veranlasst, ist nur Folge der Blindheit gegen die Vorzüge des Nachbarn, oft die Frucht der Lüge, stets liegt ein Mangel an Selbstbeherrschung zu Grunde. Wohl ist Nothwehr gegen die Willkür des Angriffs geboten, aber die Erregung von Hass ein strafbares Beginnen, dessen giftige Frucht sich immer aufs Neue vererbt, wo die allgemeine Bildung noch nicht regiert.

Der harmonisch Gebildete kennt keinen Nationalhass, liebt sein Vaterland und vertheidigt dasselbe mit Eifer gegen den Angriff der Willkür. Wohl kann der Norden in manchen Dingen vom Süden lernen, wo das Blut schneller pulsirt, aber zur Erwerbung ruhiger Sinnesart und eines vernünftigen Wesens hat der südliche Nachbar niemals seine Blicke auf die Völker südwärts zu lenken, sondern auf den Norden zu richten.

Dass wir Deutschen uns so spät dauernd einten, liegt in unserem Trachten nach Freiheit begründet. Wir erstrebten die Einheit früher nur im Moment der äusseren Gefahr und zerfielen dann bald wieder in eine Vielheit, weil unsere Sonderinteressen bei der Regierungsform vergangener Zeiten in einem grossen Reich nicht gewahrt werden konnten. Dies ist jetzt anders geworden und viele Kräfte arbeiten dem einen gleichen Ziele entgegen, das Gemeinwohl in allen Klassen der Bevölkerung zu heben, so dass sich jedes Gemeinwesen frei entfalten kann. Die Centralisation der Regierung wird nur erstrebt, wo es sich um Aufgaben handelt, deren Erledigung eine Sammlung der Kräfte, eine umfangreiche Organisation erfordert oder in Angelegenheiten geschieht, welche von einer über den Parteien stehenden Stelle aus geordnet werden müssen.

In früheren Jahrhunderten war technisch nützendes Helfen den Regierungen meist fremd; das Sinnen und Trachten fast einzig auf Befestigung und Erweiterung der Macht gerichtet. Die Bildung war nicht das herrschende Element und daher der Schutz gegen Willkür geboten. Unter den Nachwehen der Verkehrtheiten älterer Zeit leben auch wir noch in dem Zeitalter der Kriegsgefahr. Erst wenn allgemein durch gute Erziehung die praktische Vernunft gefördert sein wird, und die Willkür in Urtheil und That sich mindert, kann die Frage der Abrüstung ernstlich behandelt werden. Heute spricht man von den Verkehrtheiten älterer Zeiten noch mit viel zu viel Wärme, schildert dieselben als durch die Leidenschaften der Menschen dauernd begründete Naturgewalten, statt hinreichend nach Mitteln zu suchen, die Irrungen zu heilen. Wer schlug die rohen Naturgewalten in Fesseln, so dass sie dem Menschen dienstbar gemacht sind? Das that das technische und philosophische Denken, welches nicht aus der Vergangenheit allein lernt, sondern aus eigener Anschauung und durch den ernsten Willen, das Mögliche zu erkennen und zu leisten, die Verhältnisse so formt, dass ein Organismus entsteht. Dann ist die Arbeit der rohen Naturkraft in ruhige, Segen bringende Bahnen gelenkt.

Die Zufriedenheit der Nationen zu erreichen, erstrebt der moderne Staat: er will eine Schutzwehr gegen die Willkür und Zersplitterung der Kräfte bilden, zum Trutz gegen den Angriff äusserer Feinde und zur Hebung des Wohlstandes und der Freiheit im Innern.

An dieser Aufgabe sollen alle Bürger der Staaten arbeiten und dazu bedürfen wir der richtigen Vorstellung des Begriffes Freiheit. Die wahre Freiheit liegt weit abseits von der Erlaubniss, für seine Person Willkür üben zu dürfen, sondern besteht in dem Fehlen beschränkender Fesseln dort, wo wir unsere Handlungen nach den Regeln der praktischen Vernunft zum eigenen Wohl, demjenigen der Nächsten und weiterer Kreise fruchtbringend einrichten möchten. Das staatliche Recht kann nur in groben Zügen die Grenzen erlaubter Bethätigung ziehen; unser Pfad soll diesen Grenzen sich nicht nähern, sondern soweit abseits liegen, dass eine kleine Irrung nicht zur Willkür und Benachtheiligung anderer führt. Gerade in der Berufsthätigkeit, dem Gelderwerb, können rechtlich erlaubte Handlungen oder Unterlassungen, welche Abhängigen zum Nachtheil gereichen, mit der wahren Freiheit nicht vereinbart sein, sondern Willkür in sich schliessen; dieselben sind unedel und gemeingefährlich zu nennen. Aus der wachsenden Macht des Kapitals und aller Erwerbsmittel entwickeln sich Pflichten, welche empfunden werden müssen, bevor das Gesetz die Erfüllung fordern kann.

Wieviel Unglück und Verkehrtheit durch übertriebenen Eifer, in einer einseitigen Richtung der Berufsthätigkeit angewendet, herbeigeführt wird, lehrt uns das Leben und die Geschichte. Man denke z. B. an die Verwechselung von theologischen und religiösen Lehren, wie häufig die Menschen bereit waren, die Schale statt des Kernes zu bieten und sich darum bis in den Tod verfolgten und sinnlos bekämpften, weil die Schalen einander nicht glichen. Und dass bisweilen in unseren Tagen noch Unwissenheit und arge Entstellung in das Volk getragen wird, um den Wahnsinn des Kirchenhasses durch Verbreitung sehr entehrender Unwahrheiten zu schüren, des war ich Ohrenzeuge. Wo die Pflege der Religion nicht in die Hände von Philosophen gelegt wird, gehen die Ideale der religiösen Lehre verloren.

Wer eine führende Stellung in der Welt einnehmen will, muss Herrschertugenden besitzen, nicht nach Herrschaft mit Gewalt trachten. Die Vereinigung einer Zurücksetzung der eigenen Entscheidung nach dem Rahmen der Sachkenntniss, mit einer festen Entschlossenheit und Thatkraft im Sonderberuf zu paaren, ist die Aufgabe des Führers. Die willensstarke Ausübung der Führerschaft im Augenblick der Gefahr innerer oder äusserer Spaltung muss gestützt und getragen sein durch die eigene Tüchtigkeit, Parteilosigkeit und den opferfreudigen Willen, des Ganzen Wohlfahrt jetzt und in Zukunft zu heben.

VIII. Schluss.

Wir haben gesehen, dass in dem Weltall eine stetig ansteigende Stufenleiter geistiger Freiheit sich findet. Die unorganische Materie kennt zunächst nur Eigenwillen in der Form des Eigensinnes, sodass ihre Bewegungen, genau der inneren Kraft und der Einwirkung des Widerstandes folgend, als zwingendes Naturgesetz sich zu erkennen geben. Freiheit beginnt erst in der organischen Welt; dort tritt dieselbe zunächst bei den Pflanzen ganz unbewusst und in sehr beschränkter Weise auf. Die ersten Grade der Freiheit erstrecken sich auf die Auswahl der Nahrung. Das verwendete Mittel, der gewährte Genuss, dient zugleich zur unbewussten Steuerung des Willens eines thierischen Lebewesens. Von der freien Bewegung der empfindenden Lebewesen, zu höheren und höchsten Graden der Freiheit aufwärts steigend, finden wir die Freiheit der Menschenwürde in der Bethätigung eines nützenden Wirkens, welches zu schöpferischen Leistungen führt, wenn dasselbe veredelnd bildsame Materie beeinflusst.

Der Organisation der Freiheit wirken aber stets zahllose Kräfte, als Feinde organischen Lebens, entgegen. Da giebt es in der Natur ungezügelte Gewalten und Keime der Krankheit vielfacher Art, welche das organische Leben beständig bedrohen. Selbst unter den Menschen zielen Unverstand, Unkenntniss und Willkür bewusst und unbewusst auf Rückbildung oder auf Erhaltung bestehender Mängel hin. Diese zersörenden und hemmenden Gewalten im Zaume zu halten und durch Einsicht und Anwendung praktischer Vernunft zurückzudrängen, ist Pflicht eines jeden Bürgers im Staat. Alsdann nimmt auch der einfachste Mann an der ordnenden Regierung des Ganzen Theil, welche den Frieden, den Wohlstand und die Veredelung der Menschen aller Stände und Berufsklassen zu fördern bestrebt ist; und um dieses gute Wirken richtig zu leiten, zu begünstigen und zur Herrschaft zu verhelfen, ist es erforderlich, dass die Fürsten und ihre Räthe technisch gebildete Philosophen sind.

In der Vergangenheit arbeitete die Menschheit vielfach den Gesetzen der Schöpfung und der praktischen Vernunft entgegen, anstatt durch eine Harmonie der Kräfte Sorgen zu mindern und geistiges Leben zu heben. Auch heute wird durch die Theilung der allgemeinen Bildung nach den vielfachen Strahlen der Berufsrichtungen der Ueberblick erschwert. Der Anwendung praktischer Vernunft, welche für ihre Entschliessungen die Erfahrungen alles Wissens der Vergangenheit und Gegenwart ausnutzen möchte, steht die Zersplitterung des Wissens hindernd im Wege. Während Eigensinn und Ueberhebung diese Schwierigkeiten steigern, werden dieselben durch lebhaften Meinungs-Austausch, Geselligkeit und Freundschaft überbrückt.

Dass im Deutschen Reich sich eine innere Reife vollzieht, welche nach aussen nur zur Erhaltung des vorhandenen Staatsorganismus sich wappnet, die eigentliche Lebensthätigkeit aber in der Erledigung innerer Aufgaben sucht, beginnen die Nachbar-Völker zu begreifen. Möchten dieselben im Ost und West die Willkür eines auf Unkenntniss deutschen Wesens aufgebauten unlogischen Urtheils abstreifen. Möge die praktische Vernunft siegen, welche nicht verurtheilt, ohne zwingenden Grund, und nicht Grenzen zieht zur Abwehr des Guten, sondern einzig zum Schutze gegen Gelüste der Willkür. Mögen die Nachbarn als Freunde unsere Grenzen überschreiten und im Austausch der Meinungen zur Förderung des Wohlstandes der Völker und zu ihrer Erziehung zur Freiheit der Selbstbeherrschung beitragen; daheim, in das eigene Land zurückgekehrt, aber das hässliche Zerrbild zerstören, welches mancherorts Unkenntniss, offenbare Entstellung und Irrthum aus dunkel erregter Phantasie blindlings geschaffen hat. Alsdann werden die Nationen nicht wieder dem Götzen des Hasses dienen, sondern die früher dem Drachen der Rachsucht und Habsucht geopferten Milliarden, fürderhin sparend, reiche Mittel besitzen, das Wohl derjenigen Berufsklassen zu fördern, durch deren Hände Fleiss wir unsere Gedanken und Erfindungen in Glücksgüter verwandeln.

Die Freundschaft ordnet durch Einigung aus Perlen des Wissens und Früchten des Fleisses allen zur Wohlfahrt erfinderisch Gaben des Glückes.

Druck von Appelhans & Pfenningstorff in Braunschweig.

Druck von Appelhans & Pfenningstorff in Braunschweig.

Papier | Fördert gute Waldnutzung
FSC® C083411

Zeitfracht Medien GmbH
Ferdinand-Jühlke-Straße 7
99095 Erfurt, Deutschland
produktsicherheit@kolibri360.de